U0338211

美国FDA烟草制品认定最终规定

美国卫生与公众服务部食品药品监督管理局

主　译　胡清源

副主译　侯宏卫　陈　欢

科 学 出 版 社

北　京

内 容 简 介

依据修订自《家庭吸烟预防和烟草控制法案》（《烟草控制法案》）的《联邦食品、药品和化妆品法案》（FD&C 法案），美国食品药品监督管理局（FDA）颁布最终规定，认定符合“烟草制品”法定定义的产品（依据修订自《烟草控制法案》的 FD&C 法案新认定的烟草制品配件除外）。《烟草控制法案》赋予 FDA 监管卷烟、卷烟烟草、手卷烟烟草、无烟烟草以及其他符合该法案的所有烟草制品的权限。此最终规定将 FDA 的权限扩展到符合 FD&C 法案“烟草制品”法定定义的所有产品类别（新认定的烟草制品配件除外），并且禁止将“涉烟烟草制品”销售给 18 岁以下青少年，还要求在卷烟烟草、手卷烟烟草以及涉烟烟草制品包装上和广告中显示健康警示。FDA 采取此项措施来降低烟草制品引发的死亡和疾病。依照《烟草控制法案》，FDA 考虑并打算扩大烟草制品管制权限，并据此规定建立起独立的相关要求和禁令。

本书会引起吸烟与健康、烟草化学和公共卫生学等诸多应用领域的科学家的兴趣，为客观评价烟草制品的管制和披露提供必要的参考。

图书在版编目（CIP）数据

美国 FDA 烟草制品认定最终规定 / 美国卫生与公众服务部食品药品监督管理局；胡清源主译 . — 北京：科学出版社，2017. 4

ISBN 978-7-03-052284-9

Ⅰ. ①美… Ⅱ. ①美… ②胡… Ⅲ. ①烟草制品 – 规定 – 美国 Ⅳ. ① TS45

中国版本图书馆 CIP 数据核字（2017）第 053049 号

责任编辑：刘 冉 / 责任校对：张小霞
责任印制：张 伟 / 封面设计：铭轩堂

科 学 出 版 社 出版
北京东黄城根北街 16 号
邮政编码：100717
http://www.sciencep.com
北京中石油彩色印刷有限责任公司 印刷
科学出版社发行 各地新华书店经销
*
2017 年 4 月第 一 版 开本：B5（720 × 1000）
2017 年 4 月第一次印刷 印张：16 3/4
字数：320 000

定价：120.00 元

（如有印装质量问题，我社负责调换）

翻译委员会

主　译：胡清源

副主译：侯宏卫　陈　欢

译　者：胡清源　侯宏卫　陈　欢
刘　彤　汤建国　韩书磊
付亚宁　雷　萍　郑绪东

目　　录

执行纲要

目的

当《烟草控制法案》生效时,依据《美国联邦食品、药品和化妆品法案》(FD&C法案)第IX章(《美国法典》第21章第387 到387u条),卷烟、卷烟烟草、手卷烟烟草和无烟烟草立即纳入FDA烟草制品监管。对于其他类型烟草制品,FD&C法案授权FDA颁布法规来“认定”它们受其监管。在符合法规情况下,一旦认定为烟草制品,如果FDA认为对其监管有利于保护公众健康,则可对其实施“烟草制品销售和分销监管”,包括使用者年龄限制和广告推广限制。本最终规定旨在实现两个目的:(1)认定符合“烟草制品”法定定义的产品(新认定烟草制品配件除外)受FD&C法案第IX章和FDA实施条例管控;(2)为新认定烟草制品设定利于保护公众健康的特定限制。依照《烟草控制法案》第5部分,FDA考虑并打算扩大烟草制品管制权限,并据此规定建立责权范围可分开的相关要求和禁令。

FDA正在采取此项措施来降低烟草制品引发的死亡和疾病。认定的所有“烟草制品”(包括部件和零件,但新认定产品配件除外)都纳入FD&C法案监管,将对公众健康产生重大利益。本最终规定明确定义“部件或零件”和“配件”,从而确定是否纳入FDA烟草制品管制。对于这些定义,FDA在FD&C法案第IX章注明“部件”和“零件”是相互独立的两个不同术语。然而,为了执行最终规定,FDA交替使用“部件”和“零件”这两个术语,并没有强调二者之间的区别。FDA未来可能会对二者的区别进行说明。需明确说明的是,“部件或零件”是指:“用于或在合理预期下用于以下目的的任何材料套装或组件:(1)改变或影响烟草制品性能、构成、成分或特性;(2)用于人类烟草制品消费。该术语不涵盖烟草制品任何配件。”新认定烟草制品部件和零件(不包括其相关配件)在最终规定监管范围内。以下是一个未详尽的用于电子烟碱传送系统(ENDS)(包括电子烟)的部件和零件列表实例:电子烟液、雾化器、电池(包括可调电压与不可调电压）、雾化装置（雾化器加可更换注油烟弹）、可调数码显示屏或显示灯、可视雾化器、储油系统、香精、装烟油小瓶和可编程软件。同样，以下是一个未详尽的用于水烟的部件和零件列表实例：增香剂和增香剂小瓶、冷却管、水过滤基香添加剂（包括调味剂）、加香水烟木炭和装炭包装盒，以及水碗、阀门、软管、水烟头。

FDA把“配件”定义为：“用于或在合理预期下用于人类消费烟草制品的任何产品，不含烟草，也非烟草制成或来源于烟草的产品，并满足以下任一条件：（1）不用于或在合理预期下不用于影响或改变烟草制品的性能、组成、成分或特性；（2）用于或在合理预期下用于影响或保持烟草制品性能、组成、成分或特性，但（i）仅用于控制存储产品湿度和/或温度，或（ii）仅用于提供外部热源引燃烟草制品但不维持其燃烧。”例如，可作为配件的有：烟灰缸、痰盂、水烟钳、雪茄夹、雪茄架和烟袋，因为它们不含烟草，不来源于烟草，也不影响或改变烟草制品性能、构成、成分或特性。配件的例子还包括仅控制存储湿度和/或温度的保湿器或冰箱，以及仅提供外部热源用来点燃但不维持烟草制品燃烧的传统火柴盒和打火机。用于水烟加热的电加热器或木炭不属于配件，因为其用于维持烟草燃烧。尽管卷烟、卷烟烟草、手卷烟烟草和无烟烟草受FDA烟草制品中心管控，但新认定烟草制品配件不涵盖在此最终规定的管控范围内。FDA不会对新认定烟草制品配件进行管控，因为配件不同于部件和零件，它们对公众健康影响甚微。

此最终规定为FDA提供了额外手段以减少因使用烟草制品而引发的疾病及过早死亡人数。例如，FDA能够获得有关新认定烟草制品健康风险的重要信息，包括FD&C法案要求提交的组成成分清单和有害及潜在有害性成分报告。自生效日期起，拥有或经营生产、制备、组合或加工烟草制品的美国国内企业（以下简称“制造企业”）需遵循注册要求。因此，FDA将从中获知制造企业的地址和数量，这将使该企业建立有效的合规程序。此外，此规定授权FDA对销售和分销未经证实的风险弱化烟草制品（MRTP），或者在其标签或广告上进行虚假或误导性宣传的烟草制品制造商采取执法行动，从而让消费者更容易获得消息，有助于杜绝针对年轻人群的误导活动。它也将拦截不适合保护公众健康、不具备实质等同（SE）或不具备实质等同豁免权的新烟草制品进入市场。最后，新认定烟草制品可能会受控于未来FDA判定适合保护公众健康的法规。

监管法案主要条款概要

本最终规定包含两大部分：（1）认定条款；（2）保障公众健康的附加条款。

认定条款

对意见和科学依据进行彻底审查之后，FDA得出结论：方案1（包括所有雪茄烟，并非其中一种）能更有效地保障公众健康，并且由此确定了最终规定的适用范围。相应地，根据FD&C法案第IX章规定，最终规定认定所有符合“烟草制品”法定定义的产品均纳入FDA烟草制品监管（新认定烟草制品配件除外）。修订自《烟草控制法案》，FD&C法案第201（rr）条（《美国法典》第21章第321（rr）条）将术语“烟草制品”定义为：“由烟草制成或者源自烟草的用于人类消费的任何产品，包括烟草制品的任何部件、零件或配件（除烟草之外用于生产烟草制品部件、零件或配件的其他原材料除外）”，不是指“此章中（g）（1）段描述的药物，（b）段中的装置，或者第353（g）条描述的组合产品”。[1]符合“烟草制品”法定定义的产品包括当前市售产品，例如尚未受FDA监管的可溶性产品、烟碱凝胶、水烟、ENDS（包括电子烟、电子水烟、电子雪茄、笔式电子烟、可注油式高级雾化器和电子斗烟）、雪茄和斗烟。

此外，此最终规定将认定更多现在以及未来可能出现的符合“烟草制品”法定定义的产品（但不包括其配件），它们都将依据FD&C法案第IX章纳入FDA管制。例如，FDA设想未来市场上可能出现类似于目前市售药用烟碱产品传送方式的烟草制品（例如，经由皮肤吸收或鼻腔喷雾），但不是药品或医疗设备，依照此最终认定规定，这些产品将作为“烟草制品”被纳入第IX章所述FDA管制范围。

此最终规定生效（颁布后90天）后，新认定烟草制品将纳入与卷烟、卷烟烟草、手卷烟烟草和无烟烟草等同的FD&C法案规定和监管要求，并受到以下监管：

（1）对掺假或贴假商标行为采取执法行动（不同于申请过程中欠缺市场授权的强制措施）；

（2）要求提交组成成分清单和有害及潜在有害性成分（HPHC）报告；

（3）要求产品制造企业登记并注册产品清单；

（4）禁止使用具有风险弱化描述语（如“轻微”、“低”和“柔和”等）进行销售、分销和宣传，除非FDA发布营销许可命令；

（5）禁止派发卷烟之类的免费样品；

（6）入市审查要求。

由于需向FDA提供有关产品健康风险信息，这些执法行为将会对保护公众健康有利；除非新产品的销售适合于保护公众健康，或者被认为与有效参照产品是实质等效的，又或者被认为可免除实质等效的要求，否则禁止其进入市场；禁止使用未经证实的可能会误导消费者的，引导消费者开始使用烟草制品的，或者是在消费者计划戒烟时引导其继续使用烟草制品的风险弱化声明。

---

1 FDA 指出，FD&C 法案“烟草制品”定义范畴内的产品不得被视为联邦消费税征税目的的烟草制品（见《美国法典》第 26 章第 5702（C）条）。按照美国国内税收法规定义，烟草制品税收属于财政部烟酒税收与贸易管理局（TTB）管辖。无论是 FDA“认定”法案还是其他 FDA 法规均不会直接影响任何烟草制品的税收。

附加条款

除了自动适用于新认定产品的FD＆C法案条款和实施细则，FDA监管这些产品时有权行使《烟草控制法案》规定的其他权限。此时，根据FD＆C法案第906（d）条（《美国法典》第21章第387f（d）条），FDA正对烟草制品涉及产品制定三项限制：（1）要求限制最低购买年龄；（2）要求在产品包装和广告中标注健康警示（FDA也将此条应用于卷烟烟草和手卷烟烟草）；（3）禁止在自动售货机出售，除非零售商确保该自动售货机置于18岁以下未成年人任何时候都不被允许进入的场所。"涉烟烟草制品"定义为被认定符合FD＆C法案（《美国联邦法规》第21章第1100.2条）的烟草制品，非烟草制成亦非源于烟草的产品部件或零件除外。我们已经对条例制订提案通告（NPRM）中的"涉烟烟草制品"定义进行了略微修改，以澄清"涉烟烟草制品"部件或零件不仅包括那些含有烟草或烟碱的产品，还包括含有任何烟草衍生物的产品（也就是说，我们改变了NPRM中的定义，根据最终规定，排除了"烟草制品中不含烟碱或烟草的任何部件或零件"，从而排除"烟草制品中非烟草制成亦非源于烟草的任何部件或零件"）。

有效日期

认定条款（即那些自动适用于新认定产品的条款）、最低年龄和识别要求以及自动售货机限制将在此最终规定发布后90天生效。健康警示要求在此最终规定发布后24个月生效，在额外30天期限内，制造商可继续出售生效日之前生产的不含警示语包装的现有存货。

这意味着：

- 生效后，如果广告宣传不符合本规定，则任何制造商、包装商、进口商、分销商或零售商都不得对卷烟烟草、手卷烟烟草、雪茄或其他涉烟烟草制品进行广告宣传；
- 生效后，任何人不得在美国境内生产不符合本规定包装要求的烟草制品用于销售或分销；
- 生效后30天起，如果包装不符合本规定，不论生产日期，制造商不得向美国国内市场出售任何此类产品（即生效后30天起，禁止分销和零售生效日前生产的非合规产品）；
- 生效后，分销商或零售商不得在美国境内出售、要约出售、分销或进口不符合本规定包装要求的任何烟草制品，除非是生效前生产的涉烟烟草制品；
- 生效后，如果零售商能证明其销售的烟草制品涉及产品不在本规定（《美国联邦法规》第21章1143.3（a）（3）和1143.5（a）（4））监管范围内，则其可以销售包装上未标注健康警示的"涉烟烟草制品"。

入市审查的合规政策

根据FD＆C法案第910（a）（1）条“涉烟烟草制品”定义，新认定产品制造商需要为其产品申请入市前许可，可通过以下三种途径获得许可：实质等同（SE），SE豁免，或入市产品申请（FD＆C法案第905条和第910条）。正如NPRM指出，我们了解到，一些新认定烟草制品尤其是新型产品，2007年2月15日前市场上没有合适的参照产品来支撑SE声明。因此，在NPRM中，FDA审慎设定了自此最终规定生效起24个月的合规期限，允许通过以下三种销售途径对新认定烟草制品提交入市申请：入市产品申请（PMTA）、SE报告和SE豁免请求。[2]

FDA慎重考虑了大量预估合规期限评论意见。许多意见表示出了担忧，认为新认定烟草制品将可能在缺少科学审查情况下，依然在售并可能继续无限期销售。其他意见也表达了香精对青少年*使用烟草制品产生影响的担忧，并提交了相关数据。FDA还收到了如果继续销售添加香味物质的ENDS，将对公众健康产生潜在影响的评论和数据。仔细考虑所有这些意见后，FDA在此宣布修订后的合规性政策以及最终规定。（机构合规/执行政策不受制于管理公示-评论规则制定的要求。Prof’ls & Patients for Customized Care v. Shalala, 56 F.3d 592（5th Cir. 1995）（合规性政策指南不是实质性规定，不纳入管理程序条例（APA）的公示-评论规则制定）；Takhar v. Kessler, 76 F.3d 995, 1002（9th Cir. 1996）（FDA合规性政策指南无需经过公示-评论程序。）但由于存在具有明显利益的相关时间段，FDA在NPRM中制定了预期的合规性政策，并出于同样原因，在此颁布其修订的合规性政策，而不是在一个单独的指导文件中。）由于FDA合规性政策，预计许多制造商将在超出此最终规定生效日后继续销售其产品。但是，如果产品制造商不能提供其产品的SE声明（例如，不能确定有效参照品，或在合规期限内未能提交有效参照品的SE报告，或在延续合规期限内未得到授权），并在合规期限结束前未通过其他有效入市途径获得授权，那么依据FD＆C法案第905条和第910条规定，这些市售产品将受到强制执法（例如没收、禁令）取消销售权。

FDA在NPRM中包含了关于不同的可能合规性政策办法的意见的详细要求（79 FR，第23175~23177页）。FDA收到了很多关于这些合规性政策的评论建议。例如，由24家卫生医疗机构联合提交的意见指出，在NPRM中，FDA审查期间的24个月预估合规期限和持续销售的无限期，将增加公众暴露于含烟碱（一种高致瘾物质）产品的时间，且不符合市场秩序法定标准（意见号FDA-2014-N-0189-79772）。他们表示，这种办法将使制造商通过吸引年轻人的方式来销

2　尽管NPRM没有明确包括SE豁免请求（申请人在合规期限内可以使用的入市途径之一），FDA也打算考虑其拟定的24个月合规期限是否适合所有入市途径。

*　原文“young adults”指18岁（视美国各州情况而定，有些州可能规定17岁成年）以上的年轻人，亦即已经成年的年轻人。本书将原文中“youth and young adult”译为“青少年”。——译注

售新认定的烟草制品，并无限期在不受控制途径下篡改这些产品含量（同上文献）。能源和商务委员会、卫生小组委员会、监督和调查小组委员会以及美国众议院少数成员也提倡更具保护性的合规期限而不是NPRM预估合规期限，他们认为所提议的合规期限“给全国青少年带来了风险”（意见号FDA-2014-N-0189-80119）。此外，控烟政策和法律专家组成的网络群组对未依《烟草控制法案》公共卫生标准进行审查而一直销售的烟草制品所带来的影响表示担忧（意见号FDA-2014-N-0189-81044）。FDA还收到意见，鉴于ENDS比其他产品类别具有更长的合规期限，建议FDA应基于风险序列差异，对不同产品类别设定不同的合规期限（例如，意见号FDA-2014- N-0189-81859，意见号FDA-2014-N- 0189-10852）。FDA还收到了关于青少年使用香味烟草制品所受影响的意见和新数据。

FDA明白香精吸引力和香味烟草制品的使用对开始使用和持续使用烟草制品以及使用烟草制品引发的健康风险起重要作用。在此基础上，我们已经确定，无限期行使执法酌情权会给青少年带来烟草引发死亡和疾病的风险。然而，我们认识到在一些产品（如ENDS）中使用传统烟用香精替代品可能有助于成年消费者试图远离燃烧类烟草制品。此外，至少有些加香的燃烧型烟草制品可能是“豁免的”，因此，不拘于前言所说的合规期限，它们可以在市场上继续销售。考虑到所有关于合规期限和香精的意见，我们正在建立互相交错的合规期限。这种做法将使FDA消除对没进行科学审查的所有新认定烟草制品销售时间的担忧，对香味型烟草制品对青年人吸引力的担忧，以及已有证据表明的一些成年人可能使用香味型烟草制品来戒除抽吸燃烧型烟草制品的担忧。基于所提交应用方案的预期复杂度，FDA正在建立交错的初始合规期限。随后会有持续的合规期限方案给FDA审查，这样我们对酌情权的行使将会在每个初始合规期限之后12个月结束。换句话说，所有新认定烟草制品制造商将有12、18或24个月的初始合规期限来申请市场准入，并在此基础上延长12个月以获得FDA批准（因此总合规期限累计为24、30或36个月）。持续合规期限到期后，将会对这些产品进行强制执行，除非是不受新规定约束的产品或者是获得入市授权指令的产品。FDA修订的入市产品审查合规政策——导致当制造商在寻求审查并也考虑结束持续合规性政策时，市场上已有产品依然在销售——这将消除意见中提出的公众健康担忧，从而使FDA更有效地处理收到的申请，并鼓励申请者提交高质量的入市申请。

根据修订后的合规性政策，对于2007年2月15日之后，但在此最终规定生效前在售的新认定烟草制品，FDA将为其制造商提供12个月的初始合规期限来提交（及FDA接收）SE豁免请求，18个月的初始合规期限来提交（及FDA接收）SE申请，以及24个月的初始合规期限来提交（及FDA接收）PMTA。

如果制造商各自在合规期限内提交（及FDA接收）申请，FDA则在如下所述一定期限内继续实行合规政策，不对这些未获FDA授权却仍然在销产品实行强制措施。

对于使用SE豁免途径的新认定烟草制品，持续合规期限（即在这段时间内，FDA不强制要求入市审查）将在最终认定规定第1100条生效之日起的24个月后终止（也就是说，在12个月的初始合规期限后12个月，停止提交和接收SE豁免请求）。SE豁免渠道初始提交期是为了让制造商在豁免请求被驳回，或者由于申请资料不齐全等原因被FDA拒绝接受的情况下，有时间采用其他渠道申报。对于采用SE途径申请的新认定烟草制品，持续合规期限将在最终认定规定第1100条生效后30个月终止（即18个月初始合规期限后，再延长12个月用于SE报告提交和接收）。对于采用PMTA途径的新认定烟草制品，持续合规期限将在有效日期后36个月终止（即24个月合规期限后，再延长12个月用于提交和接收PMTA）。对于任一新认定烟草制品，如果没有在最终认定规定第1100条生效后24个月内通过三种途径中的任何一种提交申请，那么这个产品将不会从持续合规期限中获益，并且将被强制执行。另外，按照该政策提交申请的产品，一旦其持续合规期限终止，则市售产品的市场准入资格就失效了，即使该产品申请还待审批（并在最初提交文件中就预先说明了各自初始合规期限的截止期限），仍将被强制执行。然而，如果持续合规期限终止，申请者已经提供了所需信息以及一个待审批销售申请审查，由于已经完成大量工作，FDA则会个别对待，考虑是否在一个合理期内推迟执行市场准入要求。

考虑到一些产品不能使用SE途径，FDA指出，申请人可以使用截至2007年2月15日前市售的任一烟草制品或以前发现的市场上实质等同的产品作为参照（注：对于“截至”2007年2月15日这个说法，我们的意思是2007年2月15日该烟草制品已在美国市售（而不是市场测试）。如果烟草制品在2007年2月15日之前曾在美国市售，但在2007年2月15日这一天没有在市场销售，那么根据FD&C法案第910条，它不属于豁免的产品，不能市场销售，除非获得销售授权）[3]。这可能包含一个参照品，这个参照品属于不同类别或子类别，而不是SE报告中的新产品。虽然FDA目前还没有政策规定相同类别如何比较，但的确看到跨类别比较对申请人具有更大的挑战性，如果这些成为获得监管新认定产品的经验，那么以后可能对这类型比较作一些规定。FDA也一直在研究“截至”2007年2月15日前（或这一天）可能上市的电子烟和其他ENDS产品以及加热型卷烟产品。此外，FDA已经确定，一些电子烟和其他ENDS产品在2006年实现生产，2007年初已在美国市售。特别是，已经确定一个ENDS产品可能在2007年2月15日已投放到市场上了，这个产品可能作为SE途径有效的参照产品。证明参照产品有效性主要在于制造商要提交SE报告。为了帮助判断一个产品是否可作为有效参照品，任何人，只要有证据证明电子烟或ENDS产品于2007年2月15日已在美国市售，都可以提交一个独立的豁免申请给

3 FDA 指南规定“如果不能提供 2007 年 2 月 15 日文件，FDA 建议提供 2007 年 2 月 15 日前后一段合理时期商业销售证明文件。”该指南题为“建立烟草制品 2007 年 2 月 15 日以前在美国商业销售的行业指南”（79 FR58358，2014 年 9 月 29 日），还建议提供证据来源的例证，如提货单。

FDA（详见最终指南，“建立烟草制品2007年2月15日以前在美国商业销售的行业指南”（79 FR 58358，2014年9月29日））。（根据FDA目前经验，由于提交独立豁免申请纯属自愿，所以FDA预测很多制造商都不会提交，但这个做法是可行的。）无论选择什么参照品作对照，制造商都有责任提供充分科学数据来说明，就SE报告来说，新产品特点和参照产品相同，或者如果不同，那么这些不同之处应不使新产品引起不同的公众健康问题。我们鼓励利益相关方认真阅读FDA官网（http://ww.fda.gov）作为例子的产品申请，这些产品和指定参照品作对照时，不会引起不同公众健康问题。

作为制造商的电子烟企业

一些意见要求FDA根据FD＆C法案澄清电子烟零售店和电子烟企业是否可以当作“烟草制品制造商”。作为回应，FDA解释说，对于调配或生产直接销售给消费者电子烟烟液的制造商，以及制造或改进直接销售给消费者雾化装置的制造商，根据FD＆C法案阐述的定义，他们与其他烟草制品制造商受到同样的法律要求和监管。

健康警示要求的修订

FDA正在确认最终认定规则，对新认定产品健康警示要求做出了一些修订。例如，FDA已对烟碱警示声明略作修订如下：“警示：本产品含有烟碱。烟碱是一种具有致瘾性的化学物质。”将不含烟碱（即未检测出烟碱）产品的可选警示声明修改为：“本产品由烟草制造。”我们还提供了其他的文字说明，解释产品不含有烟碱的自行认证程序，以及保存自行认证过程记录的建议。如此最终规定所述，不含烟草或烟碱或非源于烟草或烟碱的电子烟烟液不符合“涉烟烟草制品”法定定义，且不要求其携带成瘾警示或提交自行认证。此外，我们还增加了一些文字，要求包装警示声明必须使用不小于12磅字体打印，使其醒目和易读。

此外，还增加了一个条款进行说明，若产品包装过小或因其他原因无法容纳标签，而该标签需要足够空间来容纳一定的信息，则只要满足§1143.3（a）（2）和（d）列举的警示要求，那么这类产品将豁免其直接在包装上放置警示语句的要求（如§1143.3（a）（1））。例如，对于小包装，警示语句必须刊登在外包装或其他外容器或包装上，或以其他方式永久附着在烟盒正反两面上，且必须使用§1143.3（a）（1）和（2）（提供附加警示规格要求）相同规格印刷。在这种情况下，集装箱、外容器、包装材料或标签将作为其中的主要显示面。

雪茄的生殖健康警示

根据美国联邦贸易委员会（FTC）与美国最大的七家雪茄制造商和解协议结果（以下称作“FTC准许法令”），在拟议的认定规定中，FDA建议使用大多数雪茄烟包装上和雪茄广告中使用的5条警示要求中的4条。（例如，参见re Swisher国际公司案例，案卷号C-3964。）FDA未提出刊登第5条警示要求（卫生总监警示：二手烟会增加不孕不育、死胎和低出生体重的风险），但对这一决定要求进行评论。经过进一步考虑，FDA已决定针对生殖健康影响和专门吸食雪茄使用第5条警示，其内容为“警示：在怀孕期间使用雪茄可能会损害您和您宝宝的健康。”这一要求已有科学证据支持，并适用于公众健康保护。但是，由于常规表述“二手烟会增加不孕不育、死胎和低出生体重的风险”也是一个真实陈述，科学证据也表明，雪茄烟气在含量和效果上与卷烟烟气相似，FDA允许使用“FTC准许法令”要求的生殖健康警示作为可选的第5条FDA警示替代。FDA预计，提供替代选择将有利于“FTC准许法令”约束的实体。

烟碱暴露警示和儿童安全包装

收到审查意见后，FDA承认提醒消费者保护儿童避免其误食以及眼睛、皮肤接触含烟碱电子烟烟液危害的重要性。为此，FDA在此最终规定之前发布了一项优先NPRM（ANPRM）（80 Fed. Reg. 51146（2015）），收集关于烟碱暴露警示和儿童安全包装的公众意见、数据、研究或可能告知FDA采取监管行动的其他信息。此外，在那期《联邦公报》的其他地方，FDA已经做出可用的指导草案，最终将描述FDA目前考虑的对新认定ENDS产品满足入市产品申请要求的一些适当的解决方法，包括暴露警示和儿童安全包装，这有助于展示该产品营销适合于保护公众健康。

适用于新认定产品的补充规定要求

在NPRM中，FDA指出，产品一旦被认定，FDA可以发行适用于该产品的补充规定，包括FD＆C法案第907条的产品标准（《美国法典》第21章第387g条）。FDA收到了许多适用于新认定产品补充规定的建议。FDA正在通过咨询来考察这些意见，并考虑是否为这些条款颁布NPRMs。

某些条款和小规模烟草制品制造商的合规性政策

在NPRM中，FDA要求对新认定烟草制品的小制造商完全依照FD＆C法案的要求，以及FDA如何解决这些问题的能力进行评论。考虑到这些意见和FDA有限的执法资源，FDA认为利用这些资源立即对小规模烟草制品制造商执行相关规定可能并不是最好的，并且小规模烟草制品制造商可能需要更多时间来遵守FD＆C法案要求。一般来说，为了这个新合规政策，FDA为这些制造商遵守某些条款制订了延长期限（例如，如第IV. D.部分讨论的，有更多的时间来回应SE资料补充函，合规期限延长6个月来满足提交烟草健康文件的要求，有更多的时间用以递交组成成分清单）。与普通制造商一样，这些小规模烟草制造商也将从其入市申请的其他援助中获益，包括：卫生管理项目经理，以便他们能够与FDA烟草制品中心（CTP）科学办公室（OS）进行单点联系，沟通他们入市申请中存在的问题；入市申请被拒的上诉程序（其中一家小企业已经成功运用）；CTP合规性和执法办公室（OCE）官员，他们协助这些企业，帮助其确定证明文件，来证明其产品于2007年2月15日已市售。而且，CTP的OCE将为小规模烟草制品制造商提交轮换警示计划供FDA批准中继续给予帮助，并提供一个系统来帮助这些企业通过FDA监管要求。FDA认为，“小规模烟草制品制造商”是指全职员工不超过150名、年度总收入不超过5 000 000美元的制造商。在思考小规模烟草制品制造商定位时，FDA已考虑了当前新认定产品制造商关于雇员、收入、产量和其他经营细节等全部信息。FDA考虑一家制造商时，将包括其控股的、受控的或共同控股的每个实体。为使FDA对个别的执行决定更加高效，制造商可自愿提交雇员和税收相关信息。[4]

对所有新认定产品制造商监管要求的政策

尽管FDA坚称，考虑到所有烟草制品都存在固有风险，所有自动条款都很重要，但FDA认识到，对于不熟悉联邦公共卫生监管的实体来说，要满足许多自动条款要求在初期将面临挑战。此外，FDA预期将从烟草制品成品的监管中获得必要信息。因此，FDA建立了新认定烟草制品入市申请和特定部件和零件获得许可的合规政策。我们注意到，FDA同时计划根据第904（a）（3）条发布关于报告HPHC的准则，随后，根据第915条要求发布测试和报告规则；考虑到HPHC报告具有的3年合规期限，制造商将有足够的时间准备该报告。第904（a）（3）条要求提交一份报告列出所有成分，包括被FDA当局标识为有害和潜在有害性成分（HPHC）的烟气成分。第915条要求测试和报告内在成分、组成成分和秘书处要求测试的添加剂，以保护公众健康。第915条测试和报告要求只能在FDA发布执行该部分规定之后应用（目前尚未完成）。第915条规定这些测试和报告颁布前，新认定烟草制品（和目前受监管的烟草制品）不受测试和报告中规定约束。正如本文中其他地方指出，在3年合规期限结束前，即使HPHC准则和第915条规定之前已经颁布，FDA不打算针对新认定烟草制品强制执行第904（a）（3）条的报告要求。

条款可分割性

按照《烟草控制法案》第5条，FDA考虑并打算将其权力范围延伸至所有烟草制品，本规定的各种要求和禁令具有可分割性。FDA的解释和立场是本规定中任何条款的无效不影响该规定其他任何部分的效力。即使法院或其他合法权力机

4　FDA 指出，本遵从政策对“小规模烟草制品制造商”的定义不同于其他一些文件中提及的“小制造商”或“小烟草制品制造商”定义，其中包括小企业管理局建立的定义和《烟草控制法案》对“小烟草制品制造商”的定义。FDA 指出，其目前定义体现了对新认定烟草制品制造商全部信息的评估，鉴于当局对公共卫生保护的法定义务，同时对最小烟草制品制造商潜在的独特利益也进行了认真考量。

构暂时或永久地使无效、限制、禁止或暂停执行本最终规定中的任何条款，FDA依然会认可其他剩余部分的有效性。正如《烟草控制法案》第5条规定，如果本规定中针对个人或环境的特定应用是无效的（见序言或其他地方的讨论），那么该条款对其他个人或环境的适用性不会受到影响，并将继续执行。本规定中每一个条款均由数据和序言中描述或引用的分析独立支持，如果单独发布，FDA监管权仍可正常行使。

成本和收益

本最终规定认定所有符合“烟草制品”法定定义的产品都受FD＆C法案第IX章监管，新认定烟草制品的配件除外。最终规定同时确定了适用于新认定产品以及其他烟草制品的附加条款。一旦认定，烟草制品将受FD&C法案及其实施条例监管。FD＆C法案对新认定产品的要求包括机构注册和产品列表、组成成分清单、HPHC测试和报告、新产品入市申请和标签要求。新认定烟草制品的免费样品也将被禁止。最终规定的附加条款包括：最低年龄和身份识别要求、自动售货机限制条件，以及包装和广告中要求的警示声明。

根据FD＆C法案第IX章要求制造每个新认定烟草制品的直接收益很难量化，同时，我们目前尚不能预测这些收益大小。表1总结了最终规定超过20年的量化成本。鉴于序言和影响分析提供的诸多原因，FDA总结认为最终规定的收益大于成本。其他影响中，作为入市流程，对新产品进行评估以确保它们满足适当的公众健康标准；标签不能包含误导性陈述，同时，FDA将审定新认定烟草制品组成成分。如果没有最终规定，新产品可能会比那些在售产品带来更大的健康风险；本最终规定中的入市前要求可有效避免此类产品入市及加重烟草制品使用的健康危害。本最终规定要求的警示声明将帮助消费者更好地了解和领会烟草制品的风险和特性。

表1　超过20年的量化成本总结（百万美元）

	下限（3%）	基本（3%）	上限（3%）	下限（7%）	基本（7%）	上限（7%）
私营部门成本现值	517.7	783.7	1,109.8	450.4	670.9	939.8
政府成本现值[1]	204.6	204.6	204.6	145.7	145.7	145.7
总成本现值	722.3	988.2	1,314.4	596.1	816.5	1,085.4
年私营部门成本	34.8	52.7	74.6	42.5	63.3	88.7
年政府成本[1]	13.8	13.8	13.8	13.8	13.8	13.8
年总成本	48.5	66.4	88.3	56.3	77.1	102.5

1 FDA成本代表一种机会成本，但这个规定不会导致整个FDA核算成本、联邦预算规模、烟草行业使用费总额的改变。

I. 背　　景

当《烟草控制法案》开始生效，FDA对烟草制品的监管范围就包括FD&C法案第IX章中的卷烟、卷烟烟草、手卷烟烟草以及无烟烟草。对于其他烟草制品，规定授权FDA发布条例“认定”它们归FDA管理。与规定一致，一旦被认定为烟草制品，FDA将实施“烟草制品销售及分销限制”，只要FDA认为其有利于保护公众健康（《美国法典》第21章第387f（d）（1）条）。

美国卫生总监早就认识到烟草制品的致瘾性源于其含有高致瘾性的烟碱，可经吸收进入血液（见参考文献1第6~9页）。烟碱具有成瘾性，而烟碱递送量及其递送途径，可以减少或增强其滥用和生理作用的可能性（参考文献2第113页）。一般情况下，烟碱的递送、吸收速率和到达峰值浓度时间越快，成瘾的可能性越高（同上文献）。

美国卫生总监报告“大多数人在青少年时期开始吸烟并在成年前形成了烟碱依赖特征模式”（参考文献3）。这些青少年形成了生理性依赖，并在尝试戒烟时会经历戒断症状（同上文献）。因此，烟碱成瘾往往是终身的（参考文献4），同时，青少年在选择戒烟时往往“低估了烟碱成瘾的顽固性并高估了自己终止抽烟的能力”（参考文献5）。例如，在一份针对1200余名吸烟的六年级学生研究中，58.5%已经失去烟草使用自制力（即戒烟困难）（参考文献6）。一项调查也显示，“近60%青少年相信他们能够在抽烟几年后，成功戒烟”（参考文献7）。动物模型研究表明，烟碱等物质的暴露能破坏胎儿大脑的发育；同时，对成年人认知功能具有长期影响，并具有形成物质滥用障碍及各种心理健康疾病的风险（参考文献8）。此外，烟碱暴露还对降低注意力和增加冲动性具有长期影响，这会促进维持烟碱使用行为（同上文献）。

美国卫生总监还强调，“长期烟碱暴露的神经生物学适应发展为烟碱成瘾”，表明烟草制品的使用模式（如使用频率）是烟碱成瘾的促进因子（参考文献9第112页）。卫生总监还指出“不同形式的烟碱递送对于建立和维持成瘾具有不同的风险”，这可能由于不同烟碱制品具有不同药代动力学（同上文献）。经FDA批准的烟碱贴片是烟碱缓慢吸收的一个例子，每天一次给药导致成瘾可能性极小（参考文献2第113页）。1988年，卫生总监认识到，不论产品递送烟碱的形式如何，从当时市售烟草制品中吸收到血液中的烟碱最终水平大致相似（参考文献1）。例如，有研究显示，经口使用不产生烟气的无烟烟草制品导致“与抽吸卷烟相当的静脉高烟碱浓度”（参考文献2第113页）。

FDA认为，对使用者来说，吸入烟碱（即不含燃烧产物的烟碱）比吸入燃烧型烟草制品递送的烟碱具有较低的风险。然而，有限数据表明，吸入烟碱与燃烧型烟草制品递送烟碱所产生的药代动力学相似。因此，从非燃烧制品吸入烟碱和经燃烧烟草制品吸入烟碱可能具有同样的成瘾性。研究人员认识到经非燃烧途径吸入的烟碱暴露可能与本国烟草有关死亡和疾病高发无关（参考文献 10, 11）。虽然没有证据表明烟碱本身会导致与烟草使用相关的慢性疾病，卫生总监2014年报告指出，仍存在与烟碱相关的健康风险（参考文献9第111页）。例如，高剂量的烟碱具有急性毒性（同上文献）。动物模型研究已经表明，胎儿发育过程接触烟碱可能对大脑发育产生持久性不良后果（同上文献）。烟碱还给孕期母体和胎儿健康带来不利影响，导致如早产、死胎等多种不良后果（同上文献；参考文献12, 13）。此外，小鼠研究数据也表明，青春期接触烟碱可能对大脑发育造成持久性不良影响（同上文献）。动物模型一些研究也已发现，烟碱会给心血管系统带来不利影响，并且还可能扰乱中枢神经系统（参考文献14, 15）。

“自卫生总监1964年报告以来，经验证明全面烟草控制计划和政策可有效控制烟草使用”（参考文献9第36页）。因此，FDA发布最终规定有两个目的：（1）认定符合法律规定的“烟草制品”定义的产品，新认定烟草制品的配件除外，并纳入FD＆C法案的烟草管控范围；（2）针对新认定烟草制品建立适于保护公众健康的特定限制规则。为了达到这些目的，FDA提出了两个方案（方案1和方案2），提供了关于认定规定范围的两个选项以及随之带来附加特定规则的应用。根据方案1，所有符合“烟草制品”定义的产品都将被认定，新认定烟草制品配件除外。除了“高档雪茄”这一类雪茄外，方案2与方案1相同。

目前，不受FDA管控的烟草制品广泛流通，并有多种形式，包括雪茄、斗烟、水烟、电子烟烟液（其中最受欢迎的是电子烟，而且还包括电子水烟、电子雪茄、笔式雾化烟、个人用雾化器和电子斗烟）、由烟草制备或提取的液态烟碱、烟碱口香糖和一些可溶性烟草制品（如目前不符合FD＆C法案第900（18）条（《美国法典》第21章第387（18）条）“无烟烟草”定义的可溶解烟草制品，因为它们包含从烟草中提取的烟碱，而不包含烟丝、烟末、烟粉或烟叶）。一旦执行最终规定，目前不受管制的烟草制品和符合第201（rr）条“烟草制品”定义的未来产品（除新认定烟草制品配件外）将归FD＆C法案第IX章监管。

2014年4月25日，FDA发布了一个认定规定提案（NRPM）（79 FR 23142），收到NRPM的评论超过135 000条。这些评论来自于烟草制品制造商、零售商、学术界、医疗专业人士、地方政府、宣传团体和消费者。为了更容易识别评论和我们的回复，后文在每个评论之前标注（评论），在每个回复之前标注（回复）。我们对评论进行编号以便更容易识别，这些数字仅用于编排性目的，并不反映我们收到意见的顺序或与之相关的价值，相似评论被整合为具有同一编号的意见。除了后文将提及的针对本规定制定的评论外，我们还收到许多表达支持或反对本规定和其中单独条款的一般性意见。这些评论表达了广泛的政策意见，并没有涉及本次法规制定的具体要点，因此，这些一般意见不需要回复；在此也没有回复本规定制定范围外的其他意见。其余意见以及FDA的回复则包括在本书中。

II. 法 定 权 力

A. 法定权力概要

正如NPRM（79 FR 23142，第23145页）序言中阐述，《烟草控制法案》通过在FD&C法案增加第IX章，赋予了FDA监管烟草制品的权力。FD＆C法案第901条（《美国法典》第21章第387a条）规定新章节（第IX章 烟草制品）适用于所有卷烟、卷烟烟草、手卷烟、无烟烟草以及卫生与公众服务部（HHS）秘书处依据规定认定为该章管制范畴的其他烟草制品。依据FD＆C法案第901条，FDA发布了NPRM，将FDA“烟草制品”监管权延伸到符合FD＆C法案第201（rr）条“烟草制品”定义表述的产品（这些烟草制品的配件除外）[5]，为将被认定为纳入FDA烟草监管的雪茄产品的范围提供了两个可选方案，本最终规定中，FDA选择了方案1，认定了包括高档雪茄在内的所有烟草制品，新认定烟草制品的配件除外。

此外，FD＆C法案第906（d）（1）条授权FDA对烟草制品的销售和分销提出相关限制规定，只要FDA认为“该规定适于保护公众健康”。FDA已经确定本最终规定中包括的附加限制规定（如最低年龄和身份识别要求、自动售货机限制和健康警示声明）“适合公众健康保护”。

依据FD＆C法案第903条补充（《美国法典》第21章第387c条）的权力，烟草制品的制造商、包装商或经销商在其发行的，或因制造商、包装商或分销商的原因而发行的所有广告和描述性印刷品中，应包括烟草制品使用的简短声明及相关警示、注意事项、副作用和禁忌症，否则该烟草制品将被认定为标签错误（FD＆C法案第903（a）（8）（B）(i) 条）。FD＆C法案第903（a）（7）（B）条还规定，如果烟草制品的销售或分销违反FD＆C法案第906（d）条的规定，即为标签错误。

5 FD&C 法案第 201（rr）条对“烟草制品”进行了相关定义，由烟草制成或者源自烟草的用于人类消费的任何产品，包括烟草制品的任何部件、零件或配件（用于生产烟草制品部件、零件或配件之外的其他原材料除外），《美国联邦法规》第 21 章第 321（rr）条。

此外，FD＆C法案第701（a）条（《美国法典》第21章第371（a）条）规定FDA有权颁布有效执行FD&C法案的法规。

B. 法定权力意见回复

FDA收到广泛的法律问题的评论，包括FDA依据FD&C法案认定烟草制品的权力以及NPRM可能涉及的宪法问题。FDA仔细考虑这些意见并得出结论，FDA有权依据本最终规定认定烟草制品，FDA未发现评论中有其他法律意见可以阻止其实施最终规定中的相关措施。法定权力相关的评论汇总以及FDA的回复如下。

1. 第901条权力

（评论1）整体上，这些评论没有挑战FD&C法案第901条授权FDA的监管权力，但至少有一个意见认为第901条没有赋予FDA“以一种大规模的方式”认定所有符合烟草制品法定定义的产品（配件除外）的权力。该评论认为国会仅想就个别产品，或者最多就某类产品，授予FDA对产品认定的自由裁量权；同时，FDA不具备“确实地涵盖所有现有的及未来的烟草制品归其管辖”的权力。

（回复）FDA不同意该评论。第901条赋予FDA权力去认定“任何……秘书处依据规定认定属于FD&C法案第IX章监管的烟草制品”。法案中没有限制FDA认定符合法定定义的所有烟草制品的权力，或要求FDA以单个产品或是产品类别认定的规定。

评论没有提供“国会试图限制FDA产品认定的权力，仅逐个地认定特定类别的产品”的依据，也不存在这种限制条款。FDA认为，基于产品或类别认定烟草制品会造成监管漏洞、实质性延迟（面临公共卫生风险）并显著妨碍FDA全面打造监管计划。

即使第901条措辞不够明确，FDA认为并非如此，FDA将有权参与法规解释（Chevron U.S.A., Inc. 与 Natural Res. Def. Council, Inc. 案例，467 U.S. 837, 842-45（1984），引用 Morton 与 Ruiz 案例，415 U.S. 199, 231（1974）（“我们早就认识到应重视行政部门制定的法定计划并尊重行政解释的原则……”））。

（评论2）至少有一个评论质疑FD＆C法案第901条是否赋予FDA认定未来烟草制品并使其受新规定管制的权力。尤其，评论指出“烟草制品”必须在规定生效时已经存在一定时间，才能被“认定”并受本规定监管。

（回复）FDA不同意该评论。术语“烟草制品”在FD＆C法案第201（rr）条（《美国法典》第21章第321（rr）条）中已定义，是指“由烟草制备或来源于烟草的供人类消费的任何产品，包括烟草制品的任何部件、零件或配件（生产过程以及烟草制品的部件、零件或配件中使用的非烟草原材料除外），不包括FD＆C法案定义的药品、器械和组合产品”。该定义没有时间元素，也没有任何法规限制FDA

的认定权力为目前在售的产品或产品类别。与国会颁布该法律意图相反，建议的解释会大大阻碍FDA保护公众健康的能力。事实上，新产品引入后，FDA规范新产品能力将进一步推迟数月，甚至几年，因为立法机构必须在现行规则适用前启动法规制定工作。这样的解释会阻碍《烟草控制法案》的目的并危及公众健康。

此外，我们注意到，FDA并不是简单制定一个适用于未来研发的、危害完全未知的、理论产品的法规。相反，FDA是基于现有产品带来的潜在危害和监管这些产品（由烟草制成或来源于烟草）的经验,敲定本规定的监管范围包括所有“烟草制品”。经验表明，让公司（在开发和上市之前）了解其产品在美国出售必须经FDA审查和授权，对制造商来说更容易也更好地保护公众健康。

（评论3）很多评论认为，FD&C法案第901（g）条要求FDA依据FD&C法案第IX章颁布一项新法规前，应与其他联邦机构协商。

（回复）FDA同意第901（g）条对FDA的要求“酌情努力向其他联邦机构咨询”。按照第12866号行政令要求，在联邦机构审查过程中，FDA向其他联邦机构进行了咨询，符合第901（g）条要求。

2. FDA权力的行使

（评论4）一些主要来自ENDS产业的评论认为，FDA需要确定认定规定应有利于公众健康，这缺少足够的证据。具体来说，他们认为没有长期研究，FDA无法量化特定产品（即电子烟）[6]的健康风险，并且目前还没有此类研究。一些评论列举了FD＆C法案第906（d）条公众健康标准作为这些声明的法律依据。

（回复）FDA不同意该评论。这些评论试图对FDA行使认定权力强加一个尚未有法令或其他规定建立的标准。根据第901（b）条，FD&C法案第IX章应当适用于所有卷烟、卷烟烟草、手卷烟、无烟烟草以及秘书处依据规定认定为该章管制范畴的其他烟草制品（特此强调，以下同）。唯一与FDA认定权力范围相关的限制为：FD&C法案第201条（rr）提出的“烟草制品”定义，以及FD&C法案第901（c）（2）条中烟草种植者和类似实体以及不归烟草制品制造商所有的烟叶的相关规定。

FDA不同意评论所述FD&C法案第906（d）条所列标准适用于烟草制品认定。第901条和第906（d）（1）条赋予FDA独立的权力。第901条赋予FDA认定第IX章管制范畴内的其他产品的权力。一旦产品归属于第IX章，FDA可以使用第IX章其他权力（如第906（d）条）对这样的产品采取监管行动。如其所说，第906（d）条适用于FDA提出的包括销售和分销限制的法规，包括烟草制品广告和促销及其途径；因此，第906（d）（1）条的标准只适用于FDA第906（d）条附加规定（如§1140.14中的最低年龄和身份识别要求、自动售货机限制和§1143.3和§1143.5中

6　FDA 指出，多数意见在讨论 ENDS 产品时候提到“电子烟”。因此，FDA 在意见摘要中提到“电子烟”。由于 FDA 的回复普遍适用于所有 ENDS 产品（其中最流行的是电子烟，另外还包括笔式蒸汽烟、个人用雾化器和电子烟斗），FDA 对这些意见的回复通常使用术语“ENDS”。

的健康警示要求），而不适用于认定本身或法规中自动适用于新认定产品的条款。

虽然没有要求FDA针对认定烟草制品满足特定的公众健康标准，但管制新认定烟草制品将对公众健康有益。基于科学数据，FDA得出结论，鉴于其对公众健康的潜在危害，新认定产品应该得到监管（例如79FR，第23154~23158页）；并且监管应对该潜在危害有更多了解。入市批准的监管确定性越大，越有利于企业致力于创造新产品，当他们的改进产品入市时，会更有信心不会面临其他新型但危害性更大产品的竞争。例如，一个公司有意投资额外资源需要确保其电子烟按适合的方法和控制手段来设计和制造，如果该产品不与那些更便宜和粗制滥造产品竞争，让消费者无法分辨，公司这样做将更有可能。随着时间推移，由于“适用于公众健康保护”标准涉及与普通烟草制品市场的比较，FDA认为，入市前获得授权可以激励生产者开发危害更低、不太可能导致初学者开始使用烟草，和/或更容易戒断的产品。

另外，FDA对新认定产品入市前审查将提高产品的一致性，例如，FDA监管电子烟烟弹成分将有助于确保被雾化和吸入的化学物质和含量有关的质量控制。目前，产品中化学物质浓度存在显著变化——包括产品标签上含量和浓度与实际含量与浓度差异（例如，参考文献16, 17, 18, 19, 20）。如果没有一个监管框架，期望这些产品一致性的用户可能会面对烟碱含量变异显著的产品，增加潜在的公众健康和安全隐患。执行入市审核要求也将使FDA监控产品的发展和变化，并防止更多有害或成瘾性产品流入市场。

此外，正如FDA在NRPM讨论所述，认定所有烟草制品将提供FDA产品健康风险相关的关键信息，包括依据FD＆C法案要求提供的组成成分清单和HPHC报告（79FR23142，第23148页）。考虑到烟碱致瘾性和烟草制品相关毒性，获取这些信息特别重要。鉴于“吸收二手烟已与癌症、呼吸系统和心血管疾病、婴幼儿健康负面影响存在相关性”，这些信息将有助于进一步评估新认定烟草制品的毒性（参考文献9 第7页）。[7]

许多评论还指出，FDA承认“目前还没有足够数据……确定电子烟对公众健康有什么影响”，FDA并不知道、也不能确定管制这些产品将是否有利于公众健康。FDA不同意该评论。这一措辞声明如下：“有些人提出意见认为一些新的非燃烧型烟草制品……至少在某些方面，可能比燃烧型卷烟制品危害更小”，并表示缺少证据支持这些有利论断（79 FR 23142，第23144页）。不论总体上ENDS是否可最终被证明在群体水平上对公众健康有利或有害——而且目前还没有进行长期研究以支持上述任一论断——ENDS管制仍将有益公众健康。卫生总监2014年报告同样指出“对个人和群体水平影响的进一步研究将有助于全面解决这些问题。然而，可能仅在卷烟和其他燃烧型烟草制品的吸引力、可及性、发展和使用快

7 正如2014年卫生总监报告指出，“在美国，烟草使用带来的死亡和疾病负担绝大多数是由卷烟和其他燃烧烟草制品造成的”（参考文献9第7页）。

速下降的大环境下，非燃性烟草制品的发展才更可能有利于公众健康”（参考文献9 第874页）。

FDA在NPRM指出，认定烟草制品（包括电子烟和其他ENDS）对公众健康有很多益处。尽管一类产品总体被证明是有益的，该类别中的个别产品也可能会引起关注。例如，一些产品可能对年轻人特别有吸引力，或带来意想不到的高含量有害物质。此外，一旦所有的烟草制品被认定，任何寻求将其产品作为风险弱化烟草制品（MRTP）销售的制造商，将被要求提供证据并获得FDA的指令，然后再做相关声明。但目前根据FD＆C法案并没有这些要求。更普遍的，监管和产品审查有助于FDA确认公众健康受到保护。FDA监管工具，包括FD&C法案第902条（《美国法典》第21章第387b条）和第903条适用于新认定产品的掺假和错误标签的规定，将令所有烟草制品满足一些基本要求，比如标签和广告不能虚假或误导，从而有助于保护消费者。FDA将能够采取执法行动，打击那些不符合要求的任何烟草制品。此外，执行入市申请、SE报告和豁免申请（FD＆C法案第905和910条（分别为《美国法典》第21章第387e条和第387j条））将提高产品一致性，并帮助保护公众健康不受到负面影响。例如，尽管目前电子烟烟液中化学成分浓度存在变化，FDA监管电子烟烟液成分和ENDS将有助于确保被雾化和吸入的化学物质种类和含量可控（79 FR 23142，第23149页）。一旦认定，《烟草控烟法案》授权FDA实施经确定的、适合于公众健康保护的限制规则。根据这一授权，FDA对ENDS及其他产品施加特定限制规则，如最低年龄要求。

青少年使用电子烟和水烟等烟草制品的数量急剧上升，以及他们持续使用雪茄（主要是小雪茄）都进一步证实了产品认定的必要性。正如NPRM中讨论，电子烟在零售店广泛流通，如在商场的售货亭和互联网上，并且它们网络的普及程度已经超过了比电子烟上市时间更久的鼻烟（参考文献21）。

最近研究表明，ENDS产品使用比例大幅上升。美国疾病控制和预防中心（CDC）和FDA分析了从2011年到2014年的数据（来自于全国青少年烟草调查（NYTS）），发现当前（过去30天）高中生使用电子烟的人数增加了近800%，比例从2011年的1.5%增加到2014年的13.4%（参考文献22）。2014年，据报道当前共有24.6%的高中生在使用某种烟草制品（同上文献）。所有高中生中，电子烟（13.4%）是使用最为普遍的烟草制品（同上文献）。这种增加并不限于任何一种人群；电子烟是高中非西班牙裔白人、西班牙裔和非西班牙裔等其他种族最常用的烟草制品（同上文献）。电子烟同样是初中生使用比例最高（3.9%）的烟草制品。从2011年到2014年，观察到当前高中生电子烟使用数量呈现显著非线性增加（1.5%到13.4%）（同上文献）。从2011年到2014年，观察到中学生电子烟使用量呈现大幅度非线性增加，2014年，估计有460万名中学生和高中生使用某一烟草制品（即卷烟、雪茄、无烟烟草、电子烟、水烟、烟斗烟、鼻烟、可溶解烟草和比迪烟），其中估计有220万名学生使用两种或两种以上烟草制品。总体上，据报道2014年有240万初中生和高中生目前在使用电子烟。该数据还表明，初中生和高中生使用烟草制品总数没有变化，只是使用烟草制品的种类更集中了。

最近公布的另一项研究发现，在九年级学生中基准评估数据显示曾使用过电子烟的，其开始抽吸燃烧型烟草制品的可能性比非电子烟使用者高大约2.7倍，而6~12个月后开始抽吸传统卷烟的可能性增加1.7倍（参考文献23）。虽然本研究表明，电子烟消费者同样比非电子烟消费者更可能在12个月后使用燃烧型烟草制品，但研究结果不能确定这些消费者是否将使用燃烧型烟草制品，不论其是否使用电子烟。研究人员指出，一些青少年可能因为受电子烟口味吸引等一些原因（同上文献），更有可能在使用燃烧型烟草制品之前先使用电子烟。

就年轻人和成年人使用电子烟而言，最近有关年轻人和成年人使用ENDS研究证据表明，在从未吸过卷烟的成年人中，以往电子烟消费者在18~24周岁最为流行，随着年龄增加，流行程度降低（参考文献24）。然而，当前的吸烟者和近期曾吸烟者（即过去一年内戒烟者）比长期既往吸烟者（即戒烟超过一年者）和从不吸烟的成年人更有可能使用电子烟。曾试图在过去一年戒烟的吸烟者也比不曾尝试戒烟的吸烟者更有可能使用电子烟（同上文献）。值得注意的是，研究结果不能确定：（1）只抽吸电子烟的既往吸烟者如果不考虑使用电子烟，是否现在也不会停止抽烟；（2）电子烟使用者在戒烟之前，还是戒烟之后开始使用电子烟。

2011~2014年NYTS数据也显示，使用水烟的高中生在这个时期内增加了1倍多。事实上，研究人员观测到，2011~2014年，初中生和高中生水烟消费数量均大幅度增加，最终估计2014年有160万青少年使用水烟（参考文献22）。2013~2014年，高中生水烟消费几乎翻了一番，比例从5.2%（77 0000）增加到9.4%（130万），初中生增加了1倍多，比例从1.1%（120 000）增加到2.5%（280 000）（同上文献）。这些研究结果与早期的对年龄更大的青少年的研究结果一致；该研究表明水烟使用普及情况不断增加，尤其是在校大学生，一些大学校园有多达40%的学生曾经使用水烟，有20%的学生据称正在使用（即在过去30天里使用）（参考文献25，26）。

同样，青年人持续使用雪茄，2014年NYTS数据表明，过去30天中有8.2%的高中学生（120万）和1.9%的初中生（22万）抽过雪茄（包括雪茄、小雪茄烟或小雪茄）。据报道参加2014年监测未来研究的8年级、10年级和12年级学生中，19%抽吸小雪茄（该比例相比2010年的23.1%，表现出一定程度的降低，但目前还不清楚本研究中受试者是否将雪茄与卷烟混淆）。此外，2014年全国药物使用和健康调查（NSDUH）发现每天有超过2500名18岁以下青少年抽吸第一支雪茄，与每天开始抽吸卷烟的数量几乎一样多（2600多人）（参考文献28）。然而，青少年危险行为监测系统（YRBSS）青少年使用雪茄数据显示，当前使用雪茄的青少年（即在过去30天中至少有一天使用雪茄、小雪茄烟或小雪茄）在1997~2013年间已经下降（从22%到12.6%），然而，2011年（13.1%）到2013年（12.6%）间没有观察到显著变化

（参考文献29）。

（评论5）至少有一个评论认为本规定违反了《美国法典》第5章第706条管理程序法（APA, 5 U.S.C. 706），需要FDA提供“（其）结论的具体依据和支撑（其）每个关键假设的数据”（引自Ranchers Cattlemen Action Legal Fund United Stock-growers of America, No. 04-cv-51, 2004 WL 1047837 at *7（D. Mont. Apr. 26, 2004）），而FDA未能做到这样。

（回复）FDA不同意该评论。该评论引用的未公开的地方法院案例被第九巡回法院驳回正是因为这一点（415 F.3d 1078（9th Cir. 2005））。第九巡回法院指出正确标准：“要求机构‘考虑相关事实，并阐明发现的事实和作出的选择之间存在合理的联系’”（同上文献，第1093页）。见Citizens to Preserve Overton Park, Inc. v. Volpe, 401 U.S. 402, 416（1971）; Motor Vehicle Mfrs. Ass'n of U.S., Inc. v. State Farm Mut. Auto. Ins. Co., 463 U.S. 29, 42-43（1983）。

无论如何，NPRM包含了FDA提出本规定的实质性阐述，其中包括引用的超过190篇科学文献，以及NPRM和最终规定补充资料中包含的许多页解释数据和考虑意见内容；这些结论来自于上述文献，而FDA对最终规定的解释，充分符合管理程序法（APA）。

（评论6）少数评论反对FDA没有在认定规定提案中讨论非法市场的可能性，评论指出FDA需要根据FD&C 法案第907（b）（2）条考虑非法市场后果。

（回复）FDA不同意该评论。第907（b）（2）条不适用于产品认定，而只适用于根据FD＆C法案第907条制定的烟草制品标准法规。任何情况下，FDA都无法因有些人可能会触犯法律而拒绝实施促进公众健康的行动。尽管如此，FDA依据新认定烟草制品的权力可以确定哪些产品在市场上合法，哪些是假冒或者以其他形式非法销售，并对销售和分销非法产品的制造商采取执法行动。《烟草控制法案》赋予FDA上述权力和其他权力，如FD＆C法案第920条（《美国法典》第21章第387t条），以帮助处理非法烟草制品。

3. 宪法问题

《烟草控制法案》包括限制烟草制品入市条款。正如文件所讨论的，其中一些条款适用于本法令和其他授权FDA提出的附加限制条款涵盖的所有产品（包括新认定产品）。我们收到的评论认为，最终规定的某些强加于新认定产品的限制条款违反宪法第一修正案。

a. 烟草制品免费样品

（评论7）一些评论质疑禁止发放烟草制品免费样品的合宪性（见§1140.16（d）（1））。首先，评论认为发放免费样品是一种受第一修正案保护的商业形式，认为禁令应用到新认定产品的是违宪的。评论引用中央电力公司诉公共服务委员会案例，447 U.S. 557, 566（1980）认为，FDA必须表明该禁令是严格专门制定的、可直接和极大推进国家利益，但FDA没有这样做。评论指出，虽然法院在Discount Tobacco City & Lottery v. United States, 674 F.3d 509（6th Cir. 2012）, cert. denied sub nom. Am. Snuff Co., LLC v. United States, 133 S. Ct. 1996（2013）案例中支持《烟草控制法案》的卷烟抽样禁令，但法院用来支持禁令的证据不支持对新认定烟草制品采用相同禁令。评论认为FDA没有提出证据显示这些样品导致青少年开始吸烟，因此，FDA不应用这个禁令推进正当的政府利益。此外，评论还建议，即使禁令确实推进正当政府利益，FDA可以通过更少限制的方法达到同样结果，如FDA对无烟烟草采取的方式：仅在成人可用的条件下发放样品。

（回复）FDA不同意免费样品禁令是违宪的。首先，尽管FDA承认“折扣烟草公司”案例（674 F.3d at 538-39）中，第六巡回法庭将免费样品发放视为商业言论的一种形式，FDA仍然认为免费样品发放是行为，不是商业言论。规范行为的条款没有显著的表现元素，不涉及宪法第一修正案。见Arcara v. Cloud Books, Inc., 478 U.S. 697, 706-07（1986）。此外，免费样品禁令类似于一个价格限制（即烟草制品不能免费）——一种“不涉及任何言论限制的规则形式。”44 Liquormart, Inc. v. Rhode Island, 517 U.S. 484, 507（1996）（Stevens, J方案）。因此，免费样品条款规范产品分发，宪法第一修正案并没有保护分发免费烟草制品样品的权利。

其次，正如第六巡回法庭总结的，即使免费样品分发涉及第一修正案，法庭继续坚持宪法上的烟草制品免费样品限制条款的合宪性（674 F.3d at 541）。在“折扣烟草公司”案例中，烟草制品制造商认为，政府未能证明这将直接和实质性推进减少青年使用烟草制品这一禁令的政府利益。制造商进一步指出，即使免费样品禁令是有效的，还有限制条款更少的方法可以预防青少年使用烟草（同上文献，第538页，第541页）。第六巡回法院驳回这两个论点，并认为政府“提出的大量文件表明烟草制品免费样品对于年轻人是（一种）‘易获取烟草制品的来源’……且可免费获取，即使具有烟草企业所述的‘据称对未成年人发放免费样品严格限制的自愿守则’”（同上文献，第541页）（引自61 FR 44396 at 44460, 45244-45 & nn. 1206-08（August 28, 1996））。法院还认为，免费样品“可以作为对青少年具有生理成瘾性和社会吸引力的所有产品的最好广告”（同上文献）。

这些评论并不打算分辨“折扣烟草公司”案例。在此，阻止青少年接触所有烟草制品具有巨大的政府利益，新认定产品也和第六巡回法院诉讼案中考虑的产品一样，“对青少年具有生理成瘾性和社会吸引力”，“折扣烟草公司”案例直接面临这种问题。正如在NPRM中指出的，禁止免费样品将消除青少年获得烟草制品的一个途径，它可以帮助减少青少年开始使用烟草制品，以及由此引发的短期和长期发病率和死亡率。

青少年尤其易受生物、社会和环境影响，使用并对烟草制品上瘾。参见X.A.，正如早在1995年FDA认为的，“免费样品给青少年提供了一个‘免费且无风险的方式来满足他们对烟草制品的好奇心’，而在文化或社会活动中发放，可能会增加青少年接受和使用免费样品的社会压力”（60 FR 41314，第41326页（参考文献30））。由于这些原因，我们认为禁止新认定烟草制品免费发放是至关重要的，它们具有高度致瘾性并会导致持续一生的烟草使用，以及随之而来的不良健康后果。

FDA收到一些评论认为一些场所广泛发放新认定烟草制品免费样品可能会吸引青少年，其中包括：

- 电子烟大卖家可能会为了吸引大量群众现场免费派发样品。
- 至少8个电子烟公司通过赞助或发放免费样品活动推广其产品，其中许多似乎是面向青少年的（参考文献31）。
- 仅在2012年和2013年，6家电子烟公司在348项活动中赞助或免费提供样品，其中许多是在面向青少年的音乐节和汽车赛事上——包括大奖赛赛车活动（同上文献）。
- 俄勒冈州实地调研发现，电子烟零售商现场免费采样测试，提供机会品尝各种各样口味的烟碱烟弹（俄勒冈州卫生局意见FDA-2014N- 0189-76358）。

如上文和NPRM所述，免费样品条款将在这些场所处理新认定烟草制品发放。与意见断言相反，FDA不认为它可以像对待无烟烟草一样，通过允许新认定产品出现在成人专用场所达到相同结果。在《烟草控制法案》第102（a）（2）（G）条（《美国法典》第21 章第387a-1（a）（2）（G）条），国会要求FDA重新提交最终的1996年规定（发表在1996年8月28日《联邦公报》，61 FR 44396），并作出一些修改，包括增加成人专用场所（QAOFs）分销无烟烟草免费样品禁令的狭义豁免。这个豁免是非常规范的，它只有在非常有限的情况下进行操作（该产品分布在一个特定类型的临时封闭结构中，该结构由执法人员进行年龄确认或具有政府机构认定的安全许可证，还具有每个成年消费者无烟烟草消费量的具体要求）。如果FDA想要全部或部分扩大这项豁免至其他烟草制品（当国会明确将免费样品禁令扩展至卷烟和所有“其他烟草制品”，这将包括所有未来认定的烟草制品，仅对无烟烟草限制成人专用环境），FDA必须依据允许免费样品对公众健康带来的潜在不利影响，来证明豁免的合理性，并确定豁免的特定参数以适于新认定烟草制品。这将至少包括：有关类型设施参数、获取方法、发放种类，以及FDA制定豁免的每种烟草制品的类型分布、份量。新认定产品很大程度上不受监管，其市场，尤其是诸如ENDS的新型不燃烧烟草制品市场是动态变化的。评论没有提供证据证明新认定烟草制品免费样品的发放与保护公众健康的目标是一致的。虽然有证据表明烟草制品分销是有害的（例如，法院已表示担心“免费样品让青少年接触烟草制品更加容易”），但FDA尚未得到产品的具体证据，因此不能与目前无烟烟草一样例外，对QAOFs产品数量或份量进行限制。因此，虽然有负面公众健康影响，QAOFs 仍允许以这种方式获得烟草制品。

禁止免费样品对分销来说是一个次要管制，烟草制品制造商、分销商和零售商有权将产品告之消费者。免费样品禁令不妨碍制造商、分销商或零售商向成年消费者传达真实和非误导性信息。在XI. F.部分我们进一步提及该禁令并回应了附加说明。

（评论8）一些评论建议FDA免除电子烟免费样品禁令，另外，该评论建议FDA限制环境使免费样品可以分发给成人消费者。例如，评论建议FDA规定对每个免费样品接受者进行年龄验证，并限制接受者在一次样品分销活动中带走的免费产品数量。

（回复）我们不同意上述评论答复中所讨论的理由。正如NPRM所述，禁止免费样品消除了青少年接触烟草制品的一条途径，这有助于减少烟草制品使用引发的疾病（79 FR 23142，第23149页）。此外，美国第六巡回法院先前承认，FDA已经提供“大量”证据表明免费烟草样品提供给青少年一个“容易接触的来源”（Discount Tobacco City & Lottery，Inc. v. United States，674 F. 3d 509，541（6th Cir. 2012）（引自61 FR 44396 at 44460，August 28，1996），cert. denied sub nom. Am. Snuff Co.，LLC v. United States，133 S.Ct. 1966（2013））。随着ENDS使用的增长，尤其是青少年（见VII. B.部分），禁止免费样品对减少青少年接触ENDS，并可能继而转抽燃烧型烟草制品是必要的（见参考文献23）。

b.风险弱化烟草制品

如果没有获得第911（g）条下生效的FDA命令，FD&C法案第911条（《美国法典》第21章第387k条）禁止州际贸易引进或交付任何MRTP产品。MRTP是“一种正在出售或分销的烟草制品，主要用来减少市售烟草制品所带来的危害或与烟草相关的疾病风险。”这包括烟草制品、产品标签、标识或能展现其与其他烟草制品相比危害更少、疾病风险更低的广告。

（评论9）一家烟草公司的评论认为第911条是违反宪法的。这一评论最终认为，FDA对“特定烟草制品比其他制品更安全”宣称的监督，违反了第一修正案——即使适用于目前监管产品，如卷烟。

（回复）评论提及的法规表面合宪性通常超出了机构规则制定权范围。美国肉类研究所诉讼美国农业部760 F.3d 18，25（D.C. Cir. 2014）（全庭）（“我们认为合宪性法律不应在行政自由裁量权上‘忽高忽低’”）。就是说，FDA不同意第911条合宪性的质疑。第六巡回法院经过深思熟虑后一致否决了“折扣烟草公司”案例上的同样论点，674 F.3d at 531-37，并且最高法院拒绝了制造商申请调卷令（133 S. Ct. 1966（2013））。正如第六巡回法院解释的，第911条要求制造商在入市前向FDA建立特定烟草制品的健康声明，而不是允许入市后对这样的索赔进行审查（674 F.3d at 537（“当谣言发生后试图平息它，事实上是不可能的”））。这个条款没有“明显侵犯非商业性言论”，因为它许可了“不被提及的制造商”有权直接回应公共问题意见（同上文献533页，引文略）。相反，法院认为，第911条所限制的是商业言论，因为它适用于消费者针对制造商的特定产品进行直接索赔（同上文献）。法院认为，根据中央电力公司和公共服务委员会447 U.S. 557（1980），商业言论限制是符合宪法的：防止了烟草行业数十年来关于烟草制品的错误和有害健康声明，提高了政府实质性利益。它是充分特制的，因为它只关注以消费者为导向的烟草制品健康影响或内容，不能超出批准范围（“折扣烟草公司”案例，674 F.3d 534-37）。FDA指出，这一评论没有提及“折扣烟草公司”案例的证据或者第六巡回法院的分析。

（评论10）一些评论认为，如果第911条禁止电子烟和其他非燃烧制品描述为“无烟的”，那么它可能违反了第一修正案。

（回复）FDA已经仔细考虑了该评论，认为非燃烧产品，包括ENDS，应允许使用术语“无烟的”来描述该产品。我们注意到，第911条规定“无烟烟草制品不能仅仅因为其标签、贴条或广告使用以下的短语来描述这种产品和它的使用而应被视为MRTP：‘无烟烟草’、‘无烟烟草制品’、‘非抽吸使用’、‘不产生烟气’、‘无烟’和四类近似术语”。然而，该项规定只适用于“无烟烟草”，其在FD&C法案中被明确定义过，属于“由烟丝、烟末、烟粉或烟叶组成、放在口腔或鼻腔使用的任何烟草制品”（FD&C法案900（18）条）。ENDS不属于该定义。此外，对比ENDS，“无烟烟草制品”消费定义为产品吸入肺部或组分呼入封闭环境不需要使用热量。FDA也意识到一些电子烟是被加热到足够高温度以致电子烟烟液挥发。由于这些原因，当FDA获得产品的具体证据，FDA将以具体案例分析评估ENDS制造商使用“无烟”或“无烟气”术语（以及类似描述性术语），而FDA将以符合法律和宪法的方式应用MRTP条款。通过这种案例分析方法，将“无烟的”和类似术语应用于ENDS是合适的，因为ENDS包含了一个广泛的、多种多样的和不断变化的产品类别。

4. 警示标签要求

最终规定要求对新认定的烟草制品和由FD&C法案第906（d）条授权的卷烟烟草及手卷烟烟草（21 U.S.C. 387f（d））进行广告和包装警示。所有新认定烟草制品包装和广告（雪茄除外）上必须显示一个成瘾警示：“警示：本产品含有烟碱。烟碱是一种致瘾性化学物质。”（符合一定要求，不含烟碱产品制造商可使用另一种警示：“本产品是由烟草制造。”）雪茄包装和广告必须显示致瘾性警示，或是本规定中制定的其他五个中的一个。

最终规定要求警示至少占包装两个主显示面的30%，并且广告区至少占20%。《烟草控制法案》中国会建立的无烟烟草警示尺寸与此相同：无烟烟草包装两个主显示面至少要30%，每个广告面积至少要20%（15 U.S.C. 4402（a）（2）（A），（b）（2）（B））。在同一法案中，国会规定一个更大的卷烟警示尺寸：卷烟包装前和后面的50%（对于卷烟广告来说是相同的20%尺寸）（15 U.S.C. 1333（a）（2），（b）（2））。（较大尺寸卷烟警示尚未实现，由于特区巡回上诉法庭R. J. 雷诺烟草有限公司与

FDA诉讼案中，FDA最初强制推行的卷烟警示图形元素被取消，696 F.3d 1205（D.C. Cir. 2012），由于其他原因被美国肉类研究所驳回 760 F.3d at 22-23.）

警示要求的详细讨论见XVI部分。

a. 第一修正案挑战

警示要求是一种强制披露，因此受到第一修正案审查。Milavetz，Gallop & Milavetz，P.A. v. United States，559 U.S. 229，249（2010）；Riley v. Nat'l Fed'n of the Blind of N.C.，Inc.，487 U.S. 781，797-98（1988）。

（评论11）虽然在是否需要警示标签上没有争议，但一些评论质疑雪茄致瘾性警示语的准确性，认为雪茄使用者并不总是在抽吸雪茄。

（回复）烟碱是"人类使用的最容易上瘾的物质之一（参考文献7）"。"由于第一修正案保护扩展到商业言论主要是依据告知消费者此类信息的价值证明的"，如果广告中不提供任何特定的事实信息，制造商的宪法保护利益是最小的。美国肉类研究所，760 F.3d at 26（引自 Zauderer v. Office of Disciplinary Counsel，471 U.S. 626，651（1985））。

雪茄包装和广告需要显示六个警示中的一个，其中一个是致瘾性警示。研究表明，大多数雪茄吸烟者确实吸入了一定量烟气，即使他们不打算吸入，但是没有意识到就已经这样做了（参考文献32，33）。甚至当雪茄吸烟者不将烟气吸入肺部，通过烟碱吸收他们仍然受到烟碱的致瘾性影响（参考文献32，34）。即使不吸入烟气，由于雪茄烟气溶于唾液使吸烟者吸收了足够的烟碱，从而造成了依赖（参考文献34，35）。

（评论12）一些评论认为，第一修正案应禁止烟草制品警示标签和覆盖包装的两个主显示面30%的要求。这些评论指出，制造商在包装上向消费者传达信息的空间有限，包括品牌和营销信息，而警示要求制造商贡献30%的空间有些过度烦琐，其妨碍了制造商使用空间传达消息。评论认为，警示标签展示的是一个简单消息，可以用一个较小空间传达。

（回复）FDA不同意。在"折扣烟草公司"案例中，第六巡回法院考虑并驳回了类似的针对第一修正案的反对观点，即反对由《烟草控制法案》要求的卷烟和无烟烟草制品警示尺寸（"折扣烟草公司"案例，674F. 3d at 567）。法院发现了足够证据支持尺寸要求，并认为厂商没有表明"包装的其余部分不足以推销他们的产品"（同上文献，第564~566页，第567页）。该评论认为，要求警示覆盖两个主显示面板的30%是不公正的，并会阻碍新产品制造商进行产品信息沟通。正如在"折扣烟草公司"案例中，意见未能证实索赔证据。评论也没有提供证据来支持自2010年以来一直生效的无烟烟草制品的相同尺寸要求加大了无烟烟草制造商的宣传负担。

作为法院对"折扣烟草公司"案例的解释，依据卫生总监结论，国会要求无烟烟草和卷烟具有更大面积的警示，认为现有警示"很少被观众注意或考虑"，而医学研究院分析显示，这些警示“未能以有效的方式传达相关信息。”（“折扣烟草公司”案例，674 F. 3d at 562）（引用参考文献3，7）。

根据经“折扣烟草公司”案例法院确认的相同理由可知，声称警示标签尺寸是累赘或不合理的评论是错误的。在强调了有关的第一修正案标准只看强制性警示与政府利益相关是否合理之后（“折扣烟草公司”案例，674 F. 3d at 567）（引自 Zauderer v. Office of Disciplinary Counsel，471 U.S. 626，651（1985）），第六巡回法院认为，卷烟警示标签要求，其烟盒两主展示面分别覆盖50%（远远超过这里要求的30%），并没有违反第一修正案，因为“充足的证据支持新警示尺寸要求，并且Plaintiffs没有证明包装剩余部分不够推广其产品。”（674 F.3d at 567; 也见同上文献，第 530~531页）（Clay，J.，相同结果）（政府已证明烟草控制法案尺寸和位置要求满足Zauderer审查。）

《烟草控制框架公约》（FCTC）第11条，为解决烟草制品严重负面影响[8]，监管战略的一个强大全球共识，意识到警示至少占两个主显示面30%面积的重要性。欧盟（EU）要求，包装前面健康警示占30%，包装背面占40%（2001/37/EC）。警示出现在烟草制品包装正反面，并使用更大尺寸，可能会使消费者想起警示（参考文献7）。警示标签可以帮助消费者更好地理解和正视警示风险，消费者必须留心和注意警示。消费者这样做的可能性取决于警示大小和位置（参考文献36，37，38，39，40）。

一些评论试图通过引用R. J. 雷诺诉讼FDA时特区法庭撤销FDA先前提出的特定烟草警示的判决（696 F.3d 1205（D.C. Cir. 2012））来支持第一修正案反对警示标签尺寸的论据。然而，雷诺的决定是基于卷烟警示中的图形部分，而不是尺寸。此外，雷诺陪审员小组的决议理由已被更新的美国肉类协会的全席审理决定取代（760 F.3d at 22-23）。

FDA认为对所涵盖烟草制品的警示尺寸要求可能会对小包装产品具有特殊困难。为了解决这一问题，FDA在 § 1143.4条款中增加小节（d）。在 § 1143.4（d）条款中，因产品太小或其他原因无法安置有足够警示空间的、按照所需字体尺寸打印的标签时，可以在纸箱或其他外部容器或包装上进行警示。如果没有纸箱或其他外包装容器，或包装没有足够大警示空间情况下，该产品可以在包装上永久粘贴警示标签。

FDA同意烟草制品包装上的其他警示，如烟碱毒性风险的警示（一个特别评论所建议的），也能为消费者提供重要的健康风险信息。因此，在这期《联邦公报》其他地方，FDA发布了可行的指南草案，描述FDA目前对处理新认定ENDS产品入市许可条件所应采取适当措施的想法，包括有助于支持产品是保护公众健康的暴露警示建议。FDA还发布了ANPRM，收集关于烟碱暴露警示和儿童安全包装的公众意见、数据、研究或可能告知FDA采取监管行动的其他信息。如果FDA认

8 截至 2015 年 11 月，世界卫生组织 FCTC 有 180 个团体。而美国政府仅是签约国，但没有批准该条约。

为特定警示有利于保护公众健康（除了致瘾性警示外），届时FDA将考虑是否有必要改变致瘾性警示的格式要求以确保所有的警示都清晰、醒目。

b. 州法律警示要求的优先权

（评论13）一些评论希望从FDA得到肯定声明，即NPRM优先于州和当地的警示要求。一些评论直接引用加利福尼亚含烟碱产品的生殖健康警示要求（由65号提案授权公告）。许多引用了适用于卷烟和无烟烟草的明确的优先权规定（见15 U.S.C. 1334（b）和4406（b））。一个制造商认为，州际间卷烟和无烟烟草的警示要求是不统一的且不够严格，而令新认定产品受联邦、州和市的综合管制将会是武断和反复无常的。该评论进一步指出，非燃烧型产品受州和当地的标签要求尤其不合理，因为非燃烧型产品“比卷烟更安全”。

对该问题另一面的评论来自于公共卫生组意见和29个州检察长的联合意见，主张FDA明确声明NPRM不优先于州和当地的警示要求，包括加利福尼亚65号提案。至少，他们建议FDA改变第1143款标题，由“警示声明要求”变为“警示声明最低要求”，以明确认定规定不排除其他健康警示。

（回复）FD&C法案第916（a）（1）条（21 U.S.C. 387p）明确保留了州和当地政府在制定和实施FD&C法案第IX章规定要求之外的更加严格的烟草制品法律的权力。保护州和地方政府对烟草制品的权力又受FD&C法案第916（a）条限制，针对与FD&C法案第IX章相关的烟草制品标准、入市审查、掺假、冒牌、标签、注册、良好生产规范或MRTP不同的、或有额外的任何要求，FD&C法案都明确优先于任何州或地方要求。[9]然而，FD&C法案第916（a）（2）（B）条声明，第916（a）（2）（A）条明确优先权规定不适用于以下相关要求：烟草制品的销售、分销、所有权、向州政府报告信息、对任何年龄烟草消费者的暴露、接触或使用，广告和推广。只有在没有规定法定有效的情况下，州或地方法规将在表面上具有优先权（见Comm. of Dental Amalgam Mfrs. & Distribs. v. Stratton，92 F.3d 807，810（9th Cir. 1996））。FDA告知州和地方管辖区域本规定可能对其要求产生潜在影响。在公开评论期结束时，若没有发现有效力的州或地方法律，FDA将会确定该最终规定的优先权。

允许州和地方政府服从认定产品不同于卷烟和无烟烟草制品的警示要求，争论认为这种做法是武断和多变的，我们认为优先权效力取决于相关法规。分别适用于卷烟和无烟烟草制品的1965年美国联邦卷烟标签和广告法（FCLAA）（15 U.S.C. 1334）以及1986年综合性无烟烟草健康教育法（CSTHEA）（15 U.S.C. 4406），其优先权规定与FD&C法案第916条显著不同。例如，FCLAA和CSTHEA法规对卷烟和无烟烟草制品广告内容的管制明显优先于州和地方法规，而FD&C 法案第916（a）（2）（B）条免除了州和地方广告限制的优先权。

9　我们注意到 FD&C 法案第 906（e）条涉及“良好生产规范”，FDA 指出依据第 906（e）条发布的任何规定都可作为烟草制品生产规范。

撇开优先权问题，在本期《联邦公报》的其他部分，FDA已经提供了可行的指南草案，描述FDA目前对处理新认定ENDS产品入市许可条件所应采取适当措施的想法，包括暴露警示建议，将有助于展示产品是保护公众健康的，此外，FDA指出，一些ENDS制造商已经自愿在其产品上显示警示。因此，FDA已经改变了第1143款标题，由“警示声明要求”变为“最低警示声明要求”，以澄清第1143款不是想要阻止烟草制品制造商自愿、或按FDA的指导在其产品包装上包含真实、非误导性的警示或者广告。

III. 新认定烟草制品入市途径

如认定规定提案指出，符合FD＆C法案第910（a）（1）条定义而被新认定为“新烟草制品”的产品制造商需要通过以下三条途径之一获得产品入市批准：实质等同（SE），实质等同豁免（exemption from SE），或入市产品申请（PMTA）（FD＆C 法案第905 条和910 条）。这些条款的实质性要求是由法规设定的，因此，本规定中与NPRM相比没有什么变化。但是，FDA 修订了提交入市申请的限定期限，见V. A.讨论部分。

首先，与本规定一起，FDA将考虑制定一份文件（该文件已提交）再次进行阐明提交法规自动条款要求的文件和数据的合规期限。在NPRM中，我们注意到该自动规定要求企业向FDA提交信息，我们提出多种合规期限以保证企业有时间进行申请。例如，“制造商在（1100部分生效日期后24个月）内为产品提交905（j）报告”。正如前面公开讨论的（见http://www.fda.gov/tobaccoproducts/newsevents/ucm393894.htm），FDA通常将FDA 文件控制中心（DCC）收到申请日期作为文件提交日期（不是提交者发送日期）。DCC一直并将继续接受烟草制品提交材料（包含预期在合规期限结束前提交的）。因此，监管机构应确保FDA DCC在截止日期或合规期限结束时收到所有提交材料。审查入市申请的时间取决于申请类型和产品复杂性。FDA已经采取了许多措施来减少以前积压的申请，同时防止待FDA 审评的新入市申请的积压。FDA打算保证在满足法定法规前提下，尽可能快地处理所有新申请。如果申请人希望讨论一个产品申请，申请人可以按FDA“企业和研究人员烟草制品研究和发展研讨会”最终指南（2012年5月25日公布，77 FR 31368）要求召开会议。

此外，我们澄清FDA已对入市申请划分了三个阶段：“已备案”、“已接受”和“已提交给FDA”。当一个完整申请以电子形式发送和接受、通过邮件或以快递寄送至CTP文档控制中心（DCC），入市申请就是“已提交”了。一旦一个完整PMTA提交并被CTP DCC接收，FDA将有180天时间考虑该申请，如《烟草控制法案》第910（c）（A）条所述。FDA完成初步审查并确定申请表面上包含的信息符合法律和/或监管规定要求后，表明入市申请“接受”完成。当FDA完成了门槛审查，并已确定一个完整的、实质性的审查被批准，表示入市申请“备案”完成。备案审查仅适用于PMTA或风险弱化申请，其结果是收到备案函，或是被拒备案函。

A. 背景：新烟草制品入市的三种途径

FDA收到了大量新烟草制品入市途径方面的意见。业内人士认为新烟草制品审查过程实在太困难了——标准太高，同时提交申请负担太大。许多新认定产品制造商认为两种可供选择的途径——SE和SE豁免对于他们都不适用，因为他们没有可以声明SE的在售产品。我们在以下章节讨论这些意见。

根据FD＆C法案第910条，制造商售卖风险弱化烟草制品必须获得FDA批准。此规定适用于FD&C法案涵盖的所有烟草制品，然而在2007年2月15日（将之称为“豁免日期”）前已在美国市售的产品，不属于新烟草制品，因此，不需要入市批准。详见FD&C法案第910（a）条（定义“新烟草制品”为在2007年2月15日之前未在美国市售或者该日期之后改良过的任何烟草制品（包括市场测试产品））。

豁免日期后入市或者改良的产品可能需要三种途径中的一种寻求入市许可。制造商可以提交一个PMTA，提供产品信息，包括组成成分、添加剂、特性、制造、加工过程、标签和健康风险等（FD&C 法案第910（b）条）。如果PMTA显示它将有利于保护公众健康（见FD&C法案第910（c）（2）条，及第910（c）（4）条（要求FDA同时考虑消费者与非消费者的风险和利益，并明确要求FDA考虑该产品入市对现有烟草制品消费者戒烟和非烟草制品消费者开始使用的可能影响））。一个产品入市是否有利于保护公众健康将以具体案例的形式来评价（依据FD&C法案第910（c）（4）条），并考虑烟碱传送产品的风险序列。该法规指示FDA根据良好的对照调查结果考虑上市烟草制品是否有利于保护公众健康，其中可以适当包括一个或多个临床调查研究。然而，同样允许FDA基于有效科学证据而不是对照研究进行授权，只要FDA发现其他有效证据足以评估烟草制品（FD&C法案第910（c）（5）条）。我们收到一些评论提到PMTA申请增加了制造商的负担，包括临床研究的费用和时间。在《联邦公报》的其他部分，FDA正在颁布可用性指导草案，最终将提供目前FDA关于新认定ENDS产品满足入市批准要求的一些适当方法的思考，包括如何证明新烟草制品入市有利于保护公众健康的具体建议。

第二个入市途径是实质等同，允许制造商申请烟草制品入市许可，如果该烟草制品显示了与“豁免日期”前已上市的烟草制品“实质等同”或与先前发现实质等同产品“实质等同”（市售产品/参照产品）（FD&C法案第910（a）（2）（A）条和第905（j）条）。为了采用SE途径获得入市许可，制造商必须提交申请表明即将上市新产品具有跟在售烟草制品相同或不同的特征，并提交包括秘书处认定需要的临床数据等信息，证明依据910部分管制该产品是不合适的，因为该产品不会引发其他公共卫生问题（FD&C法案第910（a）（3）（A）条）。法规为此定义了“特性”，如烟草制品材料、组成成分、设计、组成、加热源或其他特征（FD&C法案第910（a）（3）（B）条）。

新烟草制品持续不断地从已在“豁免日期”前上市销售的卷烟和无烟烟草中衍生，对一些新型产品来说SE途径可能不再适用。很多评论主题涉及了SE途径对新认定产品的可用性，一些评论认为应采纳不同的、更延后的“豁免日期”，而一些意见则认为不应该改变“豁免日期”，如果没有适当的参照品，新认定产品应该继续通过PMTA途径上市。

第三个途径，如果产品仅有微小改变，变化仅涉及依据FD&C法案已售烟草制品中使用的一个添加剂，则其可以免除SE报告要求，如FD&C法案第905（j）（3）条所述不要求提交SE报告，适于豁免。

B. 实质等同解释

（评论14）一些评论认为，FDA应该更广泛地解释“实质等同”，这样新认定产品就可以如一些评论所述，避免更多难以负担的入市途径申请来展示该产品与已售产品有相似特性。

（回复）FDA不同意。FD&C法案第910（a）（3）条明确定义了SE，在相关部分，FD&C法案提供“实质上等同”或“实质等同”术语，表明秘书处根据规定认为烟草制品:（1）与在售烟草制品具有相同特性；或（2）与在售烟草制品具有不同特性，提交包括秘书处认定需要的临床数据等信息，来表明该产品不会引发其他公共卫生问题，故不需要PMTA。第910（a）（3）（B）条规定，术语“特征”是指一个烟草制品材料、组成成分、设计、组成、加热源或其他特点。产品必须与已市售产品具有相同特征——所有完全相同的特征——根据FD&C法案第910（a）（3）（A）（i）条判决为实质等同，或如果新产品有不同特征，FDA必须根据第910（a）（3）（A）（ii）条裁定新产品不会引发其他公众健康问题。

FDA指出对新认定产品更多的关注在于可用的适当参照品——例如，电子烟与传统烟草制品具有完全不同的特性。因此，制造商需要满足第910（a）（3）（a）（2）条（即证明新产品相对于在售产品不会引发其他公众健康问题）。FDA正在继续研究2007年2月15日市场在售的电子烟、其他烟碱传送系统和加热型卷烟，也正在努力确定此类产品用于对比的可用性。FDA已确认一些电子烟在2006年已被制造，并在2007年初被引进美国。尤其是，我们已经确定了一种无香味的电子烟（以“电子雪茄”销售）在2007年2月15日可能已上市。这个产品可能能够作为以SE途径入市的合适在售/参照产品。证明存在有效参照品的责任取决于制造商提交的SE报告。为了便于确定某个产品是否为一个合格的SE申请参照产品，任何个人只要有证据表明电子烟或其他烟草制品在2007年2月15日已在美国市售，均鼓励通过1-877-CTP-1373联系FDA。不管选择对比的市售产品/参照产品如何，制造商有义务提供充分的科学数据表明，在SE报告的情况下其产品特征是相同的，或者如果产品特征不同，这些差异并不会导致新产品引发其他公众健康问题。还应该指出的是，当参照产品和新产品属于不同的类别和子类别时，通过PMTA途径入市批准所需收集和提交的证据可能与SE途径入市类似。例如，在NPRM中所述，申请人进行PMTA时可能不需要开展任何新的非临床或临床研究，而在其他情况下，如对一个产品潜在影响的了解有限时，入市批准可能就要求非临床和临床研究。在不需要新的非临床或临床研究情况下，PMTA需要收集和提交的材料可能并不比SE报告需要得多。

如前所述，FD&C法案不限制制造商使用何种途径去寻求新产品入市批准。因此，制造商可以选择三个法律途径中的任何一个提交申请。为了通过PMTA途径获得入市批准，制造商要确认允许该产品入市将有利于保护公众健康。为确认这一点，制造商应该考虑，FDA也将考虑，新产品可能的使用方式。例如，这些产品的PMTA应该包含是否该产品可能单独使用或与其他合法销售烟草制品一起使用（如可用的传输系统等）信息，以及可能被一起使用的其他产品类型和范围。

例如，当制造商寻求一个用于ENDS的新电子烟烟液的产品批准时，制造商可能需要提供其用于一系列可用传输系统时潜在影响的证据和分析数据。同样，制造商寻求一个单独的设备组件批准——如电热丝或烟弹——可能需要提供其与一系列其他组件和电子烟烟液一起使用时的潜在影响的证据和分析数据。

就电子烟烟液而言，FDA希望制造商通过证明“电子烟烟液入市有利于保护公众健康”来满足法规是可行的，因为其可以用于任何合法可用的传输系统。然而FDA意识到此类分析可能存在一定不确定性，FDA希望，通过批准的一系列传输系统规格将提供足够明确的可能性范围，因此可以完成有意义的公众健康影响分析。

就ENDS硬件/设备组件而言，考虑到硬件组件组合可能的变化很多，FDA预计制造商很难完成所需的展示来满足法规标准，如果所有的都是单独考虑和销售。因此，关于设备，FDA认为制造商寻求整个传输系统而不是单个组件的批准将会取得最大成功。就完整的传输系统而言——该系统申请涵盖了所有潜在部件，包含可能的定制选项和贴标签位置，使用说明和/或用来帮助确保按计划使用的其他措施——FDA希望可能的结果范围足够窄，以供制造商说明和便于FDA评估对公众健康的影响。

（评论15）一些评论认为，依据FD&C法案第910（a）（3）（A）（ii）条，一些类别产品应该很容易满足SE标准，因为这些产品总体而言比传统的燃烧型卷烟更利于公众健康。

（回复）总的来说，一个产品或一类别产品是否可能有利于个人，与某一类产品是否对公众健康有益，是不同的。正如NPRM所解释的，一个类别产品可能对一些个人烟草消费者有益，但如果它会导致开始使用烟草制品的人数增加或双重使用，则可能对公众健康整体无益。无论如何，这是根据PMTA标准，而不是SE标准相关的考虑因素。

根据第910（a）（3）（A）（ii）条，一个新产品即使不与市售产品拥有所有相同的特征，其也能被认同与市售产品实质等同。只要提交的信息包含秘书处认定所需的临床数据等，能证明新产品与参比产品相比没有对公众健康造成其他影响，不适合进行新产品申请。

对满足FD&C法案中申请标准的产品，FDA将通过SE途径批准入市。然而，SE途径是申请者对一种新烟草制品和参照产品的对比，而不是评估该产品是否有利于保护公众健康，后者更多将依据第910（b）条（例如PMTA）进行申请。因此，新产品和参照产品间的一些差异可能不适于SE报告，这类产品反而更适合使用PMTA寻求批准。此外，因为SE途径是参照产品和一种新烟草制品之间的一个特定比较，它不一定为整个类别产品入市提供途径。相反，根据第910（a）（3）（A）（ii）条，SE申请必须证明该产品和参照产品之间所有差异特征"不会造成不同公众健康问题。"

（评论16）少量评论认为，即使他们与所述参考产品拥有不同特征，新认定产品应该允许通过SE途径入市。

（回复）法规的确允许申请人使用SE途径为新烟草制品申请入市，即使其与参照产品相比有不同特性。为了以SE途径获得入市权，这些申请者必须表明新产品有不同特征，同时提交包含可能需要的临床数据等信息，以表明该产品不会对公众健康产生其他影响（第910（a）（3）（A）（ii）条）。

（评论17）一些评论认为，第910（a）（3）（A）（ii）条应允许跨类别对比，例如，申请人可以提供市售产品与其类似（但不相同）烟草制品类别之间的比较。

（回复）由制造商决定选择合适的参照烟草制品并提供科学证据说明SE。如果制造商提供的科学证据和理由向FDA表明，新产品与参照产品相比不造成不同公众健康问题（即使其与参照产品相比有差异），FDA可以发布SE命令。然而，雪茄或ENDS制造商将很难显示其产品是实质等同于燃烧型卷烟或无烟烟草制品。例如，如果FDA收到一个ENDS封闭式气溶胶发生装置的新烟草制品SE报告，而参照产品是含过滤嘴的燃烧型卷烟，那么新烟草制品和参照产品的特征将是不同的。因为本例中的特性差异，需要大量的科学证据来证明新产品不会造成其他公众健康问题。正如FDA的2011年指南——"第905（j）条报告：实质等同说明"，这样的证据可以包括但不限于以下内容：（1）HPHC烟气释放量数据；（2）描述新产品和参照产品的吸烟行为对比的实际使用数据；（3）说明新产品和参照产品使用量变化的实际使用数据（例如，每天抽吸口数）；（4）表明青年对新产品和参照产品消费者认知（产品吸引力）差异的营销数据。基于这些，很难证明新产品和参照产品相比“不引起其他公众健康问题”。

此外,需要证明实质等同的证据可能大于PMTA途径所需证据(第910(b)条)。PMTA途径允许对公众健康有不同影响，只要申请人证明该产品有利于保护公众健康。尽管如此，法规没有禁止在提交SE时试图使用跨类别比较，但是制造商有责任提供适当的、充分的证据支持SE裁决。

(评论18) 一些企业评论认为，当“实质等同”应用于FD&C法案第510(k)条(21U.S.C. 360(k))的医疗设备，且如评论所述“与参照产品仅有最轻微的改变”而不需要入市审查意见时，FDA应该解释该术语。

(回复) FDA对医疗器械有关SE的解释是基于不同法定条款，而不适用于烟草制品。在FD&C法案第910条的意义中FDA已发布了SE的指导释义。

C. “豁免日期”评论

我们收到了大量关于2007年2月15日“豁免日期”，及其可能对一些类别新认定产品的挑战的评论。针对这些意见我们解答如下：

无权延期豁免日期。如NPRM所述，FDA已确定无权更改豁免日期，这是由法律(79 FR 23142，第23174页)设定的。FDA特别要求对法律解释进行评论。FDA收到了许多回应意见，但都没有提供相关法律依据以支持更改日期。

(评论19) 一些评论认为，采用延后的“豁免日期”是FDA根据第FD&C法案第701(a)条行使自由裁量权的一个可接受行动,将赋予FDA权力来提出能“有效执行”法令的管制措施。其他意见则认为其他日期可作为FDA对法规的解读，以尊重雪佛龙原则(见雪佛龙美国公司诉讼自然资源保护委员会，467U.S. 837(1984))。

(回复) 慎重考虑这些评论后，FDA认为其无权更改新认定产品的豁免日期。法规已规定了豁免日期。如FD&C法案第910(a)(1)(a)条相关部分陈述，术语“新烟草制品”是指在2007年2月15日尚未在美国市场销售的任何烟草制品(包括市场测试产品)。出于SE途径目的,第910(a)(2)(a)条和第910(1)(j)条中,法令也明确规定参照产品必须是2007年2月15日已经在美国市售的产品(市场测试产品除外)。FDA没有权力发行一项有悖于明文法定条款的管制规定。

许多意见引用了FDA行使自由裁量权的例子，来表明FDA可以而且应该行使自由裁量权改变“豁免日期”。例如，意见指出FDA延长合规期限的决定，以及FDA告知企业的通知，即如果制造商对烟草配方做了变动但没有提交新烟草制品入市申请，只要烟草配方的变化是为了解决烟草的自然变化(例如，因其生长环境变化而改变烟草配方)，FDA不打算对制造商采取强制措施。然而，在这些例子中行使的自由裁量权不要求FDA反驳现有《烟草控制法案》的规定,但改变“豁免日期”则不同。

（评论20）一些评论认为，FD&C法案第910条设定的日期，2007年2月15日，是完全不合时宜的，该日期只适用于最初受管制的产品，法定语言没有提供不同的日期是一个明显的起草错误。

（回复）FDA 不同意且认为没有证据支持这一观点。国会仔细区分了适用于所有的烟草制品和仅仅适用于最初管制产品的规定条款，或在某些情况下仅适用于传统卷烟的条款（见《烟草控制法案》第102（a）（1）条（要求FDA发布规则限制卷烟和无烟烟草销售和分销，并对两类产品有不同规定））。如果国会打算为认定受法规管制的烟草制品指定一个晚于法令颁布日期的"豁免日期"，那么它早就应该提供了，但是没有。

（评论21）有些评论认为，日期2007年2月15日对于新认定烟草制品（尤其是电子烟）制造商是不公平的，因为他们未接到待监管的通知，同时，他们辩称"所有新认定产品将被迫离开市场"。因此，他们认为，已作出决策投资于认为不受监管的行业，而现在这个行业必须承受意想不到的成本。

（回复）FDA不同意这些评论所述，认为所有新认定产品将被迫离开市场，因为根据该法规，部分新认定产品将被作为"豁免"产品，而任何非"豁免"产品将能够申请入市批准。《烟草控制法案》为所有烟草制品的管制提供了清楚的规则。FDA也明确指出远早于NPRM颁布前已试图认定这些产品了（详见2011年春，联合议程，RIN 0910-AG38）。因此，这些新认定产品制造商在4年多前就已经被通知这些产品将被监管和很有可能会被监管。因此，新认定产品的制造商早在4年以前已被告知其产品可能及很可能被管制。

ENDS行业承认他们已经意识到FDA想要监管ENDS，以及将《烟草控制法案》适用于电子烟和其他ENDS产品的意图，这在Smoking Everywhere公司与FDA诉讼中得到了证明，680F.Supp.2d 62（哥伦比亚特区巡回法庭，2010年）；也在Sottera公司与FDA官司里得以证实，627F.3d 891（哥伦比亚特区巡回法庭，2010年），该官司在《烟草控制法案》通过时尚未裁定。FDA试图将电子烟作为药品装置组合进行管制，原告Sottera（经营NJOY电子烟业务）和Smoking Everywhere却表明，他们以及国会均认为应将电子烟归为烟草制品，受《烟草控制法案》而不是FD&C法案中药品和设备规定监管。地区法院这样描述原告立场："在FDA与布朗和威廉姆森烟草公司官司里，最高法庭认为，类似传统香烟这样的烟草制品，不应被FDA按照药品或设备监管（529 U.S. 120（2000））。因为原告所销售电子烟的功能等同于传统香烟，因此他们认为，FDA不应将其产品作为药品装置组合进行管制。他们进一步表明，国会近期颁布的《烟草控制法案》支持他们这一论点。根据该法案，FDA现在可对法案中定义为'由烟草制成或来源于烟草的用于人类消费的任何产品'的烟草制品进行管制……但不能管制那些根据FDCA归为药品或装置的产品。毋庸置疑，原告电子烟中的烟碱是从真实烟叶中自然蒸馏提取的，且用于人类消费……原告坚持认为，他们电子烟具有作为烟草制品的资格，因此可以免除被作为药品装置组合进行管制。”（Smoking_Everywhere与FDA官司，680F, Supp. 2d 62, 66-67（哥伦比亚特区巡回法庭，2010年））

地区法院发现，“从国会对‘烟草制品’广泛定义可以很明显看出，国会试图令烟草法案监管体系覆盖面远远超过传统烟草制品。”（同上文献，第71页）当法庭提出“……依据烟草法案，FDA现在具有电子烟监管权，因此禁止FDA将电子烟作为药品装置组合管制的禁令对公共利益或第三方造成的损害大幅度减少”时，ENDS制造商已被特别告知，FDA具有认定其产品并将其纳入FD&C法案烟草控制权的权力（同上文献，第77~78页）。

上诉中，哥伦比亚特区巡回法庭确定并称：“烟草法案赋予FDA管制烟草制品的权力，不需要医疗声明。……该法案宽泛地将烟草制品定义延伸为‘由烟草制成或来源于烟草’”（Sottera公司与FDA官司，627 F.3d 891, 897）（哥伦比亚特区巡回法庭，2010年）（引自《美国法典》第21章，§ 321（rr）（1）；法庭重点增加）。特区巡回法庭继续陈述说：“下级法庭公正地认为，依据烟草法案FDA有权管制电子烟”——还补充说，该权力是“毋庸置疑的”。同前文献，第898页。

（评论22）一些评论认为，FDA早先行使执法自由裁量权，对1996年再版规定中关于在卷烟或无烟烟草制品中使用非烟草制品品牌名或商标名的“豁免日期”进行了修订（刊登在1996年8月28日《联邦公报》上，61 FR 44396），并认为，FDA有权对SE豁免日期采取相似行为。

（回复）FDA不同意。在《烟草控制法案》第102条中，国会要求FDA再版1996年最终规定中关于卷烟和无烟烟草修订的部分与原始规定完全相同（61 FR 44396，44615-44618），并列举了一些例外情况。国会并没有将使用非烟草品牌名称的“豁免日期”作为一项例外。但是，FDA发布了一项合规政策指出，鉴于任何法规的改变都可能是恰当的，其并不打算强制采用1995年1月1日作为使用非烟草品牌名的豁免日期。第102（a）（4）条也赋予FDA修订自己法规的权力。2011年11月17日，FDA发布了品牌名称法规提案（76 FR 71281），试图行使其权力将豁免日期从1995年1月1日（该日期最初收录在《美国法典》第21章897.16（a））修订为2009年6月22日，承认距1996年最终规定出版已过去14年之久。使用1995年1月这个日期将会显著改变相关规定，即从试图按照预期实施条款变为追溯实施条款。法规并没有赋予FDA类似权力来改变FD&C法案第910条款来修订“豁免日期”。

D. 入市要求影响

（评论23）许多评论认为，如果一些新认定产品无法通过SE途径，则制造商将不得不使用PMTA途径，且如果没有足够资源完成PMTA，那么其产品将被强制退出市场。电子烟行业成员还认为，其产品退市将有损公众健康。但是，数据显示，新认定产品在日益增长，尤其是在少年和青年人群中逐渐增长，因此，其他评论表达了对延迟实行上市前审查要求的担忧。

（回复）首先，FDA指出，新型烟草制品主要入市途径包括烟草制品入市申请途径，而SE途径和SE豁免途径是一种免责处理途径，制造商可以选择这三条途径中他们认为可以满足FD&C法案任何一条途径进行新产品市场许可申请。FD&C法案第910条（a）（2）（A）陈述称，每一款新型烟草制品都需要得到指令，除非部长签署指令说这款烟草制品基本上等同于商业销售的现有烟草制品。SE途径并不是每款产品都可用。相反，按照其条款，SE途径仅适用于那些表现出与豁免日期的市售产品实质相当的产品。如果没有这种表现，合适的入市途径即烟草制品入市申请途径。

为了获得PMTA途径入市许可，制造商还要确定允许其产品进入市场是否对公众健康保护产生益处。为了确定这一点，制造商应当考虑（FDA也会考虑）其新产品可能被使用的方式。我们还注意到，在该期《联邦公报》的其他地方，FDA发布了可行的指南草案，描述FDA目前对处理新认定ENDS产品入市批准要求所应采取适当措施的思考。如果企业有一些不懂的具体问题，如必须满足第910(b)条归档标准申请内容和信息,或者通过参考另一份递呈来减少负担的方法，可以联系烟草制品中心（CTP）科学办公室（OS），1-877-CTP-1373。

举个例子，在寻求电子烟烟液与ENDS配套使用授权时，制造商可能需要提供其产品在传递系统范围内的使用证据，以及使用过程中产品可能产生的影响分析。类似地，如果制造商想要获得独立装置组件授权，比如发热丝或加热盒，那么需要提供产品与一系列其他部件和液体一起使用的证据和可能产生的影响和分析。

如果是电子烟烟液，FDA期望制造商能够满足法规，证明不管其电子烟烟液用在任何通过合法途径获得的递送系统里，都有利于保护公众健康。尽管FDA承认说，任何此类分析都可能会存在一定程度的不确定性，FDA仍期望能够提供其核准的递送系统规范可能性范围，这样才能形成有意义的公众健康影响分析。

如果是ENDS硬件/装置部件，鉴于可能的变化或与硬件组件结合后的延伸，FDA认为，如果所有部件都单独考虑并单独出售，制造商要满足法规标准可能是比较困难的。这样，FDA希望制造商能够针对装置而不是单独组件，因为在整个传递系统批准上获得成功的可能性最大。就完整递送系统来说，系统应用涵盖所有可能的零件，包括可定制选项（如果有的话），并且整个系统用于使用和/或其他措施的标签、指示都被用来确保按照原有计划进行使用——FDA希望产品产生影响的范围能够足够小，以利于供应商去说明产品对公众健康的影响，以及FDA对健康影响的评估。

FDA还注意到，许多ENDS行业在NPRM上强调这些产品所带来的潜在公众健康利益。例如，许多电子烟企业认为，对新认定产品评估限制将对公众健康不利，因为这些产品可能比传统卷烟毒性更弱，能够成功用作戒烟产品。FDA关于产品对公众健康利益考虑将收录在FDA基于证据的PMTA审查里。

（评论24）一些评论担心，制造商是否被强制递交PMTA而不是SE申请，那样需要开展更多动物研究来满足PMTA要求。

（回复）FDA也想减少动物试验依赖，并致力于减少、精炼、替代动物试验。尽管希望体外分析和计算机模型能够最终取代大多数动物试验，实际上在很多领域，非动物实验还不是一个有效的和可行的选择。FDA致力于处理使用动物实验方式带来的担忧，同时还确保FDA符合其对公众健康和患者安全的职责并按照其管理法规采取行动。

（评论25）一个评论声称，电子烟有两个变量——丙二醇和植物甘油比例，以及产品烟碱水平——这两点可产生许多组合，因此，哪怕产品变化非常小，都需要递交大量的PMTA，这是非常昂贵的。相反，另一评论认为，与其他产品相比，电子烟中较低的组成成分含量意味着电子烟的PMTA比其他产品需要的信息要少。

（回复）PMTA要求和成本因产品类型和复杂程度不同而不同。组成成分比例变化，比如丙二醇和甘油，将意味着产品每种成分具有不同含量水平。如FD&C法案第910（a）（1）（B）条所述，任何组成成分含量改变，不管是增加还是减少组成成分，都会产生一种新烟草制品。

我们还注意到，法规要求FDA审核基于良好对照的调查的PMTA，“恰当时候”通过其他有效科学证据评估烟草制品。另外，在该期《联邦公报》其他地方，FDA发布了可行的指南草案，描述了FDA目前对处理新认定ENDS产品入市许可条件所应采取适当措施的想法。如果针对必须满足第910（b）条归档标准申请内容和信息，或者通过参考另一份递呈来减少负荷的方法，企业有具体不懂的问题，可以联系烟草制品中心（CTP）科学办公室（OS），1-877-CTP-1373。

（评论26）许多评论指出，要求制造商为用于新认定烟草制品的所有零件和部件准备PMTA，将有效禁止这些产品。

（回复）烟草制品定义包含了部件和零件，这些产品受FD&C法案自动规定管控，包括入市许可要求。然而，这个时候，FDA打算限制烟草制品成品执行入市许可要求。在这种情况下，烟草制品成品是指一种包括密封在用于消费的最终包装内的所有组件和零件的烟草制品（比如说，向消费者单独出售或作为套装一部分出售的滤器或过滤管）。例如，烟草制品成品最终密封包装的电子烟烟液将会售卖或发放给消费者使用，如果没有获批就出现在市场上，将会遭受强制执行；相反，售卖或发放用于进一步制造ENDS产品电子烟烟液，其自身并不是烟草成品。这时，FDA就不会对这些新认定产品电子烟烟液或其他组件和零件强制执行入市许可要求，这些产品售卖或发放只是用于进一步制造而与市场秩序无关。

（评论27）许多人担心，要求雪茄服从PMTA要求，要么会强制雪茄退出市场，要么需要雪茄在大小一致性、性质和味道等方面模仿卷烟，这将会改变雪茄行业本质。至少有一个评论声称，FDA应取消雪茄入市和SE申请条件，反过来实施另一种系统，雪茄制造商按照FDA本意向其提供90天通告，然后就能够向市场引入新产品。

（回复）FDA不同意。FD&C法案第905条和第910条明确了新型烟草制品入市销售所适用的具体条件。一些雪茄可能被豁免，而其他产品可能具有有效的参照产品，也许能够帮助自身通过SE途径进入市场。FDA通常期望雪茄配方变化（不是处理烟草自然变异配方变化，FDA针对烟草自然变异政策在评论28的回复里进行了讨论）没有显著提高产品HPHC水平（也就是产生不同公众健康问题），就能够成功使用SE途径。如果一款产品不能利用SE途径，也不具备SE豁免资格，法规要求这款产品（包括局部改变或季节性改款）必须通过PMTA途径获得上市许可。正如前面所解释的那样，特定PMTA要求也可能基于产品类型和复杂程度，如果申请人想要讨论产品申请，申请人可能需要遵照FDA最终指南召开一个名为"企业和研究人员烟草制品研究和发展研讨会"的会议（2012年5月25日通告，77 FR 31368）。

（评论28）许多评论讨论了雪茄和烟斗烟草的自然变异，声称因为这些产品烟草特征每年都在变化，制造商必须使用不同配方来创造一致的产品。一些评论担心，每种配方变化都可能会产生新产品，制造商和进口商需要为这些产品提交PMTA。他们还声称，雪茄和烟斗限量版和专销版经济上是不可行的。其他人担心产品烟草配方变化和自然变异，比如雪茄包装纸上纹路或打孔数量，相同产品HPHC测试可能产生不同结果。这些评论主张，要么将雪茄和烟斗排除在组成成分清单、HPHC清单和入市审查条件之外，要么制造商应当被允许进行烟草配方变化，不需要提交入市申请，也不需要满足HPHC测试和报告要求。

（回复）FDA知道，用于生产一些新认定产品的烟草每年都会自然变化，正如IV.C.1节表述那样，FDA并不打算强制执行入市许可要求，制造商不需要入市许可来处理烟草自然变异就能进行烟草配方变化（比如，因生长条件造成配方变化），这样就能维持一致的产品。但是，对于那些打算修改新产品化学属性或感知属性（比如，烟碱水平、pH值、平滑度、粗糙度等），与之前产品相比有所不同，FDA仍然会对烟草配方变化强制执行入市许可要求，并且这些改变应当根据第910条或第905（j）条规定进行报告。另外，FDA打算根据第904（a）（3）条发布一篇关于HPHC汇报的指导文件，然后是第915条要求的测试和报告法规，制造商在给定3年HPHC汇报合规期限内有足够时间做这些事情。正如本书其他地方所讲的那样，对于新认定产品，就算HPHC指导发表远在那个时间之前，在3年合规期限结束前，FDA不打算强制执行第904（a）（3）条报告要求。另外，雪茄包装纸上纹路和打孔数量改变以及组成成分或添加剂任何改变，都将产生新烟草制品（正如第910（a）（1）（B）条讲述），都需要上市申请并依据第910条或第905（j）条获批。FDA想要对制造商为处理烟草自然变异而采取配方变化强制执行其他适用的要求（比如组成成分清单）。

（评论29）一些评论指出，相比规模更大的企业，小企业在竞争中处于劣势，因为他们没有完成PMTA的资源。他们担心，FDA市场准入规则将迫使许多公司从市场撤回自己的产品，从而卷烟市场需求会增加。为了解决这些问题，评论建议FDA针对业务规模提出要求，以保护小企业和促进创新。此外，一些评论指出，这种交错日期可以基于FDA针对每个产品类别分别建立最终PMTA指南来设定，这将得出更多意义深刻完整的意见。他们还表明，该类指南可能涉及第一印象问题，所以该机构应在发布最终指南方案前，给出指南草案。有评论指出，交错PMTA合规期限可能不足以解决中小企业竞争劣势，因为他们还没有足够资源对其每一个新烟草制品进行PMTA。

其他评论认为，入市要求应适用于所有企业，无论大小。原因如下：首先，他们解释说，FD&C法案声明，PMTA目的是确保允许一款烟草制品进行市场营销应当是“适用于保护公众健康”（第910（c）（2）（A）条），并且公众健康目的应该重于对小企业造成困扰。评论指出，《烟草控制法案》的公众健康目的对大小企业一视同仁。第二，他们表示，大制造商产品所出现的公众健康比小制造商产品展现出来公众健康问题更重要。他们还指出，小制造商可能缺乏大制造商已有的质量控制流程。他们还指出，许多小企业是电子烟零售公司，他们通过混合自己的电子烟烟油制造电子烟，孩子们容易获得这些电子烟，并且容易进行后期改动，因此，不应该给予这些企业更多时间来遵守准入要求。第三，他们说，一旦发现小制造商违规，国会不会让小制造商有额外时间来适应法律所有成文规定。相反，国会只打算在小制造商遵循FD&C法案第906（e）（1）（B）条和第915（d）条（21 U.S.C. 387o）检测要求前提下给予小制造商更多时间学习良好制造标准。如果国会打算给予小制造商额外时间以符合其他规定，会予以明确。第四，他们认为，FDA已经为小企业提供了大量帮助，建立了小企业中心（包括CTP，OCE一部分）和频繁的网络研讨会规划，但其他评论指出，小企业中心组织不合理，人员安排不当。

（回复）FDA正在宣布多项有关该最终法规的政策，包括在IV. D. 部分讨论的“小型烟草制品制造商”政策。FDA宣布此项政策是因为“小规模烟草制品制造商”没有较大企业的业务能力。此外，FDA没有收到任何来自大制造商的评论，这表明他们也需要我们为小规模烟草制品制造商提供救助。国会也承认潜在差异，要求FDA和CTP一同建立小型企业办公室（OSBA）援助协助小型烟草制品制造商和零售商遵守法律。OSBA协助制造商解决相关法律法规问题，并继续提供有关新规定支持。小企业主可以通过拨打1-877-CTP-1373或写邮件到smallbiz.tobacco@fda.hhs.gov联系OSBA。FDA打算为OSBA扩编人员，为首次接受FDA监管制造商提供支持。

正如最后一条陈述规则早期部分的讨论，FDA有能力获得新烟草制品健康风险关键信息，包括组成成分清单和HPHC报告。因为FDA以前没有这些产品的监管权限，不能获得材料、组成成分、设计、构成、加热源以及其他有关商品特点的商业机密。一旦FDA获得管控这些新烟草制品的经验，该机构希望获得更多信息以帮助制造商寻求上市决心，而且这些信息不与“保护公众健康”相违背。然而，如果FDA在发布这一规则后明显延迟市场上市要求，这将会对公众健康产生负面影响。这种延迟可能会导致更多年轻人对烟碱上瘾。FDA认识到ENDS是与传统烟草制品截然不同的产品，制定一些具体指导，对于申请上市的制造商将十分有用。因此，FDA已制订出可用的指导草案，这最终将描述FDA目前针对解决新型烟草制品的上市授权问题，包括有助于支持“烟草市场化有助于保护公众健康”提议。FDA计划在未来发行附加指南。

E. 临床研究和入市产品申请（PMTA）

（评论30）一些意见对满足法案第910条要求的发展PMTA所需进行的代价高昂的临床研究表示担忧。他们表示，FDA之前的声明，包括关于建议收集从化学到体内毒理学及可能临床试验等各种类型数据的指导草案中的语言，表明昂贵的研究是多余和不必要的。他们还指出，政府问责办公室（GAO）对于这个问题进行了总结，其中陈述道“CTP关于PMTA途径的指导文件中指出PMTA提交数据应包括来自严格对照的研究并能表明烟草制品适用于保护公众健康的数据。（根据CTP）‘此类研究数据必须能说明如和这些产品相关的与已上市的其他产品相比的健康危害，以及这些产品对当前烟草使用者停止使用烟草制品的可能性的影响’”（参考文献41，第18~19页）。

（回复）在制定提案公告中，FDA纳入了旨在补充和澄清其先前关于PMTA所需临床研究声明的讨论（79 FR 23142，第23176~23177页）。正如我们所指出的，FDA预计，在某些情况下，如果关于产品已有关于公众健康影响的证据，那么即使不对产品进行任何新的临床或非临床研究，申请人也有可能获得PMTA入市授权。然而，如果关于产品对公众健康潜在影响的科学研究较少或根本没有，则新的非临床和临床研究对市场授权来说可能是必需的。此外，在《联邦公报》的其他地方，FDA发布了指南草案的有效性，该指南草案最终将提供FDA目前关于解决新认定ENDS产品上市授权要求的一些合适方法的评论，包括为ENDS准备PMTA的“临床研究”需求。

（评论31）一些评论表明，第910（c）（5）（B）条赋予FDA为PMTA制定无需严格对照的灵活框架的权力。他们指出以下可选方案可作为严格对照调查研究的替代：

- 创建一个电子烟用户注册表，输入基本人数统计、起止时间、不良经历和后续收集的真实数据；

- 识别将构成“有效科学数据”的临床研究，并识别历史对照和已发表的适于比较用途的文献；
- 采用类似于FDA新医疗设备的步骤，这一过程中，可以对该产品进行从头审查，以获得较低风险分级，并受一般对照和特定对照影响（而非第905条和第910（D）条规定的上市前要求）；
- 采用类似于针对严重或危及生命疾病的新药物的加速审批流程的步骤，基于药物对替代终点的影响进行授权；
- 采用类似于膳食补充品过程的方法，基于登记、组成成分披露和良好生产规范（GMP）的合规性审查。

（回复）FDA不打算实施这些调整。评论中大多数方法都是在不同法定机构下实施的，不适用于烟草制品。FDA对这些建议的回应在接下来的内容中进行讨论。

- 创建一个电子烟用户注册表，输入基本人数统计、起止时间、不良经历和后续收集的真实数据：

PMTA数据和信息必须足以表明特定新型烟草制品入市对“保护公众健康是有益的”（FD&C法案第910（c）（4）条）。用户注册信息不足以支持市场应用，但它可以提供更多实时信息（不然就需要在长期研究中收集不良经历）。如果申请人希望使用注册表或其他方式，我们鼓励申请人在准备和正式提出申请之前，先与FDA就这些事宜以及其他问题进行讨论。

- 识别将构成“有效科学数据”的临床研究，并识别历史对照和已发表的适于比较用途的文献：

当前FDA拥有的信息还不足以普遍实现这一做法。申请者可以为部分申请递交适当的信息（例如已发表的文献、营销信息）或充分的科学数据。这很可能会受到PMTA要求的某些具体限制（例如非临床研究、保质期/稳定性、基于消费者信息的健康风险）。若申请者有意使用注册表或其他方式，我们鼓励申请者在准备和正式提出申请之前，先与FDA就某一特定产品的此类事项以及其他问题进行讨论。

- 采用类似于FDA新医疗设备的步骤，这一过程中，可以对该产品进行从头审查，以获得较低风险分级，并受一般对照和特定对照影响（而非第905条和第910（D）条规定的上市前要求）：

未经授权，FDA不得违反FD&C法案第IX章上市要求的相关规定。FD&C法案第10章医疗器械规定只适用于医疗器械，不适用于烟草制品，具体参见FD&C法案第201（rr）条规定。

- 采用类似于针对严重或危及生命疾病的新药物的加速审批流程的步骤，基于药物对替代终点的影响进行授权：

采用加速审批流程的目的在于为患有危及生命和严重疾病的患者，特别是当没有满意替代疗法时，建立一套可以加速新疗法发展、评估和上市销售的流程。

而这不适用于烟草制品。FD&C法案第910（b）条规定PMTA中必须包含明确的内容。此外FD&C法案第910（c）（4）条规定PMTA中需含有充足的数据和信息，能够显示新烟草制品的上市“符合有益于保护公众健康要求”。FDA认为目前加速上市前评审流程既不可行，也不适合这些产品。但是，如果申请者认为他能够证明其新产品符合加速评审的“有益于保护公众健康”，我们鼓励申请者在准备和正式提出申请之前，先与FDA就这些事项以及其他问题进行讨论。

- 采用类似于膳食补充品过程的方法，基于登记、组成成分披露和良好生产规范（GMP）的合规性审查：

FD&C法案第910（c）（4）条规定PMTA数据和信息必须足以显示新烟草制品上市“有益于保护公众健康”。本条建议方法与FD&C法案第905条和第910条列出的流程和标准有所不同，因此不适用于烟草制品。

FD&C法案指出确定一个新产品是否符合公众健康要求，其应“基于良好控制的研究”（第910（c）（5）（A）条）。但是FD&C法案第910（c）（5）（B）条也允许FDA考虑其他足以评估烟草制品的“有效科学依据”。因此，假如申请中包含适当的桥接试验信息（例如已发表文献、营销信息），FDA会对该类信息进行审查，判断它是否足以证明该产品是有益于保护公众健康的有效科学依据。若申请者有任何疑问或其他可代替完善的控制性研究方法，我们鼓励申请者在准备和正式提出申请之前，先与FDA就这些事宜以及其他问题进行讨论（具体参见FDA题为“企业和研究人员烟草制品研究和发展研讨会”的指南）。同时，我们注意到FDA在《联邦公报》上发布了指南草案的可用性，这意味着最终指南会解决FDA目前对新认定电子烟产品上市批准要求的合理思考和疑虑。

F. 入市途径和风险序列

（评论32）我们收到很多评论要求FDA为危害性较低的产品提供快速或便捷通道。有些评论指出在上市评审中，非燃烧烟草或只含有烟草提取物的烟碱传递系统与燃烧烟草应予以不同对待，危害性较低的产品需要一套加速途径，以保证创新的持续性。他们也指出，与烟碱递送产品中烟草相关的不同的风险和收益使得PMTA过程和FDA的PMTA指南草案变得不再适用。也有一些评论认为应该以公众参与为基础，建立便捷的评审途径，明确要证明某产品符合公众健康要求同时又不妨碍创新所需要的信息。

还有人提出FDA可以像欧盟《烟草制品指令》那样，要求提供售前通知或报告，证明该产品满足具体的产品标准，FDA可根据证明批准该产品进入市场。

但也有人持反对意见，不同意为某些产品提供快速或便捷途径，他们指出对申请进行评审之前，FDA也无从得知该产品是否具有较低的危害性。

（回复）只要ENDS满足FD&C法案第201（rr）条“烟草制品”定义，它就属于烟草制品。尽管烟草制品种类繁多（且具有不同潜在危险和好处），但只要经过烟草入市申请评审的产品都必须满足FD&C法案第910条上市批准的所有要求，FDA才能颁发授权书。此外，我们注意到有普遍证据表明每一类新认定产品都存在一定危害，但对于市场上琳琅满目的ENDS，FDA还没有发现与具体产品相关的危害证据。由于ENDS含有烟碱，在没有ENDS可用时，个人最终很可能会使用燃烧型产品（关于该假设的科学数据尚不清楚）或与燃烧产品共同使用，或对于只使用电子烟的人，可能会造成公众健康危害。此外，青少年和孕妇应注意烟碱的任何使用形式。另一方面，若电子烟的出现引起目前燃烧烟转型会是利于公众健康的一项福利。2014年卫生总监报告指出"进一步关注并研究个人和人口层面的后果，有利于解决这些问题。但是只有在大力减少卷烟和其他燃烧型烟草制品的吸引力、可获得性、推销和使用的环境下提倡非燃烧烟才更有可能为公众带来健康福利"（参考文献9，第873页）。FDA认为烟草制品管理规范有助于解决这些问题，有利于公众健康。

（评论33）很多人担心新认定烟草制品PMTA成本和对准备戒烟烟民的影响。他们也不同意FDA做出的上市评审能够促进创新的论断，他们认为提交PMTA成本更多是出于商业考虑，而不是与低质量产品竞争。有些人认为开放系统装置是实现从传统卷烟完全过渡到电子烟的人最受欢迎的系统，但PMTA程序会对开放系统装置造成最大负面影响。评论提出，电子烟新产品不会在市场上大展拳脚，反而会抬高市场价格，最终让成年消费者回归到使用传统卷烟。

（回复）《烟草控制法案》为新烟草制品具体提供了三条市场道路——SE、SE豁免和PMTA，除此之外没有其他替代途径。通过PMTA，FDA可以确保只将符合公众健康要求的产品投放市场。PMTA也有助于FDA监控产品开发和变动，阻止危害性高、使人上瘾的产品进入市场。通过限制危害性产品市场准入，烟草上市申请可以刺激对人体健康危害更少的烟草制品研发。而且，在现有申请程序下，"利于公众健康"标准涉及与当前一般卷烟产品市场的比较问题，FDA相信在不久的将来上市授权会把市场向危险性更低的烟草制品推动。

最近Friedman发表论文（参考文献42）对某些州青少年吸烟率进行了调查，这些州在早期就颁布了未成年人销售电子烟禁令。作者认为，根据2013年所获得的各个州燃烧型卷烟的吸烟数据，相对于未规定限制未成年人使用ENDS的州，那些颁布了限制未成年人使用ENDS的州，青少年卷烟吸烟率下降速度有所减慢（截止于2013年1月前）。一些人认为，该研究结果对任何政策限制电子烟或控制电子烟，将增加燃烧型烟草制品消费提供了证据。然而，这项研究也承认此项调查存在几个局限性。第一，该研究使用的调查数据来源于"全国药物使用和健康调查"，对卷烟吸烟率变化进行了追踪，但缺少使用电子烟的相关信息。因此，这项研究并未证实：在限制向未成年人销售电子烟禁令颁布后，青少年直接从抽吸ENDS转到抽吸燃烧型的卷烟；只是表明：相较于未规定限制未成年人抽吸ENDS的州，那些颁布限制未成年人抽吸ENDS的州的青少年卷烟吸烟率的下降速度有所减慢。第二，由于这项研究测试是在ENDS产品市场发展初期进行的，这也可能限制随着市场成熟而出现的替代和双模式的推论。第三，青少年吸烟率增加是相对于现在流行趋势所预测的结果来说的，在这两类规定或未规定（限制向未成年人销售电子烟）的州，都是持续下降的，只是在已颁布规定（限制向未成年人销售电子烟）的州，青年吸烟率下降得比较慢。最后，考虑到这些问题，FDA认为这篇论文是第一篇尝试对青少年使用ENDS产品限制引发的潜在影响研究，但探索这一限制规定对产品替代性或双模式潜在影响有必要再进行更多相关研究。

（评论34）一些评论认为，FDA应该建立一个类似专题系统，这个系统作为允许电子烟寻求进入市场的参比基准或电子烟“模型”。此外，一些评论建议燃烧型卷烟产品制造商也应该能把他们的产品与参考产品做比较，以减轻SE负担。

（回复）FDA不同意这些建议的替代品，认为这与《烟草控制法案》不一致。在SE的途径下，FDA必须确定新烟草制品是否引起了其他公众健康问题而不止是简单的一个经认可和有效的预测产品。根据FD&C法案第910条，要成为一个合格的预测产品，必须于2007年2月15日前在美国实现商业销售或之前被发现实质等同。

此外，《联邦公报》在针对这个问题的其他方面上，FDA发布了一个最终的指导原则，为制造商就如何建立和参考烟草制品主档案（TPMF）提供指导信息。我们期望依赖TPMF提高生产效率并减少企业负担。正如第IX章节所讨论的，由于ENDS产品原料上游供应链特点，特别是电子烟烟液，FDA预测将有足够商业动机增加制造商对主档案系统的依赖性。我们注意到，目前FDA认为，根据公共机构有效数据调查，从事专门开发液体烟碱和香料，用于电子烟烟液生产的上游原料实体商数量很小。特别是，根据互联网搜索和公司网站上提供的信息，FDA估计大约有5~10家主要纯液体烟碱供应商，其中大部分都声称拥有可观的市场份额[10]。这些公司已有FDA烟碱产品主档案或报告，因此他们已经准备好相关提交文件以满足美国和欧盟监管要求。香精香料制造商通过在网上搜索发现许多香料供应商，这些香料可以添加到食品或其他消费品中；这些产品都有可能被用作电子烟烟液香料。但是FDA搜索发现只有两到三家香料公司专门做电子烟烟液香料[11]。鉴于现在市场情况，FDA希望主文件系统能有广泛吸引力而在ENDS行业广泛应用。

（评论35）一些评论认为，“有益于保护公众健康”的PMTA标准意味着这些产品对于消费者具有完善的风险评估，而这并不适用于电子烟。建议FDA要建立一个不同的适用PMTA指令发布的电子烟标准（即该产品相比于目前市售烟草制

10 见参考文献 43。FDA 通过网络查询内容包括鉴定产品供应商网页，如 www.thomasnet.com 和 www.alibaba.com，还有制造商网页和市场新闻报道。

11 FDA 通过网络查询的内容包括鉴定产品供应商的网页，如 www.thomasnet.com 和 www.alibaba.com, 还有制造商的网页和市场的新闻报道。

品是低危害的）。

（回复）FDA不同意针对电子烟和其他ENDS产品使用不同标准的建议。第910（c）（4）条中明确指定了FDA标准是用于确定是否发布PMTA入市授权指令的。本章说明产品必须“遵循公共卫生保护”和“应当以公众整体利益和风险来确定，包括烟草制品消费者和非消费者，并要考虑到：（A）现有烟草制品消费者将停止使用这种产品的可能性增加或减少；（B）那些非烟草制品消费者开始使用这些产品的可能性增加或减少。”FDA没有被授权偏离该法定标准。

（评论36）一些评论建议，FDA应判定目前市售产品有没有经过产品上市要求认证。同样地，一些评论认为上市要求不适用于特殊类别产品（特别是电子烟和其他新烟草制品），包括那些在规定颁布后引进的产品。他们认为这个大的负担对公众健康没有明显好处。

（回复）法律主体自然认为产品要遵循FD&C法案第IX章“烟草制品”法定要求。产品一旦被认为符合相关法律规定，这些规定就适用于FD&C法案涵盖的所有烟草制品。见FD&C法案第901（b）条（“本章适用于所有卷烟、卷烟烟草、手卷烟和无烟烟草以及认为应服从本章监管的其他烟草制品”）。第901条建立了一个程序，新烟草制品必须遵循这个程序才能被授权进行市场销售。第901条自动适用于所有烟草制品，包括新产品法定条款之一。FDA认为上市前审核要求是有利于公众健康的，正如在NPRM中讨论的（79 FR 23142 23148-23149）。

（评论37）一些评论指出，FDA必须在最终合规期限到来之前为电子烟产品入市审查取得更科学的理解。其中一个评论还提出了一项系统，在该系统中FDA可依据FD&C法案的907条款为所有种类的电子烟建立产品标准，然后根据单个电子烟产品是否达到标准来批准或拒绝其入市产品申请。

（回复）有评论认为，FDA需要更多时间才能为ENDS的上市前审查确定合适的合规期，FDA不认同上述评论。正如我们在整个文件中所提到的那样，FDA拥有法规监管下的所有产品类别（包括ENDS）普遍相关的健康危害的数据。FDA一直根据相关数据对这些产品来进行管控。FDA也不认同那些认为FDA应改变发布入市产品申请命令的法定要求及标准的评论。FDA修订的关于入市产品申请意见和其他上市前意见的依从性政策在V. A. 中进行了讨论。

（评论38）至少有一个评论建议，申请者可利用有关电子烟可作为减害产品的科学论文来支持其入市产品申请。

（回复）FDA认同申请者可依照910（b）（1）节，将科学文献作为其入市产品申请提交材料的一部分。此外，在该期《联邦公报》的其他地方，FDA已经提出了可用的指导草案，该草案最终将描述FDA当前关于解决新认定的ENDS产品上市前认可要求的适当方法的意见，包括对科学文献的使用。

（评论39）评论建议FDA发布入市产品申请命令时仅基于有害及潜在有害性成分数据和对儿童的吸引力，以及制造商对使用电子烟的影响进行长期研究的售后承诺（类似于21 CFR 314.70和814.39中分别提到的新药申请（NDA）的补充应用进程和设备批准前增补计划）。评论还建议FDA为对烟草制品的变动或微小变动创建一个补充入市产品申请，这样各个产品就不需要完整的入市产品申请了。

（回复）FDA不同意。FDA管控药品、设备和烟草制品的法定权限是有差异的。FD&C法案第506A节（21 U.S.C. 356A）授权FDA利用补充NDA过程来批准制造商对已获批药物进行生产变更，515节（21 U.S.C. 360e）允许设备厂家补充他们的产品修改上市前批准申请。虽然FDA没有同样的权力允许申请者获批后补充申请（根据烟草制品的不同法定计划），FDA正在积极考虑其他效率化的机会并精简入市产品申请过程，这与其保障公众健康的目的相符。

（评论40）一个评论建议FDA针对其如何确定某一电子烟与参比产品实质等同来发布指导。根据这一评论，SE审查应着眼于递送至消费者的气溶胶，以判断一个新的电子烟是否会引发不同的公众健康问题。

（回复）FDA以后可能为特定产品发布指南。然而，FDA认为，已有的SE报告的指南应该足够帮助制造商准备报告，并在准备报告时给他们建议FDA考虑的因素，事实上FDA向申请者发布的许多关于SE的决议已利用了现有的指南（对于最近的SE法案，参见http://www.fda.gov/TobaccoProducts/Labeling/MarketingandAdvertising/ucm435693.htm）。先前发布的SE决议主要针对那些可能与新纳入烟草制品管制的烟草制品不同的那些产品。如FD&C法案910（a）（3）（A）节所要求及FDA指导文件所述，FDA在评估SE报告时，必须考虑产品特性。电子烟气溶胶成分正是FDA在审查电子烟SE报告时将考虑的一些特性。其他特性包括材料、其他组成成分、设计、构成、加热源和电子烟的其他特征（见910（a）（3）（B）节）。我们也鼓励未来的申请者查阅FDA网站（www.fda.gov），该网站提供了与特定参比产品具有不同特性却不引起更多公众健康问题的产品实例。

（评论41）一些评论提供了一些建议，这些建议关于FDA如何建立入市产品申请程序来确认电子烟在烟碱递送产品中的定位。例如，他们指出，电子烟不需要接受严格、全面的上市前审查过程，相反，应给予一个简化的程序来使FDA能达到同样的目标。例如，一些评论建议，为了简化程序，电子烟的入市产品申请只需包含以下内容：（1）该产品的样品；（2）建议标签的样本；（3）产品工作原理的说明书；（4）电子烟烟液组成成分清单；（5）制造和加工方法的说明；（6）质量控制和产品测试系统的说明。他们建议FDA可在产品标准建立后要求电子烟符合相关产品标准。

其他评论敦促FDA对电子烟的销售采取严格规定，包括广泛的上市前审查，以确保后代人不受烟碱成瘾危害。这些评论中的一些指出，电子烟虽然可能对某些人具有潜在的好处，他们认为FDA不能降低科学标准，削弱严格的科学要求，或改变对公众健康评估的要求。为确定加快审查或缩减途径是否合适，这些意见指出，FDA必须认识到：（1）任何烟草制品的使用，包括严格监管的电子烟，都比不使用任何烟草制品的风险更大；（2）科学证据表明，除非同时使用卷烟和电子烟作为一个短期的戒烟方法，相对于同时使用卷烟和电子烟，单独使用电子烟对个体的伤害并未表现出实质性的减少。

（回复）FD&C法案第910（b）节列出了入市产品申请中应提交的特定要素，910（c）（2）（A）指明，当一个新的烟草制品的入市不能证明其是“有利于公众健康保护”时，FDA不能授权其入市。FD&C法案指明，在适当的时候，这一研究结论应在得到充分控制的研究中得出（910（c）（5）（A）节）。然而，FD&C法案910（c）（5）（B）节还允许FDA考虑其他“有根据的科学证据”，以对烟草制品进行充分评估。因此，如果一个申请含有一些内容，例如具有适当衔接性研究的信息（如已发表的文献、营销信息），FDA将审查该信息以确定其是否可作为证明一个产品有利于公众健康保护的有效科学证据。如果申请者对其采用的充分控制的研究存在异议，或有其他替代方法，我们建议申请人在准备并提交该申请前与FDA会面并进行讨论（见FDA指南“企业和研究人员烟草制品研究和发展研讨会”）。此外，在本期《联邦公报》中，FDA已完成ENDS入市产品申请指南草案，该指南将最终阐述FDA目前对于解决新认定ENDS产品的上市前授权要求的一些适当方法的思考。

（评论42）考虑到新认定产品类别间的差异和这些产品的潜在优点，一些评论认为，FDA应该发布明确的指南，以说明FDA在审查这些产品的安全和健康影响时所需要的科学证据，并在必要时加快对市场申请的审查。

（回复）为了使入市申请的提交要求更清晰，FDA发布了一些指导性文件，并正在完成其他指导文件，涉及SE报告所需的证据，其中包括题为“实质等同报告：制造商请求扩展或改变参比卷烟产品”（79 FR 41292，2014年7月15日）的FDA指导意见草案，以及题为“确定2007年2月15日时在美国进行商业销售的卷烟产品”的FDA指南。FDA还发布了一个题为“新型烟草制品的上市前审查申请”（76 FR 60055，2011年9月28日）的指南。此外，在该期《联邦公报》中，FDA已经提出了可用的指导草案，该指南最终将描述FDA目前对于解决新认定ENDS产品上市前授权要求的一些适当方法的思考。如果FDA认为有必要发布更多的指南来帮助制造商准备上市申请，FDA将发布额外的指南，并在《联邦公报》中发布通知。

（评论43）一个评论指出，因为缺乏科学证据证明电子烟产品对健康的影响，这类产品的上市申请是不成熟的。因此，评论建议，FDA应采取强制措施延迟这类申请的执行，直到拥有更多的科学证据。

（回复）关于上市前审查要求，FDA已经建立了依从性政策，并在V. A.部分进行描述。如本书其他部分所讨论的那样，我们相信合规期是适当的，并已考虑到公司生成和提交用于入市产品申请信息的时间。产品的类型和复杂程度不同，会使得入市产品申请的要求和成本有所不同。例如，如果对某类产品对公众健康潜在影响的认识有限，上市授权时可能会需要非临床和临床研究。在这种情况下，入市产品申请的要求和成本可能会更高（且审查时间更长），要高于那些已经有大量对公众健康潜在影响科学数据的产品。提供该类信息作为上市前审查（设计、组成成分、HPHC水平）的一部分将为这些产品提供重要的信息。

（评论44）一个评论建议，FDA应将电子烟作为成人消费产品进行管制，而无需提供额外产品详情。

（回复）目前还不清楚这一评论建议FDA将电子烟作为成人消费产品进行管制的预期是什么。尽管如此，FDA必须依照《烟草控制法案》的规定对烟草制品进行管制，包括FD&C法案的910节，其中规定在审查新型烟草制品入市产品申请时，FDA必须考虑准许这样的产品入市对保护公众健康是否有利，而这必须建立在对整体人群的风险和利益的考量上，应包括产品的使用者和非使用者，还需考虑现有烟草制品使用者停止使用这种产品的可能性会增大还是减小，以及那些非烟草制品消费者开始使用这些产品的可能性会增大还是减小（FD&C法案910（c）（4）节）。这一公众健康标准要求FDA考虑产品对“整体人群”的影响，而不局限于可能使用这些产品的成人。

（评论45）一些评论指出，FDA的管制应该支持制造商研究有减害潜力的替代烟草制品的努力。

（回复）FDA持续支持有减害潜力的替代烟草制品的发展，并认为入市产品申请，风险弱化烟草制品和其他监管规定将有助于促进对人体健康危害小的烟草制品的发展。此外，依照FDA对新认定烟草制品的上市前审查的依从性政策的实际效果，FDA希望许多制造商，包括那些生产替代烟草制品的制造商，在提交准备期间和随后的合规期继续营销他们的产品。审查上市申请所需的时间取决于申请的类型和产品的复杂程度。

G. 其他评论

（评论46）一些意见建议FDA基于组成成分水平来审查并授权产品的入市。例如，如果一个烟草制品只包含已认可组成成分，则该产品可以进行销售，或许通过自我证明的方式；如果产品使用了未经批准的组成成分，制造商将仅被要求提交一份包括未经批准组成成分的入市产品申请或满足既定的测试准则。评论建议，可以用来评估组成成分的标准可能包括美国药典委员会（USP），FDA公认安全（GRAS）的标准，新药产品Q3B（R2）指导，以及食品化学法典或FDA食品红皮书。

（回复）FDA不同意。FD&C法案第910节要求FDA将新型烟草制品作为一个整体进行评估，以确定对产品的授权是否对公众健康保护有利。此外，我们注意到，食品添加剂的GRAS数据并不意味着该物质在吸入时是GRAS，这是因为GRAS数据未考量吸入毒性，其仅为有目的的使用，这一使用可能会直接或间接地使该物质成为一种成分或影响某一食品的特性（FD&C法案201（S）节）。

（评论47）一些评论表达了对HPHC测试的预期合规期的关注（建议最终法令生效后有3年的合规期），并提议给予入市申请24个月的合规期，因为申请需要提交HPHC数据。他们请求FDA延迟入市产品申请强制执行和SE应用要求，直至HPHC清单建立且单个产品的验证方法确立。

（回复）尽管申请者应提交关于HPHC的某些信息作为其申请的一部分，FD&C法案（21 U.S.C. 387d）904节中提交HPHC清单所要求的有别于910节的上市前审查的要求。依照904节提交的HPHC信息将帮助FDA评估潜在的健康风险并确定解决产品健康风险的未来管制是否必要。对于入市产品申请，FDA希望申请者将报告适合每个产品的HPHC水平，所以不同类别产品报告的HPHC将有所区别。在该期《联邦公报》中，FDA已经提出了可用的指导草案，该指南最终将描述FDA目前对于解决新认定的ENDS产品的上市前授权要求的一些适当方法的思考，包括关于HPHC的信息。FDA向CTP的OS咨询某一特定申请的内容是否合适。

然而，FDA承认，某些新认定烟草制品的制造商（如小企业）很难使他们目前销售的产品都遵照904节HPHC的要求。例如，在售的所有品牌和亚品牌烟草制品的HPHC的定量测试是很大的工作量，合约实验室可能未做好在生效期前完成的准备。因此，我们已确立3年的合规期作为提交市售产品的904节所需数据的生效期。此外，在所有新认定产品统一考虑的背景下，许多产品可能会得到特许，并因此不需要SE、SE豁免或烟草制品上市前申请（FD&C法案905和910节）这三个路径中的一个。考虑到新认定产品整体寻求PMTA决议可能会远远小于生效期时市售的这类烟草制品的总数量（鉴于许多产品可能会得到特许，且许多产品可能无需提交申请），FDA希望作为入市产品申请一部分提交的新认定烟草制品HPHC信息可以在2年的提交期内获得。（FDA指出，可取得特许资格的产品比例在不同的产品类别中可能存在差异。例如，ENDS产品自2007年来已发生了极大变化，相比其他产品类别，很可能只有较小比例能获得特许资格。）

此外，在该期《联邦公报》中，FDA已发布一个最终的指南，用于提供关于如何建立并引用烟草制品主档案（TPMF）的信息。FDA指出，在一定程度下，对TPMF的信赖能提高效率并减轻制造商的负担。正如在第IX章讨论的，由于ENDS产品很多部件具有上游供应商的特性，特别是电子烟液，FDA预计，商业激励将足以推动制造商依赖于主档案系统。我们注意到，目前FDA了解到，根据公开信息，从事液体烟碱和专用于电子烟烟液的香料的上游制造商的数量在七至十三家（参见前面讨论的评论34）。鉴于市场性质，FDA希望主档案系统将对ENDS行业有广泛吸引力并被其广泛使用。

（评论48）一些评论指出，大量的烟草制品制造商等到2011年3月22日（受FD&C法案管制的原有烟草制品提交临时SE报告的日期）提交SE报告。他们认为，这是对程序的滥用，并表示新认定产品的制造商将采取类似的行动，特别是这次有24个月的合规期。他们建议FDA明确要求公司满足所有其他要求，包括组成成分报告和质量控制，只有这样才能利用此次延长的合规期。其他评论指出，任何合规期应取决于FDA发出的所有未决SE报告的指令。

（回复）FDA了解对FDA及时审查申请的忧虑，尤其是考虑到在SE临时期限（2011年3月22日）截止时FDA收到的大量的SE报告。然而，FDA已经采取了几个步骤，以解决由此产生的积压并为行业提供有用的反馈，以鼓励更完整、精简的申请和审查，其中包括：（1）鼓励指定监管健康项目经理和申请者之间进行电话会议；（2）通过调整预审查，简化SE报告评审过程，使它只侧重于管理问题，并允许提交不足之处，以更迅速地向申请者传达；（3）在FDA的网站上提供关于市售产品的路径信息（包括SE），并发起公共研讨会解释FDA的进展；（4）发布指导文件。2014年3月24日，FDA宣布FDA不再有积压的待审查的合格SE报告。FDA现在可以在收到合格SE报告时即开展审查。FDA希望这些措施将有助于减少FDA审查新认定产品申请的时间。此外，FDA已为这类产品的合规期指定了结束日期，在此之后未获得授权的市售此类产品（即使其在相关合规期提交的申请仍在审查）将受到强制执行。我们注意到，这些错开的合规期将有助于管理提交到FDA的申请的量。如果申请者希望讨论产品申请，可以要求如前面FDA最终指导（2012年5月25日宣布，77 FR 31368）中提到的题为“企业和研究人员烟草制品研究和发展研讨会”的会议。

（评论49）至少有一个评论建议FDA应要求未收到销售授权的制造商在最终认定有效期的一年内在其包装标识上发表声明，说明该产品未通过FDA依照烟草控制法案进行的评估。

（回复）FDA拒绝在这个时候发布这样的标识要求。我们没有证据表明将整体人群的风险和收益进行考量（这是FD&C法案906（d）节此类要求的标准）时此类声明对公众健康的保护有利。FDA也担忧这样的要求可能会引起消费者的迷惑或误解。

（评论50）至少一条意见建议新认定产品（即电子烟）的上市前审查请求的申请是不必要的，因为产品认定带来的好处与上市前审查规定无关。

（回复）FDA不同意。上市前条例规定自动适用于认定产品。虽然FDA在NPRM中对第IX章（79 FR 23142，第23148~23149页）中认定产品整体将累积的公众健康益处进行了概述，FDA认为从上市前审查规定仍将带来大量公众健康效益。实施这些规定将使得FDA能够监控产品开发，并防止有更多潜在危害或更上瘾的产品上市。由于ENDS技术和产业的变化特性，以及少年人和青年人对这些产品的兴趣越来越大，上市前审查是至关重要的。FDA的上市前审查也将加大产品一致性。例如，FDA对电子烟和其他ENDS烟弹成分的监管将有助于对化学品及其雾化和吸入量的质量控制。目前，一些产品中化合物的浓度存在显著不同，包括标注成分和浓度及实际成分和浓度存在差别等（见VIII. D.部分）。如果没有监管框架，产品间的显著差异将危害消费者，并带来潜在的公众健康和安全问题。

IV. 实　　施

FDA的提案指出，1100部分认定额外的烟草制品受FD&C法案的第IX章管制，且1140部分中最低年龄和身份核查以及自动售货机的限制是在最终规则公布后的第30天生效，其中还对不同要求列出了合规期。FDA收到了很多关于提议生效期、合规期和其他强制议题的评论。FDA对这些评论的总结如下。

A. 新规生效日期

FDA在第1100部分建议，认定产品将自动受制于第IX章的规定，且1140部分中最低年龄和身份核查以及自动售货机的限制是在最终规则公布后的第30天生效。根据我们对意见进行的审查，正如该文件中所解释的那样，FDA正在最终确定这个规则，使自动规定、最低年龄的规定和自动售货机的限制将从最终规则的发布之日起90天内生效。其他部分的合规期在本节进行讨论。

（评论51）一些评论表达了对1100部分认定条例的生效期的关注，这一生效期也是最低年龄和身份核查的生效期。他们指出，由于零售商需要调整员工的培训课程、培训和教育员工、提高对新要求的认识，并调整商店或销售点的工作辅助程序以确保合规，30天的生效期对于最低年龄和身份核查的管制来说显得太短了。这些意见要求为青少年访问和自动售货机条例设置6个月的合规期。

（回复）FDA承认某些零售商可能需要超过30天的时间来开始遵从这条规则中对青少年访问和自动售货机的限制要求。例如，此前未受到过卷烟和无烟烟草类似限制的ENDS零售场所或雪茄零售商可能需要额外的时间来执行这些法规。为了解决这些情况，FDA正在建立一个为期90天的生效期，用于此认定法规和伴随的FD&C法案中自动生效的条例，以及最低年龄和身份核查要求和自动售货机的限制。考虑到许多零售商还出售当前受联邦和/或州和地方法规关于最低年龄和身份核查管制的产品，FDA不认为这些零售商需要6个月的合规期来对零售商进行培训教育。

（评论52）一些意见建议FDA推迟所有认定法规的生效期，指导FDA发布产品标准（基于907节）和良好生产实践规程（基于906（e）节），因为这些是对新认定产品的最重要的要求。然而，他们指出，所有关于电子烟的规则都应推迟，直到确立更可靠的科学研究结果来支撑FDA的决策。

（回复）FDA不同意。正如我们在整个文档中一直所强调的，FDA有与本法规管制的所有烟草制品类别（包括ENDS）的健康危害数据。FDA一直基于这些数据来管控这些产品。我们会不断从FD&C法案自动生效条例申请中收到信息，包括组成成分报告和HPHC报告，我们将继续通过这些信息来将我们对特定产品的认识扩展至新认定的烟草制品。此外，如NPRM中所讨论的那样，FDA认为，将这些产品纳入烟草制品管制（79 FR 23142、23148和23149）将有益于公众健康。在FDA发布最终的产品标准前放弃执行这些条例将无法保障公众健康。同样需要引起重视的是这些认定法规是一个基本规则，使得FDA可以在认为某些管制对公众健康保护有利时发布这些管制。

（评论53）评论指出，根据信息和监管事务办公室5 U.S.C. 804（2）(1996）文件，NPRM是“主要法规”，且国会审查法案（5 U.S.C. 801（a）(3）(1996））规定一项法规只有在《联邦公报》上发布60天后才能生效。因此，他们要求FDA将此法规的生效期和1100和1140部分的合规期改为至少是最终法规公布的60天后。

（回复）FDA为最终法规的1100和1140部分提供了90天的生效期。

B. 某些条款的合规期

为了避免与FD＆C法案中基于法规颁布日期的现有日期混淆，并为公司提供遵从标识改变或向FDA提交信息的时间，FDA提出了某些条款的合规期。最终合规期在表2和表3中列出。

（评论54）评论要求FDA对新认定产品采取和现有管控产品相应的要求，包括所有条款相同的合规期以及相同的销售和广告限制。此外，他们还指出豁免政策会显著加大FDA的管理负担，而一个简便、广泛的计划会更利于烟草行业的理解和FDA的实施。

（回复）根据本最终规定，FDA正将其他烟草制品纳入第IX章烟草部门管制。这意味着，新纳入烟草制品管制的产品将与现有烟草制品一样受到FD&C法案中所有使用与“烟草制品”的规定的管制。根据第901条，FDA有权认定产品受“第IX章”管制，而不是受第IX章的特定条款管制。因此，对于特定要求，任何类型的产品都没有豁免权（虽然如本书一直讨论的，FDA为某些要求和小规模烟草制品制造商发布了强制执行政策）。FDA正将本最终规定中讨论的额外条款用于已涉烟烟草制品（即年龄和身份识别要求，自动售货机限制，以及健康警示要求）。如果FDA之后确定新认定产品下一步的营销和广告限制是合适的，且满足906（d）

条的应用标准，FDA将按照APA的要求实施这样的限制。

关于合规期，FDA对FD&C法案中自动生效的某些要求提供不同的合规期，类似于当前管控产品在法规发布后满足某些要求的时间表。

1. HPHC报告要求（904节）

自该规定生效期开始，904节的组成成分清单和HPHC报告要求将应用于新认定产品。为了给制造商充分的时间来遵守这个规定，FDA在表3列出了合规期。

（评论55）多数意见同意NPRM表1B中列出的合规时间表，除了904（a）（3）节（79 FR 23142从23172到23174）中的HPHC要求。他们认为。给予HPHC测试和清单的时间不足，这包括多项原因：与合规相关的成本；缺乏明确的产品特异性指导；以及缺乏足够的独立实验室为将受要求影响的许多小企业提供测试服务。

（回复）根据904（a）（3）节，HPHC报告的合规期是这条规则的生效期加上3年。FDA计划发布关于HPHC报告的指南，稍后合规期将给予制造商足够的时间来报告915节要求的测试和报告。904（a）（3）节要求提交报告时列出所有的成分，包括烟气成分，并由秘书处对有害或潜在有害成分（HPHC）进行识别。915节要求对秘书处确定的内在成分、组成成分和添加剂进行测试和报告，以保护公众健康。915节测试和报告要求只有在FDA发布执行该部分的管制条例后才生效，而该管制条例还没有完成。只有当这些测试和报告要求得以建立后，新认定烟草制品（以及目前受管制的烟草制品）才受915节中测试和报告规定的限制。如本书中的其他地方指出，即使HPHC指导提前发布，FDA不打算在3年合规期结束前根据904（a）（3）节对新认定产品执行报告要求。此外，在这个时候FDA也不打算执行与用于成品烟草制品零部件的制造商相关的要求。在此处，成品烟草制品是指一个烟草制品，包括所有的零部件，密封在最终的包装为消费者使用（例如，单独或作为部分组件向消费者售卖的滤嘴或滤管）。FDA认为，烟液单独出售时是成品烟草制品，而不是作为ENDS一部分。

FDA致力于帮助烟草行业更好地了解烟草制品的审查程序和法律要求，并将继续和烟草行业举行公开研讨会和会议。FDA也公布了与烟草行业会议的指导意见，这使FDA能够举行许多有成效的会议来解决一些公司关于其烟草制品发展的具体问题。此外，FDA打算发布关于HPHC报告的指南，稍后发布915节要求的测试和报告规则，由于HPHC报告有3年的合规期，这给予制造商足够的时间进行报告。如本书的其他地方指出即使HPHC指导提前发布，FDA不打算在3年合规期结束前根据904（a）（3）节对新认定产品执行报告要求。

2. 登记和清单（905节）

自这条规则的生效之日起，那些拥有或经营国内从事制造新纳入烟草制品管制的烟草制品的企业（包括在第IX. C. 部分讨论的那些从事于混合烟斗烟草和电子烟液混合的企业）必须向FDA登记，并根据905节提交产品清单。本认定规定不会要求在美国销售的外国生产机构注册或列出他们的烟草制品清单。然而，最终登记和清单规则生效后，国外生产场所必须遵守FD＆C法案905节的登记和清单要求。由于登记和清单的合规期取决于最终法规的发布日期，因此，FDA计划修订现行指南（“适用于国内烟草制品的场所的所有者和经营者的登记和产品清单”），FDA希望在最终认定规定生效之后的6个月内发行，以对新认定烟草制品制造商澄清合规期。

（评论56）大多数关于登记和清单要求的评论指出，预期的合规期是足够的，因为考虑到FDA的电子提交系统很高效，这些要求对于制造商来说既不昂贵也不耗时。基于FDA已发布的个别产品类别（包括已完成登记和清单形式的例子）指南，少数评论要求更长的合规期。

大多数评论还指出，应该要求国外和国内的公司同时遵循登记和清单要求，以确保公平及对每个产品类别的平等对待。他们指出，这是特别重要的，因为许多新型产品都是在美国以外制造的，且全面的登记要求将促进公平评估和使用费的征集。

（回复）FDA同意评论所述的预期的合规期足够用于登记和清单。为向新认定产品制造商提供额外帮助，FDA拟在合规期结束前至少6个月提供每个主要类别新认定产品的完整登记和清单实例。此外，2013年，CTP采用了一种新的电子系统，即FDA统一登记和清单系统（FURLS），可接受所有FDA管制产品的登记和清单信息，该系统已经且将继续简化提交登记和清单信息的过程，使其更方便行业使用，并使FDA和行业的访问更快捷。不同于以往的电子提交过程，FURLS是一个在线程序，用户只需前往FURLS网站即可访问多个数据库，并在任何时间浏览和更新他们的数据。关于登记和清单要求的问题可直接拨打CTP的呼叫中心1-877-CTP-1373，或前往CTP的小企业辅助办公室，该办公室是OCE的一部分。

此外，FD&C法案的905节要求FDA通过通知发布规则，并评论规则制定过程，以便将登记和产品清单要求应用于外国制造商——国内制造商被要求立即实施，不需要监管（FD&C法案905（h）节）。FDA声明其计划在统一的议程（RIN No. 0910-AG89）中发布一项关于登记和清单的规定，包括对外国制造商要求的申请。

3. 改进的风险（911节）

自这条规则的生效之日起，911节将自动适用于新认定产品。在其他要求中，该节禁止在州际贸易中MRTP的引进或流通，包括那些在标签、标识和广告中含有的某些特定的描述（“淡味”、“低”、“柔和”或类似描述）的产品，除非生产厂家在销售前提交MRTP申请并获得FDA批准。对于MRTP上市前审查的基本要求将在生效期立即应用。为给制造商提供足够的时间以满足产品上禁止使用指定描述的要求，FDA提出了满足这一要求的合规期，如表3所述。

（评论57）评论一般认为911（b）（2）（A）（ii）的1年合规期是足够的，但有些指出FDA无需提供任何合规期，制造商应在最终法规的生效期即开始遵从这些条例。

（回复）FDA认为12个月时间来遵守911（b）（2）（A）（ii）节的限制（之后制造商除非得到许可，否则不能生产任何标签、标识和广告中含有“淡味”、“低”、“柔和”或类似描述的产品），以及额外的30天的时间使制造商可能继续向国内经销商品，与《烟草控制法案》中起初规定的生效期是一致的。根据911（b）（3）节，禁止生产和销售任何标签、标识和广告中含有“淡味”、“低”、“柔和”或类似描述的产品（除非有命令授权其营销）在《烟草控制法案》颁布12个月后生效，制造商也有额外的30天的生效期来继续向国内发售带有这些描述的产品。此外，本合规政策取得了很好的平衡，在帮助消费者更好地了解并重视这些新认定烟草制品的健康风险的同时，还给予制造商足够的时间视情况来修改标签、标识和广告。

该合规政策不会扩展到911（b）节定义的其他MRTP产品（例如烟草制品的标签、标识或广告明示或暗示其对烟草相关疾病有较低风险或相比一个或多个其他市售烟草制品的危害低，产品或其烟气中含有较少某种物质或较少暴露于某种物质，或者产品或其烟气不含有某种物质；又或者制造商不通过产品的标签、标识或广告，而是直接采取措施通过媒体或其他途径以达到使消费者认为烟草制品或其烟气有较低疾病风险或比某种或某些市售产品的危害更小，产品或其烟气中含有较少某种（些）物质或较少暴露于某种（些）物质，或产品或其烟气不含有某种（些）物质等）。对于当前管制产品，这些条款在《烟草控制法案》颁布后立即生效，同样的，新认定的产品也有望在1100部分生效时遵从这些条款。FDA认为这是有必要的，是为了确保消费者更好地理解和重视新认定产品的健康风险，特别是对于那些标签、标识或广告明示或暗示减害或风险降低或具有较低水平或不含某种（某些）物质的产品。

4. 必需的警示

（评论58）一些评论建议，应要求制造商在本规定生效后6个月内启用推荐的健康警示。一个评论指出，健康警示应在最终规定发布的12个月内生效。他们指出，延迟实施健康警示可能会继续加强电子烟是健康产品的认知，特别是对于一部分青少年，并误导人们认为其已被认定为安全且是有效的戒烟产品。他们还指出，必须采用较短的合规期，以尽快让消费者意识到电子烟成瘾的可能性。

（回复）FDA已考虑这些评论，还考虑了制造商遵从健康警示要求并向消费者提供这些信息所需的时间和资源，并已确定了1143部分的警示要求，所提议的本规定发布后24个月后的生效期是合适的。

5. 合规期时间表

各项条例的最终合规期时间表均在本书中有所述及（上市前申请提交的合规政策在V. A.部分讨论）。

首先作出区分，生效期不同于合规期。虽然对于许多条例来说，其要求会在某一天生效（这里是"生效期"），FDA还提供了额外的时间作为合规期，在此期间，FDA并不会强制执行管制。我们注意到，904（a）（3）和904（a）（4）节的合规期与FDA对当前管制烟草制品的手段和FDA题为"烟草健康文件提交"的最终指导（75 F 20606，2010年4月20日）相一致。此外，FDA已将FD＆C法案903（a）（8）的合规期从"1100部分生效期加1年"修订为"本最终规定发布后24个月"，使得它与生效期与在本最终规定1143部分对健康警示的要求相一致。

表2　各项自动生效条例的合规期

FD＆C法案引文	合规期
902（1）～（5），（8）	1100部分的生效期
903（a）（1）	1100部分的生效期
903（a）（6）～（7）	1100部分的生效期
904（c）（2），（3）	1100部分的生效期
905（i）（3）	1100部分的生效期
911（a），911（b）（除了销售或传播时使用911（b）（2）（A）（ii）所述的描述以外的产品）	1100部分的生效期
919（a）	参见与本最终推定法规同时发布的FDA调整当前使用者费用的法规

表3　其他条例的合规期

FD＆C法案引文	合规期
903（a）（2）	本最终规定发布后24个月 *这是为了与健康警示24个月的生效期相匹配
903（a）（3）	1100部分生效期加1年 *这是为了与FD&C法案给予当前管制产品的1年的截止期限相匹配
903（a）（4）	本最终规定发布后24个月 *这是为了与健康警示24个月的生效期相匹配
903（a）（8）	本最终规定发布后24个月 *这是为了与健康警示24个月的生效期相匹配
904（a）（1），904（c）（1）	1100部分生效期加6个月（生效期时已上市的产品）或州际贸易交付前90天（生效期后进入市场的产品） *这与本节提供的时间表相匹配

续表

FD&C法案引文	合规期
904（a）（3）	1100部分生效期加3年，或对交付州际贸易的产品在生效期之后3年，州际贸易交付前90天（生效期后进入市场的产品） *这与本节提供的时间表相匹配
904（a）（4）	1100部分生效期加6个月 *这与本节提供的时间表相匹配
905(b),(c),(d),(h)	如果最终规定在后半年发布，FDA计划采取的合规政策是不少于6个月的合规期，会顺延到下一年 *这与本节提供的时间表相匹配
905（i）（1）	与初始登记的合规期一致；见905（b）的日期
907（a）（1）（B）	1100部分生效期加2年 *这与本节提供的时间表相匹配
911(a),(b)(1),(b)(2)(A)(ii),(b)(3)	使用“淡味”、“低”和“柔和”等描述：1100部分合规期加1年（停止生产）；1100部分合规期加13个月（停止分销） *这与本节提供的时间表相匹配
920（a）（1）	本最终规定发布后24个月 *这是为了与健康警示24个月的生效期相匹配

6. 其他强制议题

（评论59）一些评论表示，此法规可能会导致某些新认定烟草制品的黑市交易的关注，特别是电子烟和电子烟液。他们认为这样一个非法市场可使少年和青年人更易获得这些产品，并使其更有吸引力。他们也担心，如果FDA禁止某些电子烟液口味，这个非法交易市场会恶化，说明认定规定（和/或禁止某些口味）会导致消费者自己混制电子烟液，尽管评论指出大多数消费者都不善于处理或混合化学品。这些“自制的制造商”，评论中这样称呼，将增加健康风险，因为更多的人拥有纯的烟碱会带来更多的意外中毒和过量的可能性。评论还提到了一项电子烟论坛的调查，其中指出“约79%的受访者表示，如果他们在使用的产品‘明天被禁止’，他们会‘看看黑市’，而14%的人表示他们重新抽吸类似的卷烟”（参考文献44）。

评论还表示，管制措施将增加新认定烟草制品的价格，消费者将转向非法的市场以较低的价格获得产品，这些问题值得关注。例如，他们指出，卷烟的一些市场（例如纽约）经历过超过50%的走私率，这是由于消费者在寻求成本更低的产品。这些评论预计类似的结果会在认定规定生效后发生（参考文献45）。

此外，他们指出，非法市场会导致额外的问题，如扼杀受监管公司的创新，因为在非法市场运作的公司不会遵守昂贵的规章制度，并能受益于世界其他地方的创新。他们推断这一非法市场将更有利于小的国内制造商，而不是现有具有更好质量控制和安全机制的中等规模的国内制造商。

除了担忧电子烟，评论还对其他新认定产品的非法市场的潜在可能表达了关注。例如，他们指出，最终认定规定（包括高级雪茄烟）会加剧已经存在的高档古巴雪茄黑市。评论还指出，那些参与水烟行业的很多都是非正式运营（例如，没有地方监管），因此，认定规定将导致更多的交易在非法市场进行。他们还担忧如果在认定产品中调味被禁止，会导致非法市场的繁荣。

（回复）FDA了解这些担忧，但认为这一规定不会增加目前的非法行为或创造新的非法市场，因为在此认定规定中FDA并没有禁止任何烟草制品。即使一些非法贸易是为了逃避本规定的管制，FDA也不认为这引起的后果会比得上法规带来的公众健康益处。FDA对新认定烟草制品的管理权限将使得其能够确定哪些产品在市场上是合法的，哪些是伪造的或以其他方式非法销售的。《烟草控制法案》给了FDA这些以及其他权限，如FD&C法案920节（21 U.S.C. 387t），可以帮助解决非法烟草制品问题。

此外，最近，FDA委托国家研究委员会和医学研究院小组发布了一份报告，以帮助更好地理解和思考非法烟草市场的方方面面（参考文献46）。该报告主要聚焦燃烧型产品，特别是卷烟，因为它们是大多数非法烟草贸易的主体。这些发现与烟草制品在美国的非法贸易之间更普遍的潜在关联性，如ENDS，还需进一步讨论。总体而言，卷烟的非法交易不到10%。还不清楚新认定产品的非法贸易会比卷烟的高还是低。来自加拿大的证据显示了ENDS非法市场的发展，不过有其特殊背景，加拿大政府目前依照食品和药物法案将所有含烟碱的电子烟产品作为医疗器械进行管理，而不考虑该产品的健康声明[12]。然而，加拿大有合法出售不含烟碱的ENDS产品的市场。尽管事实上加拿大没有批准任何含有烟碱的ENDS产品的销售或进口，该国2015年的电子烟使用研究（参考文献48）显示，加拿大人群的电子烟使用率和美国人群相似。

尽管有非法ENDS市场活动发生的可能，FDA强调，非法市场的存在并不影响其规范这些产品的法律权威，而且有证据表明，许多ENDS制造商将可能在美国提交上市前申请。

此外，正如先前所说，FDA预计本规定带来的公众健康益处将大于非法市场增加可能带来的负面影响。这一最终认定规定将给予FDA额外的工具以减少与烟草制品使用相关的疾病和过早死亡。例如，FDA将能够获得有关新认定烟草制品健康风险的关键信息，包括来自FD&C法案要求提交的组成成分清单和HPHC报告中的信息。FDA也将收到生产设施的位置和数量信息，这将使FDA能够建立有效的合规计划。此外，由于这一法规，FDA将能够对在产品中使用未经证实的

12 ENDS 和不含烟碱的电子烟液在加拿大可合法销售。2009 年加拿大卫生部发布一份有关电子烟产品含有烟碱的通知（参考文献 47）。

MRTP声明或虚假或误导性声明的新认定产品制造商采取执法行动，从而使消费者更知情，并帮助防止使用针对青少年人群的误导性宣传活动。它也将防止下述新产品进入市场：对保护公众健康不利，或不与有效的参比产品实质等同，或不受SE豁免的产品。最后，新认定烟草制品可能受未来FDA认为恰当的规定的管制。

FDA认为本规定不会扼杀创新，而可以鼓励创新。上市前审查过程必然引起监管加强，可能鼓励企业投资创造潜在有益的新产品，有较大的信心改良的产品将不会受到同样新型但更危险的产品的竞争。例如，一家公司可能会更愿意投资所需的额外资源，以确保其产品的适当方法和控制来设计和制造。PMTA途径将通过限制风险较高的竞争产品的市场准入，来激励对人体健康风险较小的烟草制品。此外，由于“有利于公众健康保护”标准涉及与普通烟草制品市场的比较，FDA认为，随着时间的推移，上市前授权将使得市场偏向较低风险的烟草制品。

C. 对所有新认定产品制造商的某些管制要求政策

FDA收到的许多评论表达了担忧，主要针对某些在本规定生效时自动适用于新认定产品的条例可能会带来的监管和财政负担。在对评论的回复中，FDA已考虑了FDA执行当前管制产品的合规政策时的实例。因此，该机构宣布以下关于新认定产品的合规政策。正如任何这类政策那样，FDA将视情况审查并修订该政策。如果FDA要改变该政策，FDA将向受影响的实体提供通知。

1. 实质等同

正如目前管制产品的指南中所述（“新型烟草制品实质等同案例分析：对常见问题的回应（第二版）”（80 FR 53810，2015年9月8日）），对于那些没有获得市场授权的进行烟草配方改变的制造商，如果其烟草配方改变是为了解决烟草的自然变化（如生长条件带来的变化）以保持产品的一致性，FDA不打算对其进行强制执行上市前授权要求。然而，FDA打算对那些旨在改变新产品的化学或感官特性（例如烟碱水平、pH值、柔顺性、刺激性）的烟草配方改变强制执行上市前授权要求。

对于FDA发布非实质等同（NSE）指令时已在特定零售地点的零售商的现有库存中的产品，FDA不打算在NSE命令发布的30个自然日内采取执法行动。这一政策只适用于已经在零售商店中且直接对成人消费者销售的烟草制品。

FDA已为目前管制产品提供指南（“新型烟草制品实质等同案例分析：对常见问题的回应（第二版）”），其中指出如果新供应商使用相同的组成成分、添加剂、部件、零件或材料，采用相同的技术参数，则供应商的改变不会导致产生一个新的烟草制品。该指南也将应用于新认定产品。

2. HPHC报告

FDA打算针对HPHC报告发布指南，随后会发布一份915节要求的测试和报告管制的指南，考虑到HPHC报告有3年的合规期，制造商有足够的时间来报告。904（a）（3）要求提交报告时应列明所有内在成分，包括被秘书处认定的有害或潜在有害烟气内在成分进行测试。915节要求测试和报告内在成分、组成成分及秘书处认定需测试的添加剂以保护公众健康。最好在FDA发布915节的测试和报告要求的实施条例后开始实施，目前尚未发布。除非这些测试和报告要求已制定，否则新认定烟草制品（和目前已管制的烟草制品）不需服从915节的测试和报告条款。正如本文件其他地方所指出的那样，即使指南提前发布，FDA也不打算在3年合规期结束前根据904（a）（3）节对新认定产品执行报告要求。在这个时候，FDA也不打算执行用于成品烟草制品的零部件制造商的相关报告要求。未来，FDA计划评估新认定烟草制品中是否含有额外的成分，而这些成分应纳入HPHC清单进行报告。基于产品类别，FDA还打算进一步精简有报告价值的HPHC清单。

3. 烟草健康文档提交

虽然904（a）（4）节提出了一个持续的要求，即在2009年6月22日（《烟草控制法案》颁布之日）后提交烟草健康文档，FDA这个时候还不打算强制执行所有这些文件的要求，只要指定的文件集能在生效期后6个月内提交即可。FDA打算公布额外的指南，在本最终规定发布的3~6个月内指定这些健康文档的范围，给予制造商和进口商足够的时间来准备进行提交。

FDA确实打算在2009年6月22日以后收集其他的烟草健康文件，但在这样做之前，FDA将发布额外的指南来指定随后提交的时间。请注意，尽管本合规政策考虑了提交的时效性，制造商和进口商仍需在2009年6月22日保留所有烟草健康文件，以便未来提交给FDA。如果因为在本规定发布后未能保存烟草健康文档以至于在2009年6月22日后无法提交这些文档，将违反904（a）（4）节的规定。

4. 零部件的合规政策

正如VI. B.部分所讨论的，此时FDA并不打算执行对出售或分销用于进一步制造成品烟草制品的新认定产品的某些零部件的要求。

D. 关于某些条例和小规模烟草制品制造商的合规政策

在NPRM中，FDA要求对新认定烟草制品的较小规模制造商履行FD&C法案要求的能力进行评论，以及FDA如何能够解决这些问题。考虑到评论和FDA有限的执法资源，FDA的观点是，这些资源可能最好不要立刻用在强制某些小规模烟草制品制造商以及未能履行FD&C法案的制造商。因此，FDA通常打算给予小规模烟草制造商额外的时间来响应SE补正通知，且不打算对那些在本规定生效前12个月内提交组成成分清单的小规模烟草制品制造商采取强制措施，并同意给予小规模烟草制品制造商额外的6个月时间来提交烟草健康文档。和任何这类政策一样，FDA将视情况审查并修改这些政策。如果FDA要改变这些政策，FDA会保持与其良好指南实践要求的一致性。

为了这一个合规政策，FDA普遍认为一个“小规模的烟草制品制造商”是指生产任何管制烟草制品且全职员工不高于150人、总营收不高于500万美元的制造商。FDA认为一个制造商应包括它所控制的每一个实体，它的控制方，或共同控制方。为了有助于使FDA的个体决策更有效，制造商可以自愿提交涉及所有相关因素的信息，包括就业和营收信息。有兴趣的制造商可联系CTP的客服中心1-877-CTP-1373来询问本合规政策。我们注意到，FDA认定的“小型烟草制品制造商”不同于FD&C法案900节（16）对“小烟草制品制造商”的定义。

FDA指出，其定义的“小型烟草制品制造商”是考虑到这个政策的目的是为了提供宽松政策。也就是说，提供的宽松政策（如在本书中所描述的）一般与烟草实体公司编写或报告信息有关。这些活动可能需要投入员工时间和/或财务资源，这些要求对那些最小的实体公司更具挑战性。由于这些原因，期限考虑了员工资源（全职）、财务资源（年收入），FDA决定强制执行这些条例时唯一思考的是确保这些实体公司具备基本的人力和财力资源，因为条例可能需要那些实体公司无法随时提供的资源。此外，如本书其他地方所述，在系统阐述其理念时，FDA已考虑了关于现有新认定产品制造商就业、营收、产量和其他生产细节的所有可用的数据。此外，FDA指出，考虑到FDA的法定义务是保护公众健康，其目前的做法反映出其对最小的烟草制品制造商潜在独特利益的详细审查。

1. SE延期请求（905（j）节）

尽管所有制造商应有足够的信息来进行提交，我们预计小制造商在把这些信息整合进SE报告时会有更多的困难。FDA目前打算把本规定生效后的前30个月作为扩展期，以给予小规模烟草制品制造商来准备SE报告，因为它们需要额外的时间来回应SE整改函。扩展期不是自动授予的。所有请求将具体问题具体分析。任何扩展期均可能授予有限的时间。例如，如果制造商通常可能有90天来响应补正通知，FDA将给予小型烟草制品制造商额外的30天来响应。FDA鼓励所有小规模的烟草制品制造商尽早提交SE报告，特别是那些对SE途径没有经验或经验有限的小制造商。考虑到如V. A. 部分所讨论的内容，入市产品申请已经有6个月的额外合规期，FDA打算在PMTA中采用类似的扩展期政策（也不打算给小规模烟草制品制造商更多的时间来准备PMTA）。

2. 烟草健康文档提交（904（A）（4）节）

为了解决有关小规模烟草制品制造商提交某些健康文档的担忧，按照FDA当前执行优先顺序，FDA在一般申请合规期结束后的6个月内，不打算对提交所需信息的那些小规模烟草制品制造商采取强制措施。

3. 组成成分清单提交（904（a）（1）节）

FDA了解人们担心小规模烟草制品制造商可能需要更多的时间来遵照904（A）（1）节要求提交组成成分清单。FDA目前不打算对那些在本最终法规生效前12个月内提交904（A）（1）所需信息的小规模烟草制品制造商采取强制措施。

4. 入市申请援助

与一般制造商一样，这些小规模烟草制造商也将受益于对入市申请的额外援助，包括管理健康项目经理的指定，使他们与CTP OS可单独联系，咨询入市申请的问题。对于FDA拒绝其入市申请的小规模烟草制造商，他们也将有机会进行申诉（其中一个小企业已经利用了）。CTP OCE员工也将协助小型烟草制品制造商识别可用于建立他们在2007年2月15日已上市的参比产品的文件。当制造商向FDA提交不同文件时，可能只需几个电话或信件。

5. 协助了解其他管制要求

CTP OCE将继续协助小型烟草制品制造商提交警示轮换计划，以便FDA批准。这些计划显示了公司打算如何按21 CFR 1143.5规定，将所需的警示展示在他们产品的包装和广告上。当小企业向FDA寻求批准时，可能只需几个电话或信件。

CTP也有一个系统来帮助小企业关注FDA的要求。例如，该中心有一个客服中心，将来自受监管行业的电话进行分类。该中心的小企业办公室每年回应来自数百个小企业的电话、电子邮件和信件，以帮助他们解决关于如何遵守法律的具体问题。

V. 入市审查要求和合规政策

FD&C法案910节要求FDA对新型烟草制品的销售进行授权。如其他地方所述，FD&C法案包含三种获取上市前授权的途径：SE豁免、SE报告和PMTA。

2007年2月15日时已上市的烟草制品，可获得特许，不需要入市批准。然而，正如在本序言中所描述的，这些产品须服从法规的其他要求。

A. 入市审查要求的合规政策

在NPRM中，FDA考虑提交上市前申请（SE豁免请求、SE报告或PMTA）生效期后24个月作为合规期，随后还有一个合规期可继续审查这些申请（79 FR 23142，第23144页）。大体来说，在这个不限定的合规期内，产品将可以继续在市场上销售，直到FDA退回对申请的决定或申请被撤回。

FDA的合规/执法政策不受通告和评论规章制定程序的限制（Prof'ls & Patients for Customized Care v. Shalala，56 F.3d 592（5th Cir. 1995）（不是实体规则，也不受APA通告和评论规章制定程序限制的一项合规政策指南）；Takhar v. Kessler，76 F.3d 995, 1002（9th Cir. 1996）（不需要通过通告和评论规章制定程序的FDA合规政策指南））。但由于相关的时间期限明显受关注，FDA在NPRM中制定了其预期的合规性政策，出于类似原因，在最终规定的序言中而不是在单独的指导文件中宣布其修订的合规政策。

FDA已考虑过在NPRM中为应对合规政策而提交的评论和数据。一些意见对未经科学审查的新认定的新型烟草制品的扩展有效性表达了关注。其他提供了关于少年和青年人使用调味烟草制品的额外数据。此外，其他评论从某些调味的新认定产品的可得性角度讨论了潜在的公众健康利益（如VIII. F.部分讨论的）。考虑到这些问题上不一致的意见以及像ENDS这种产品对公众健康带来积极或消极影响的不确定性，FDA已决定实施具有交错合规期的合规政策，主要参考申请的预期复杂程度，其次是用于FDA审查的持续合规期，这样的话我们的自由裁量权将在每一个初始合规期后12个月结束。根据这里描述的对于交错合规期的合规政策，当FDA正在持续合规期间进行市场入市审查时，FDA不打算因为市售产品没有入市授权指令而对其采取强制措施。

考虑到准备上市前申请的时间取决于申请的类型和产品的复杂程度，交错合规期是为了提高FDA和受监管企业的效率。FDA打算在确保符合法定标准的同时尽快处理所有新的申请。此外，如果在持续合规期结束时，申请者已提供所需的信息，且对未决入市申请的审查已取得实质性进展，FDA可能对案例进行具体分析，考虑是否将入市授权要求的执行推迟一段合理的时间。

FDA为入市审查修订合规政策旨在平衡评论中提及的对公众健康的关注，使FDA更有效地管理大量的申请，并鼓励申请者提交高质量的入市材料。

按照《烟草控制法案》（FD&C法案905和910节），只有当FDA通过本书中的三种入市审查途径之一批准新认定烟草制品的入市，该产品才能合法进行销售。作为发布的合规政策产生的结果，我们预计某些新认定、新型烟草制品的制造商可以在这些时间段继续销售其产品，而无需FDA授权。

1. 对NPRM的评论为FDA修订合规政策提供了信息

FDA收到许多作为对其详细要求回应的评论，这些详细要求主要是为了评论可能的合规方法（79 FR 23175-77）。一些评论表示担忧，NPRM中描述的上市前审查的合规政策可能将允许未经《烟草控制法案》中公共卫生标准审查的烟草制品在市场上继续销售。例如，由24个健康和医疗组织共同提交的意见表示，预计的24个月合规期和NPRM中FDA审查期间不确定期的持续营销会延长公众暴露于含烟碱产品的时间，烟碱是一种高致瘾性物质，这不符合入市授权命令的法定标准（评论号FDA-2014-N-0189-79772）。他们还指出该方法会允许制造商以吸引年轻人的方式继续营销新认定烟草制品，还允许其无限期不受控制地操纵其产品的成分（同上文献）。除非采取适当的预防措施，他们敦促FDA放弃其合规政策，以限制这些待FDA审查和授权的产品获准留在市场的时间。此外，他们表达了对制造商的关注，知道提交申请将允许制造商在很多年内继续销售产品，并会激励他们提交海量的申请（不管这些申请如何不完整或有缺陷）。

烟草控制政策和法律专家的网络也对未经《烟草控制法案》中适用的公众健康标准审查的新型烟草制品继续营销可能带来的影响进行了关注（评论号FDA-2014-N-0189-81044）。该组织指出，在法定期限截止前5天，有数以千计的SE报告得以提交，而这些申请待FDA审查期间，“将允许烟草行业继续随意引入新产品，而不是遵从《烟草控制法案》建立的正确的法定程序”。他们建议三种入市途径提交的申请应有交错的时间轴，还应有确定的时间，即FDA到时在执行强制措施时不再考虑这些产品的入市审查，指出这种方式会激励行业在初始合规期内提交高质量、高完成度的申请。

此外，两个致力于保护少年和青年人健康的大型组织敦促FDA对卷烟以外风味特征的产品或任何采用吸引孩子和青少年营销策略的包装产品不要实施任何期限的合规期（评论号FDA-2014-N-0189-67268；评论号FDA-2014-N-0189-79413）。少数成员的美国众议院能源和商业委员会健康附属委员会和监督和调查附属委员会的少数高级成员还呼吁比NPRM设想更具有保护性的合规期期限，认为已提出的合规期“把国家的青少年置于风险中”（评论号FDA-2014-N-0189-80119）。这些评论格外强调这些新认定烟草制品对少年和青年人的吸引力，强调需要一个更严格的合规政策，以确保FDA限制未经《烟草控制法案》中公共卫生标准审查的新型烟草制品的继续营销。

此外，对FDA征求评议意见和NPRM中的数据的回应，许多评论包括了关于烟草制品中糖果和水果口味的影响的数据、研究和个体案例，包括它们对少年和青年人的吸引力、青年人对调味烟草制品的看法，以及过度使用燃烧型烟草制品的潜在影响（评论指出特别是成年人使用调味ENDS以试图完全远离吸烟）。此外，许多评论敦促FDA立即对调味烟草制品采取行动，这是因为调味产品使用越来越流行，新的数据显示在青少年中调味烟草制品的使用在持续增长。

在决策与本最终规定同时宣布的合规政策时，FDA考虑了所有这些意见，并试图平衡各种考量，包括FDA对未经FDA审查的新型烟草制品持续营销的关注，调味烟草制品对青少年的潜在有害影响，以及一些这类产品在帮助一些烟草使用者远离可能是对个体使用者最有害的烟碱递送形式，即燃烧型烟草制品的可能性。FDA考虑采用如前边在NPRM序言中描述的合规政策，或为调味烟草制品和非调味烟草制品提供不同合规期的合规政策。FDA也考虑为不同的产品类别提供不同的合规期。例如，某些烟草行业的评论敦促FDA对不同产品类别采用交错合规期，延迟合规性直到FDA公布对每个产品类别的最终指导，并基于产品计划在烟碱递送产品风险序列中的位置而为ENDS制造商提供较长的合规期（例如，评论号FDA-2014-N-0189-81859；评论号FDA-2014-N-0189-10852）。

回应这些意见时，我们注意到，任何形式的烟碱都特别值得青少年和孕妇关注。另一方面，一些证据表明，ENDS可能使一些当前的消费者不适用燃烧型烟草，这可能有益于公众健康。更多关于入市途径和烟碱递送产品风险序列的讨论参见III. F.部分。基于目前可用的科学证据，这个修订的合规政策在各种经常矛盾的考量间找到了一个适合的平衡点平衡。

2. FDA计划宣布有交错时间表和持续合规期的修订合规政策

为了公众健康，且考虑到有些产品已经上市、不受制于入市审查的事实，并考虑上面1.所讨论的内容，我们已经为新认定烟草制品建立了以下合规政策。对于那些在本最终规定生效时已上市，但在2007年2月15日还未上市的新认定产品，FDA提供两种合规期：一种用于提交及FDA申请接收，一种用于获得上市许可。

虽然这些产品都受制于FD&C法案的入市审查要求，FDA不打算在合规期对未能符合入市授权的产品采取强制措施。

已经提交且FDA收到申请的新认定烟草制品在三种入市途径中的合规期如下：

- SE豁免请求，从本最终规定生效起12个月；
- SE报告，从本最终规定生效起18个月；
- PMTA，从本最终规定生效起24个月。

在该政策中，FDA计划采用交错的合规期时间表，因为申请者可能需要额外的时间来为那些可能需要额外数据的资料提交来收集信息。例如，如果一个制造商计划提交一个SE豁免申请，该公司可能只需要确定的产品、提供认证声明并收集关于添加剂本身变化的科学信息，以及任何表明产品的变化很小的支持信息，而不需要SE报告。这可能比入市产品申请需要的信息要少。我们预计这一政策也将使得新认定产品的入市申请量更易于管理。FDA预计这一交错时间表也将使受管制的行业受益，因为它将使得FDA审查效率更高，并鼓励高质量的申请，而这将减少所有产品的审查时间。在本规定生效24个月后还没有提交申请的新产品，将不适用于本合规政策，并将会受到强制执行。

除非FDA已发出命令否决或拒绝接受提交，及时提交了申请的产品在上述初始合规期结束后还可以享受12个月的持续合规期。对于这样的产品，FDA并不打算在此持续合规期间强制执行失效。持续合规期如下：

- SE豁免请求，从本最终规定生效起24个月（这类请求提交的合规期结束后12个月）；
- SE报告，从本最终规定生效起30个月（这类报告提交的合规期结束后12个月）；
- PMTA，从本最终规定生效起36个月（这类请求提交的合规期结束后12个月）。[13]

一旦持续合规期结束，市场上未授权的新型烟草制品将被采取强制措施。FDA将在确保符合法定标准的同时，尽快处理所有新申请。FDA预计本修订后的合规政策将鼓励提交高质量的申请。通过提出持续合规期结束的日期，制造商将受到激励提交完整的申请，迅速回应审查过程中提出的问题，而不是为了无限地留在市场，只提交不完整的或有缺陷的申请。这种交错的合规政策也将为FDA提供更易于管理的待审查申请的流量，使FDA更迅速地对申请作出决定。

FDA认为，交错的合规期对制造商提交高质量的申请是足够的。为了帮助明确入市申请的提交要求，FDA已发布一些指导文件，并将完成其他指导文件，主要涉及SE报告所需的证据，包括题为“实质等同报告：制造商请求扩展或改变参

13 此外，我们注意到本合规政策不涉及任何在法规生效时（即发布90天后）未上市的新产品，如果这类产品在法规生效后擅自上市，将受到强制执行。

比卷烟产品”（79 FR 41292，2014年7月15日）的FDA指导意见草案，以及题为“建立烟草制品2007年2月15日以前在美国商业销售的行业指南”的FDA指南。FDA还发布了一个题为“新型烟草制品入市审查的申请”（76 FR 60055，2011年9月28日）的指南草案。此外，在该期《联邦公报》的其他地方，FDA已发布了指南草案，该草案最终完成时会描述FDA当前对于解决新认定ENDS产品入市授权要求的一些思考。如果FDA确定额外的指导对于帮助制造商准备入市申请程序是必要的，FDA将发布额外的指南并在《联邦公报》上发布可用通知。

此外，如果在持续合规期结束的时候，申请者提供了所需的信息，且对悬而未决的入市申请的审查已取得了实质性进展，FDA可以考虑在具体问题具体分析的基础上，考虑是否将入市授权要求的强制执行推迟一个合理的时间段。

B. 入市审查要求合规期的意见回复

（评论60） FDA收到许多意见，建议我们修改提议的提交入市申请的合规期。一些意见建议合规期应为FDA宣布其不再使用有关入市要求的执法自由裁量权之日起24个月，或从FDA发布关于准备入市产品申请和提交HPHC测试结果的产品特异性指南之日起24个月。他们建议发行的指导性文件应呈现烟碱递送产品的风险序列。其他意见建议我们将PMTA合规期延长至最终规定生效后5年，以给予制造商足够的时间完成所需的测试。

（回复） FDA已对烟草行业提交入市产品申请发表了公共评论草案指南，该指南完成后将反映出FDA对这个话题当前的思考。此外，在该期《联邦公报》的其他地方，FDA已发布了指南草案，该草案最终完成时会描述FDA当前对于解决新认定ENDS产品入市授权要求的一些思考。FDA致力于帮助烟草行业更好地了解烟草制品入市审查过程，并将继续与烟草行业举行公开的在线研讨会和会议。FDA也已公布了与烟草行业会议的指南，且FDA已举办许多富有成效的会议来解决公司对烟草制品发展的具体问题。当FDA审查当前监管的和新认定类别的产品申请时，我们想要确认规则的制定或更多产品的具体指导政策是合适的。

此外，随着本规定的完成，FDA计划为新认定的新型烟草制品的入市产品申请设定一个初始为2年、随后可达12个月的合规期，以便FDA审查申请。FDA认为，这将给这些产品的制造商提供足够的时间来准备高质量的申请，并使FDA能够进一步描述。

（评论61） 关于NPRM预计的入市审查合规时间表（即制造商有24个月来提交，FDA有24个月来接收上市申请）是否应适用于新认定产品的制造商，评论大不一致。虽然许多行业的评论寻求额外时间来遵从这些要求，许多其他评论认为国会推迟某些当前管制产品（例如卷烟和无烟烟草）要求的申请的是为了一个新的FDA中心的创建、人员配备和培训。此外，他们还表示，考虑到2011年7月用于认定建议的统一议程条目就已发表，且在随后的统一议程条目中不断更新，新认定产品的制造商没理由说他们没有特别注意到他们需要符合上市要求。他们辩称，为新认定产品建立类似时间表只会使行业受益，而不利于公众健康。

（回复）FDA考虑了这些意见，并得出结论，本最终规定中包括的交错合规期足够以前不受管制的烟草制品制造商提交申请，而不需过度推延合规期。正如这份文件中的其他地方所述，FDA已经采取了几个步骤来提供有助于行业的反馈意见，鼓励更完整、精简的意见书和审查，其中包括：（1）鼓励指定监管健康项目经理和申请者之间进行电话会议；（2）通过调整预审查，简化SE报告评审过程，使它只侧重于管理问题，并允许提交不足之处，以更迅速地向申请者传达；（3）在FDA的网站上提供了三种产品入市途径信息（包括SE），并发起公共研讨会解释FDA的进展；（4）发布指导文件。FDA计划在确保符合法定标准的同时尽快处理所有新申请。

（评论62）一个评论建议FDA允许提交保密性电子烟产品报告，以满足入市审查要求。同样，另一个评论鼓励FDA建立类似于FDA药物主档案（DMF）和食品添加剂主档案（FAMF）系统的“烟草制品主档案”（TPMF）系统，以使电子烟/个人用雾化器和电子烟液供应商能够提交保密产品信息（包括配方、设备、工艺和用在制造、加工、包装和储存所使用组成成分的信息）。

（回复）FDA允许在提交和信息使用中参考插入类似于的其他FDA监管产品的主档案系统。此外，在该期《联邦公报》的其他地方，FDA提供了一个最终指导，用于提供关于如何建立和引用TPMF的信息。TPMF预计将有助于新认定产品准备上市申请和监管申请，因为这样就可以引用TPMF中的参考信息，而不用自己开发。

这样的系统在新认定烟草制品领域将特别有帮助。由于ENDS产品特别是电子烟液的许多成分具有上游供应商，FDA预计商业激励将足以促使制造商依赖主档案系统。我们注意到，目前，FDA认识到，基于公开发布的信息，专门从事开发用于电子烟液的液体烟碱和香料的上游制造商的数量还很少，大约有7~13家（见前面对评论34的讨论）。考虑到市场的特性，FDA预计主档案系统将对ENDS行业具有广泛吸引力，并将被广泛利用。

（评论63）至少有一个评论指出，FDA应优先于寻求上市的产品申请来审查目前已上市产品的申请，FDA应建立明确的审查期限。另一条评论建议应优先审查那些不太可能面向青少年的产品，或那些只有成年使用者的产品。

（回复）在《烟草控制法案》的初步实施期间，FDA收到当前在市场上销售的烟草制品的大量申请。这些暂定产品正在通过SE途径进行审查，为了适当优先审查，FDA开展了对产品可能引起的潜在不同公众健康问题进行了评价。目前市场上最有可能引起不同公众健康问题的产品将被放置在第一级进行审查。如果合适的话，FDA可能会考虑为新认定产品列出优先级次序。

FDA了解为申请审查建立时间表的价值。对于生效时未上市的产品，FDA打算采取类似于其在当前监管产品审查中的做法，建立审查业绩的目标。

（评论64）一些意见建议FDA继续采取措施确保完整的SE报告，并建议PMTA在合规期尽快提交。他们指出，FDA目前对于SE申请采用的是“先拒绝再接受”的政策，这使FDA能够对SE申请对于FDA审查来说是否足够完整设置一个阈值。他们指出，这项政策将有助于确保新认定产品制造商不会试图过度地扩展未经FDA审查申请的产品的时间。

（回复）FDA同意。FDA计划采取一切合理的措施以确保申请得到及时审查。FDA将对SE报告和其他上市申请（包括SE豁免请求和PMTA）继续采用其“先拒绝再接受”政策。

（评论65）许多评论建议，鉴于上市产品申请所要求的产品数量众多，上市产品申请的大小和花费以及FDA有限的资源，FDA应为PMTA申请制定一个产品类别详细时间表。该评论建议，合规期应基于FDA发布产品类别详细指南文件的日期。该评论指出，若没有产品类别详细指南，上市产品申请过程将有力地淘汰某些烟草制品类别，包括高档雪茄行业。这些评论断言，国会意图区别对待不同烟草制品类别，如规定禁止调味香烟，对薄荷醇进行特殊考量，建立MRTP规定，并根据907节和910节建立基线标准。

（回复）如前所述，法令规定了烟草制品的入市途径。国会要求所有新认定烟草制品服从相同的905节和910节中的入市审查要求。FDA已经采取了许多措施来减少和预防FDA审查期间上市申请的积压，并打算在确保符合法定标准的同时尽可能迅速地处理所有新申请。在该期《联邦公报》的其他地方，FDA已经提出了可用的指导草案，该草案最终将阐述FDA当前关于解决新认定的ENDS产品入市认可要求的适当方法的意见。FDA可能视情况发布另外的产品类别详细指南。FDA致力于帮助烟草行业更好地了解烟草制品的入市审查过程，并将持续召开与烟草行业的公开在线研讨会和会议。在雪茄类别中，特别是对于高档雪茄，我们预计一些产品将因为其特许产品的地位而得以继续留在市场上，而其他产品将能够利用SE途径。

（评论66）虽然许多评论指出他们需要额外的时间来遵守入市要求，许多评论指出预期的2年合规期太长。例如，由24个健康和医疗机构联合提交的评论指出，NPRM中包括的预期24个月的合规期将会延长公众暴露于含烟碱（一种高致瘾性物质）产品的时间，这在他们看来，不符合入市法令的法定标准（评论号FDA-2014-N-0189-79772）。他们还指出，该方法会允许制造商以吸引年轻人的方式继续营销新认定烟草制品，还允许其无限期不受控制地操纵其产品的成分（同上）。这些评论还认为，为期2年的合规期将导致大量的青少年尝试新认定产品并成为正式的电子烟或其他烟草制品的使用者。有人建议FDA将合规期降低为6个月或12个月，其他人建议为SE报告、SE豁免请求和PMTA建立不同的合规期。一个评论指出，FDA的负担估算表明PMTA的过程需要18个月，所以合规期不应该延长超过18个月。另外，其他评论指出，不应该设置任何合规期，因为PMTA过程是为了对可能有未知健康风险的新产品采取更严格的审查，而合规期与此目的相违背。他们还表示，合规期限将允许行业上市海量产品，制造商不会有动力来发展高质量的申请。此外，一些意见建议FDA不应该为燃烧型产品提供合规期，如斗烟或雪茄，因为当前法规中没有对这些产品的相应条例。

一些评论还建议，不应给予销售调味烟草制品或向儿童销售烟草制品的制造商任何合规期来满足FD&C法案的入市审查要求（79 FR 23176）。例如，两个致力于保护青少年健康的大型组织敦促FDA对卷烟以外风味特征的产品或任何采用吸引儿童和青少年营销策略的包装产品不要实施任何长度的合规期（评论号FDA-2014-N-0189-67268；评论号FDA-2014-N-0189-79413）。

许多评论还指出，除非制造商同意只面向成年人销售，否则其不应享受合规期。然而，一些评论对这样的限制如何可以按照第一修正案规定来执行表示担忧。此外，少数成员的美国众议院能源和商业委员会健康附属委员会和监督和调查附属委员会的少数高级成员还呼吁比NPRM设想更具保护性的合规期限，认为已提出的合规期"把国家的青少年置于风险中"（评论号FDA-2014-N-0189-80119）。

（回复）一旦本规定生效，向任何年龄在18岁以下的人出售烟草制品都将是违法的。本最终认定规定是基础，给予FDA权力根据906（d）节发布限制销售和分销，包括广告和推广的其他法规。

FDA进行了平衡，将SE豁免请求和SE报告的初始合规期分别修改为12个月和18个月，并为新认定、新型产品制造商提交（及FDA接收）PMTA设定了2年的合规期。FDA认为这些时间段足够制造商准备法规中要求的高质量申请。

FDA已考虑为调味和非调味产品设置不同的合规期。一些证据表明，调味产品比非调味产品对公众健康构成更大的风险。FDA了解到，香料的吸引力和调味烟草制品的使用在人们开始和继续使用烟草制品，以及与使用这些产品所引发相关的健康风险中起重要作用。许多评论和研究提供了近些年青少年和使用调味烟草制品的数据和信息（例如参考文献49~56）。香料可能会鼓励人们消费更多的烟草制品（参考文献57~59）。获取吸引人的口味是年轻烟草使用者使用非燃烧型产品的一个普遍存在的原因（参考文献60，61）。

然而，一些评论不支持为调味产品设置较短的合规期。人们对这些产品健康风险的认识存在不同。至少一些调味的燃烧型产品（这是特别值得关注的，因为已知其与卷烟存在类似的风险并对年轻人有吸引力）很可能是"特许的"，因此可继续留在市场上，而可以无视那些新认定、新型产品的合规期或执行政策。并且，在任何情况下，评论认为非燃烧型烟草制品，如ENDS中调味物质的存在将吸引当前燃烧型烟草制品的使用者，并且吸引吸烟者考虑转向电子烟（例如评论号FDA-2014-N-0189-75088；FDA-2014-N-0189-79096）。此外，FDA意识到不断涌现的现有吸烟者和戒烟者的自评报告支持这种说法(参考文献62,63)。后面VIII. F.部分会讨论现有的有关ENDS帮助吸烟者远离或减少使用燃烧型烟草制品的初步证据。但至少一些人认为口味差异非常重要（参考文献63)。很有必要开展更多的研究,特别是纵向追踪研究,以帮助理解调味物质如何随时间影响烟草的使用（参考文献64)。

最后，正如与其他受本规定管制的烟草制品那样，FDA知道，受监管机构会要求过渡期。一些评论表达了其担忧，甚至提议的24个月合规期都不够他们提交所有产品的完整申请。例如，一个评论指出，大部分电子烟市场“是个体或家庭拥有和经营的中小企业，即便不是所有的话，这些较小企业中的大多数都缺乏资源来解决这样一个高的管理负担”，在时间周期内提交多个PMTA（评论号FDA-2014-N-0189-80496)。几个评论也表达了忧虑,提议的24个月的合规期将有利于拥有更多资源来完成产品申请的大型公司，而牺牲小规模和中型公司（例如，评论号FDA-2014-N-0189-76162)。FDA指出较短的时间将对这些企业有更大的影响。

针对这些担忧，FDA相信，同其他烟草制品一样，调味产品为期2年的合规期代表了它以寻求平衡的方式行使其自由裁量权的一种尝试，即在为烟草行业在提供时间来过渡和保护公众健康间取得平衡。随着时间的推移，FDA预计将看到更多的关于某些调味产品在帮助减少或戒除燃烧型产品使用中所起作用的数据，也将看到调味烟草制品在年轻人起始、使用和双重使用中所起作用的进一步数据。这些数据将有助于FDA建立这些以及其他烟草制品的监管和产品标准。

在考虑这一合规期时，FDA平衡了三个重要的公众健康考量：未经审查的新认定、新型烟草制品的可获得性的扩大；调味产品对年轻人的吸引力；有些人可能会从燃烧型烟草使用过渡为这类产品的初步数据。考虑到这些因素，并根据目前的科学证据，FDA确定V. A. 部分描述的合规期取得了恰当的平衡，有利于保护公众健康。FDA正在基于申请的复杂程度建立交错的合规期，并为FDA审查建立持续合规期，这样我们的执法自由裁量权将在每一初始合规期后12个月结束。此外，FDA宣布其打算在未来发布建议产品标准，完成后将消除所有雪茄产品，包括小雪茄和小雪茄烟的风味特征。

在该期《联邦公报》的其他地方，FDA已经提出了可用的指导草案，该草案最终将描述FDA当前关于解决新认定的ENDS产品上市前认可要求的适当方法的意见。FDA认为，调味电子烟液对青少年特别具有吸引力。对青少年的吸引力是评价营销一个产品是否对公众健康保护有利的重要因素。制造商应在其入市申请中提供关于调味烟草制品可能毒性、致瘾性和吸引力的数据。

VI. 部件、零件和配件

在NPRM前言中，我们就FDA建议将新认定烟草制品的零部件（但不是配件）纳入本规定管辖广泛征求意见，包括支撑事实、研究和其他证据。我们还就FDA是否应定义烟草制品零部件以及这些物品如何区别于配件来征求意见（79 FR 23142，第23152~23153页）。回顾这些意见后，FDA计划在本规定中将新认定产品的零部件（但不包括这类产品的配件）囊括在本规定范围中。FDA也计划解释其目前关于零部件的合规期和将随此认定规定生效的某些要求。

A. 定义

作为对评论的回应，FDA计划在1100、1140和1143部分中加入“配件”和“零部件”的定义。正如本最终规定中所指出的那样，“配件”是指任何预计或合理预期用于或伴随人们消费烟草制品而使用的任何产品；其不含烟草，且不由烟草制成或不来源于烟草；并符合下述特征之一：

（1）预计会或推测可能不会影响或改变烟草制品的性能、组成、内在成分或特性。

（2）预计或合理预期会影响或维持烟草制品的性能、组成、内在成分或特性，但（i）仅控制水分和/或产品的存储温度；或（ii）仅提供了一个外部热源来启动而不是维持烟草制品的燃烧。

FDA已制定第（2）（ii）段保证线圈和木炭不被“配件”的定义所包含。

“部件”这个定义指的是材料，包括如被使用和集成的组成成分、添加剂和生物质等。配件的例子如烟灰缸、痰盂、水烟钳、雪茄夹和托盘以及烟袋，因为它们不含烟草且不来源于烟草，而且不影响或改变烟草制品的性能、组成、内在成分或特性。配件的例子还包括只用来控制水分和/或存储产品温度的保湿器，以及只提供外部热源来点燃而不是维持烟草制品燃烧的燃烧器。如NPRM中所指出的，新认定烟草制品的配件不在本最终规定中认定。

此外，FDA计划定义“零部件”，指任何软件或装配材料，预计或合理预期用于：（1）改变或影响烟草制品的性能、组成、内在成分或特性；或（2）用于或伴随人们消费烟草制品使用。该定义不包括任何烟草制品的配件。

我们注意到，术语“材料”是指组成成分的集合，包括添加剂。材料组装形成零部件。例如，材料可以是用于卷烟的胶或纸浆，这里纸浆包括多种组成成分（例如多种类型的烟草、水和香料）制成的纸（或纸浆，这取决于水分含量）。材料可以是ENDS烟嘴中的塑料，由多种组成成分和添加剂形成的一种产品。

在确定软件或材料的组件是否可能“预计会或推测可能会”影响或改变烟草制品的性能、组成、内在成分或特性，或用于或伴随人们消费烟草制品而使用（并且无论其是一个零件或部件）时，FDA不受制造商或经销商主观的意向声明的约束。相反，FDA可以考虑总体情况，包括直接和间接的客观证据，包括一系列因素，如出售产品的周边情况或产品售卖的环境（见21 CFR 201.128（药物），21 CFR 801.4（设备）；另参见美国诉Travia，180F.Supp. 2D 115,119（D.D.C. 2001））和销售数据。

预计会或推测可能会用于或伴随人们消费烟草制品而使用的材料的一些例子如下：

- ENDS使用的雾化器和雾化烟弹；
- 水烟使用的水过滤基添加剂（包括那些调味料）；
- 任何新认定产品使用的烟草袋或香精（不论其是否含有烟碱或烟草）。

预计会或推测可能会影响或改变烟草制品的性能、组成、内在成分或特性的材料的一些例子如下：

- 用于单个雪茄的玻璃纸包装或塑料管；
- 装散烟丝的塑料袋或罐；
- 电子烟的玻璃或塑料小瓶容器。

虽然这些例子中的材料一般是为了防止烟草制品特性发生意外的变化，它们也预计会或推测可能会影响或改变烟草制品的性能、组成、内在成分或特性。例如，这些材料组成成分往往浸出到消费产品中。如一些评论指出，对于ENDS，包装小瓶中的物质有可能渗出至电子烟液中，这些渗出液在电子烟液使用时可被吸入，为消费者带来额外的健康风险。它们往往也会影响水分含量或烟草制品的保质期（例如，一个雪茄是硬包装还是软包装，以及斗烟是塑料还是金属容器）。烟草制品的水分含量以及水分含量的变化可能显著影响消费者对烟碱和其他成分的暴露。在某些情况下，薄荷醇或其他组成成分可能用在这些材料中，以使其能够被这些消费产品所吸收。

FDA认识到，在某些情况下，一些材料的集合既可作为包装的一部分，也可作为烟草制品的一个零件或部件。在这种情况下，FDA只检查不同的那部分包装材料，其可作为烟草制品的零件或部件，有潜力影响或改变烟草制品的性能、组成、内在成分或特性。未改变或影响,或不是合理预期改变或影响烟草制品的性能、组成、内在成分或特性的那些包装材料不是烟草制品的零件或部件。例如,装有电子烟液的玻璃小瓶是烟草制品的零件或部件,然而包装电子烟液玻璃小瓶并售卖给消费者的硬塑料包装不是烟草制品的零件或部件。

FDA打算征求更多的公众意见,并发布法规或指南来对作为烟草制品“零件或部件”的材料进行进一步的说明,因为它们预计会或推测可能会改变或影响烟草制品的性能、组成、内在成分或特性,或预计会或推测可能会用于或伴随人们消费烟草制品而使用。

许多评论特别要求举例说明水烟中使用的哪种物品会被认为是零件、部件或配件。以下是水烟中使用的零部件实例的不完全清单:增味剂,软管冷却装置,水过滤基添加剂(包括那些调味料),调味水烟炭,以及烟碗、阀门、软管和水烟头。以下是水烟中使用的可能会被看作配件的物品的不完全清单:水烟发光球、铝拨火棍、水烟叉、夹、包。

许多评论也寻求电子烟中使用的会被认为是零件、部件或配件的物品的说明和实例。以下是ENDS(包括电子烟)中对零部件的非完全清单:雾化器、用于或打算用于ENDS(含或不含烟碱)的香料、电子烟液溶剂、容器和容器系统、电池(具有或不具有可变电压)、线圈、雾化烟弹、调整设置的数字显示/灯光、透明雾化烟弹和可编程软件。以下是电子烟或其他ENDS中使用的可能会被看作配件的物品的不完全清单:螺丝刀和挂绳。

下面是关于这些问题的评论的总结,以及FDA的回复。

(评论67)许多评论敦促FDA定义零件、部件和配件(特别对电子烟)以规范执法,防止市场的混乱(包括零售商之间),清除任何潜在规避合规的漏洞,增加透明度,并确保检查员执行规章制度,同时也考虑到努力守法的零售商。许多评论提供了“零件或部件”和“配件”的定义。其他评论建议FDA不应该定义这些类别的产品,因为很难正确定义这样大类的产品且任何定义很快就会过时。

(回复)FDA同意应该对零件或部件以及配件进行定义,并已提出了与提议中的因素和评论中的考量相一致的定义。虽然我们发现,在NPRM中,配件预计不会用于或不会预期用于烟草制品的消费,我们也表示我们预计配件对公众健康影响不大。而配件的定义不同于NPRM中的描述,基于对评论的考量,FDA看待配件时抓住了我们的原始意图和产品的类别。本书中VI. A.部分开头讨论的零件、部件和配件的定义也包括在1100.3、1140.3和1143.1中。

(评论68)一些评论表达了对FDA在NPRM中的声明的关注,即如果稍后FDA决定将其监管权限扩展至不含烟碱或烟草的新认定烟草制品的零部件时,FDA可能考虑修改法规。他们指出,《烟草控制法案》未允许FDA监管那些不采用烟草作为原料的对象。

(回复)FDA不同意。在此说明,FDA正在完成认定所有烟草制品的提案,包括新认定烟草制品所有的零部件，但不包括配件，应遵守FD&C法案第IX章。然而，额外的限制（即最低年龄和身份核查、自动售货机和健康警示条款）只适用于“烟草制品”。健康警示条款适用于“涉烟烟草制品”、卷烟烟草和自卷烟草。“涉烟烟草制品”一词包括所有新认定烟草制品，除了那些零部件不是由烟草制成或不是来源于烟草的。

FDA也不同意FD&C法案未授权FDA监管不以烟草为原料的产品。FD&C法案第IX章901节指出FD&C法案适用于所有卷烟、卷烟烟草、手卷烟草和无烟烟草以及任何其他由健康与公共事业秘书处认定受第IX章管控的其他烟草制品。FD&C法案201（rr）节在相关部分将“烟草制品”定义为用于人们消费的由烟草制成或来源于烟草的任何产品，包括烟草制品的任何零件、部件或配件（不包括制造零件、部件或配件时使用的烟草以外的其他原材料）。因此，该法规赋予FDA权力来认定额外的烟草制品，包括所有零件、部件和配件，不包括进入烟草制品零件、部件和配件制造的原材料（除了烟草）。这种原材料包括未加工的金合欢胶（从树上取下未加工）和新生产的二氧化钛（用于美白卷烟纸和水松纸）。在本规定中，虽然FDA认为所有零部件应受制于第IX章，但FDA不打算认定配件受制于第IX章，也不打算对不是由烟草制成或不是来源于烟草的零部件施加额外的限制（即最低年龄和身份审查、自动售货和健康警示条款）。不过如果FDA考虑将其权限扩展到配件或对零件或部件施加额外的限制，FDA会通过规则制定过程来进行。

（评论69）一些评论表示担忧该规定将诱使制造商将含烟碱成分从不含烟碱成分中分离从而规避监管要求。他们指出，该规则将允许未成年人购买烟碱递送系统，只要它们不包含电子烟液，然后从其他来源（例如朋友、父母、网上）获得电子烟液。

（回复）FDA了解这些担忧。然而本认定规定涵盖了预计会或推测可能会用于或伴随人们消费烟草制品使用的烟草制品零部件。此外，如1140.16中所指出的，新认定烟草制品零售商不得向18岁以下的未成年人销售涉烟烟草制品（通过任何媒介，包括互联网）。FDA将对邮件订购和互联网销售继续积极执行最低年龄限制，这将有助于减少青少年接触含烟碱和烟草的零件，而没有这些零件，他们就无法使用ENDS的其他零件。

（评论70）一些评论指出，电子烟中使用或随电子烟使用的物品（包括电池、电线、螺丝和芯片）应该超出了FDA的权限范围，因为它们在由消费者组装之前不是烟草制品的一部分。其他评论表示，FDA应该规范这些物品，要求出具关于某些电子烟组件的故障报告（例如电池爆炸的危险（参考文献65）），而且，如果电子烟各组件不能协同工作，将烟碱递送给消费者，电子烟液就无法使用。这些评论要求，在一系列烟弹中含有不同烟碱水平的产品（包括广告宣称不含烟碱的烟弹）中，如果电子烟烟弹用于或伴随人们消费烟草制品使用，FDA应说明是否只监管含烟碱的烟弹。

（**回复**）本最终认定规定认定FD&C法案201（rr）节所定义的所有烟草制品，不包括新认定烟草制品的配件，但包括本规定中定义的零部件。电线、螺丝和芯片符合零部件的定义，因为它们是预计会或推测可能会用于或伴随人们消费烟草制品而使用的材料，而不是烟草制品的配件。FDA还对电池爆炸的报告保持关注。电池与其他ENDS的零件或部件共包装（例如烟弹和储液腔）或预计会或推测可能会用于或伴随ENDS使用，并受FDA烟草制品主管部门监管。然而，正如本书其他部分所指出的那样，对于ENDS硬件或递送系统零件或部件，如电池，考虑到硬件零件可能组合的多变性，如果所有都考虑且都是单独出售，FDA预计制造商很难获得这类产品的授权。因此，对于这类装置，FDA预计制造商只有致力于整个递送系统而不是单个零件的授权，才可能取得成功。在该期《联邦公报》的其他地方，FDA也已经提出了可用的指导草案，该草案最终将描述FDA当前关于解决新认定的ENDS产品上市前认可要求的适当方法的意见，并将包括FDA当前对现有ENDS的推荐性标准合规性的看法。

此外，含有不同水平烟碱的含烟碱烟弹属于零件或部件并受FDA第IX章的管制，因为它们构成一个材料的集合，并预计会或推测可能会用于或伴随人们消费烟草制品而使用的材料，而不是烟草制品的配件。在本最终规定的生效日，FDA打算监管整个系列的烟弹（包括含有不同烟碱水平的或不含烟碱的烟弹，如果它们符合零件或部件的定义）。

（**评论71**）一些评论敦促FDA对所有电子烟液纳入1140部分的最低年龄和身份核查要求和自动售货机限制，包括不含烟碱的电子烟液，因为它们很容易在网上被未成年人获得，并可以掺入烟碱。此外，他们建议FDA要求在与电子烟液同时销售的零件或部件上提出健康警示。

（**回复**）FDA不同意。根据本认定规定，含有烟碱的电子烟不能出售给18岁以下的年轻人。此外，含烟碱的电子烟液是一种涉烟烟草制品，因此，根据1143部分，将需要有健康警示。如前面所讨论的那样，不含烟碱的电子烟液如果预计会或推测可能会用于或伴随人们消费烟草制品（例如伴随液体烟碱）而使用，则是一种零件（并受制于FDA烟草管制权限），并且不是烟草制品配件，但是不含烟碱或烟草的电子烟液不需要有警示，也不受制于1140和1143部分的最小年龄和身份核查要求以及自动售货机限制，因为它不是本规定定义的涉烟烟草制品。因为不含烟碱或烟草的零件是打算伴随烟草制品使用，而含该零件的烟草制品含有烟碱或烟草，FDA认为只需要求该烟草制品受最低年龄和自动售货机规定限制并携带警示。此外，如果过度使用警示，有使其变得不再新鲜的风险。

（**评论72**）一个评论不同意FDA认定烟草制品配件对公众健康或环境不构成风险，并指出这样的物品对人体和食物链是有害的。

（**回复**）FDA希望澄清NPRM中关于配件的表达（79 FR 23142 23153）。在这个最终法规中，FDA并不认为，也没有证实烟草制品配件不构成任何公众健康风险。

相反，我们表明，本规定中定义的烟草制品配件可能对整体公众健康有更少的（而不是“没有”）风险，我们这里进行重申。FDA正在监管新认定产品的零部件（不是配件），所以FDA能将其资源聚焦于有更大的可能对公众健康产生影响的对象。同样，FDA没有说明本规定不会影响环境。相反，NPRM中包括的环境分析表明根据国家环境政策法案的标准，本规定的影响将不会对人体环境造成重大影响，正如在提议的环境评估（EA）中所指明的一样。最终EA和无显著影响的调查结果（FONSI）在审查中。

（评论73）一些评论提出了几种不同的监管零件、部件和配件的方法。首先，一些评论指出，FDA应该权衡这些产品的相对风险，并给予有效管理或减轻这些风险的必要的最低负担要求。他们建议FDA像FDA审查上市申请那样对待这些产品。例如，他们注意到FDA关于PMTA和SE报告的指导文件草案和最终指南文件说明，FDA不打算对只销售或分销用于进一步制造成品烟草制品的零件执行FD&C法案910或905（j）部分的要求，因为FDA希望“接收关于这些新型烟草制品在PTMA提交中的信息用于规范成品烟草制品”（援引指南草案，“新型烟草制品的上市前审查申请”）。其次，一些评论认为，考虑到消费者使用某些零件或部件时产生气溶胶和“蒸汽”，应要求电子烟零部件制造商提交入市申请。再次，一些评论指出，FDA应要求零部件制造商确保其所有含有烟草或烟草衍生物的零部件在运输和包装时都要进行标识，表明它们是用于进一步制造，而不应要求他们遵守自动生效的要求。

（回复）当前FDA计划对成品烟草制品的入市审查要求限制执法。为使本合规政策适用于新认定产品，成品烟草制品是指包括所有零部件、密封在最终包装中、用于消费者使用的烟草制品（例如，单独出售或作为套装一部分销售给消费者的滤嘴或滤管）。当前FDA并没有打算在这个时候对只销售或分销用于进一步制造成品烟草制品的零部件执行这些要求。此外，FDA不认为当前有必要要求含有烟草或烟草衍生物的零部件进行标注，以说明其目的是用于下一步的制造烟草制品。

（评论74）一些评论指出，只要它们对公众健康有可预见的影响，FDA应管制所有的零件、部件和配件。他们认为，在认定规定中省略配件忽略了清晰定义“烟草制品”包括配件的明确法定语言。

（回复）FDA不同意。虽然国会在FD&C法案201（rr）节中将“配件”包括在了“烟草制品”的定义中，但没有明确要求FDA将所有零件、部件和配件纳入901节法规来认定为额外的烟草制品。如在本规定中所定义的，配件可能对整体公众健康带来较少风险，因此认定配件受制于FDA烟草制品权限所带来的整体公众健康益处可能也很小。因此，FDA将它们排除在本认定规定的范围之外。

（评论75）一些评论指出还用于烟草使用以外目的的物品（即可以用来点燃蜡烛的打火机或火柴）应归类为配件，因此不受制于FDA的第IX章。例如，高级个人雾化器中使用的电池也可在笔记本电脑电池包或电钻包中找到。这些意见还指出，如打火机和电池这样的物品可能（或可能不）被用于烟草制品的消费或受消费者产品安全法案管制（如防儿童打火机），因此，不应受制于FDA烟草制品管制。

（回复）FDA同意没有必要对预计会或推测可能会不伴随烟草制品使用的电池在其烟草制品权限下进行管制。然而，重要的是，与ENDS其他部件共包装（例如烟弹和储液腔）或预计会或推测可能会用于或伴随ENDS使用的电池，是受制于FDA烟草制品权限的零件。FDA仍在关注报告电子烟电池爆炸的报道，且发现对其进行管制可以帮助解决这些问题。

为此，在该期《联邦公报》的其他地方，FDA已发布了指南草案，该草案最终会描述FDA当前对于解决新认定ENDS产品上市前授权要求的一些思考，包括对现有ENDS电池的推荐性标准合规性的看法。

（评论76）一些评论指出，由于步入式雪茄保湿器对零售商很重要，且可以让消费者浏览零售商的库存，并作出选择，因此不应受FDA的监管。

（回复）如先前所讨论的那样，任何预计会或推测可能会用于或伴随人们使用新认定烟草制品，不含烟草或烟草衍生物，预计会或推测可能会将影响或维持新认定烟草制品的特性，但仅控制水分和/或新认定烟草制品的存储温度，这类物品是配件，并排除在此认定规定之外。因此，除非保湿器设计用于以控制水分或温度以外的方式影响烟草制品，否则像步入式雪茄保湿器不受制于本规定。

（评论77）一些评论担忧，电子烟储液腔和烟弹将不会被包括在建议的自动售货机限制中，因为它们在销售时不含烟碱。他们说这些物品都不是标准化的，它们的质量、组成和安全都无法控制，因此它们应该受制于FDA第IX章。

（回复）FDA不认为有必要将不含烟碱或烟草的储液腔和烟弹纳入自动售货机限制，因为它们要想消费烟草或来源于烟草的烟碱，只能伴随其他受附加限制的产品使用。然而，FDA意识到目前缺乏对储液腔和烟弹的监管或标准化，FDA认为储液腔和烟弹是受制于FDA本规定第IX章的零部件。在本最终规定生效后，FDA将有权根据FD&C法案906（e）节发布烟草制品制造实施条例，并根据FD&C法案907节发布产品标准，以解决这些零部件的质量、组成和安全问题。FDA也注意到这些零部件通常会受到入市审查，或者它们自身作为供消费者使用的零部件而受到入市审查，或作为产品的零部件经过再制造，其最终产品将受到入市审查。

（评论78）一些评论表示，关注FDA对水烟使用期间使用的物品特性的描述（即燃烧器、支架、滤网和其他伴随水烟使用的物品）。他们指出，所有水烟燃烧器和支架均可影响水烟释放物，并指出水烟使用期间衬托被加热到与木炭相同的程度，因此存在燃烧的危险（参考文献66）。此外，加热源、滤网（或铝箔）和软管对主动和被动暴露以及吸烟/抽吸行为有显著影响，因此应作为零件或部件受FD&C法案第IX章。

（回复）FDA已在本最终规定中纳入了“零件”、“部件”和“配件”的定义，以便对水烟使用期间使用的产品的特征进行更清晰描述。根据这些定义，滤网（或铝箔）和软管与水烟筒的其他部件共同包装，或营销、广告或预计可能会伴随水烟筒使用，属于部件或零件，受FDA的烟草制品管制。然而，例如，一个未纳入水烟筒的外部燃烧器或加热源，则是配件，这是因为其不含烟草或烟草衍生物，仅提供了一个外部热源来启动而不是维持烟草制品的燃烧。支架也是一个配件，不受制于FD&C法案第IX章。

（评论79）一些评论建议，伴随水烟使用的木炭或木屑应该被认为是一种烟草制品，并受本规定认定。他们解释说，这些产品的燃烧会产生有毒物质并释放致癌物质如一氧化碳、多环芳烃和其他致癌物。

（回复）FDA认定这些产品是零件或部件，因此，它们受FDA第IX章的管制。它们是预计或推测可能会用于或伴随人们消费烟草制品而使用的材料的集合，不属于配件。正如我们在本书中所指出的那样，一个配件不包含烟草，且不是由烟草制成或来源于烟草的物质，它符合以下中的一个：（1）预计或推测可能不会影响或改变烟草制品的性能、组成、成分或特性；或（2）预计或推测可能会影响或维持烟草制品的性能、组成、成分或特性，但（i）仅控制水分和/或产品的存储温度；或（ii）仅提供了一个外部热源来启动而不是维持烟草制品的燃烧。因此，木炭或木屑预计或合理预期用于或伴随人们消费烟草制品而使用，属于零件或部件。此外，木炭和木屑不应被认为是配件，因为它们：（1）不含烟草，不是由烟草制成或来源于烟草；（2）预计或推测可能会影响或维持烟草制品的性能、组成、成分或特性，但不是只控制水分和/或产品的存储温度；并且不是只提供了一个外部热源来启动而不维持烟草制品的燃烧。相反，木炭和木屑都是用来维持水烟燃烧的。

（评论80）许多评论要求说明与雪茄使用相关的某些物品是否应被称为“配件”，包括切雪茄头的刀具、渗水保湿器按钮、可去除的头、吸嘴、可拆卸滤嘴、支架、打火机、烟灰缸和箱子。

（回复）FDA一般认为切雪茄头的刀具、渗水保湿器按钮、支架、烟灰缸和箱子属于配件，且不受FDA监管。此外，正如本节所述的本规定的目的（对零件或部件和配件定义的讨论），任何物品只要不包含烟草或烟草衍生，未集成在烟草制品中，且仅提供了一个外部热源来启动而不维持烟草制品的燃烧（如打火机），则不受制于此认定规定。然而，可去除的头、吸嘴和滤嘴预计在人们消费烟草制品时会被成年消费者使用，不符合配件的定义，因此包括在本最终规定的范围内。

（评论81）一些评论表示担忧，单独出售的不含烟碱的雾化器可以被改造或“破解”，研究人员发现，这会增加有毒物质和其他有害成分，包括甲醛（参考文献67）。他们指出网上有视频演示如何“破解”电子烟，包括如何改变设备来增加“烟雾”的温度。由于这些问题，他们认为这些物品应该被认为是零部件并受FDA的管制。

（回复）FDA同意雾化器是烟草制品零部件的说法。这些物品是预计或推测可能用于或伴随烟草制品消费使用，且不构成烟草制品配件。因此，它们是烟草制品的零部件，受本规定的第IX章管制。FDA认为直接销售给消费者的零件或部件应属于成品烟草制品。成品烟草制品是指包括所有零部件、密封在最终包装中、用于消费者使用的烟草制品（例如，单独出售或作为套装一部分销售给消费者的滤嘴或滤管）。FDA仍在关注与ENDS使用相关的不良事件，并发现监管它们，以帮助解决这些问题。为此，在本期《联邦公报》中，FDA已完成ENDS 入市产品申请指南草案，该指南最终将描述FDA目前对于解决新认定的ENDS产品的入市授权要求的一些适当方法的思考。

（评论82）一个评论要求调味卷烟纸也包含在新认定烟草制品中。另一个评论声称调味纸张不应该受制于FDA的烟草控制权限，因为它们不构成对公众健康的危害。

（回复）用于卷烟或自卷烟的卷烟纸已经受制于FD&C法案901节下FDA烟草控制权限，因为它们是卷烟和卷烟烟草的组成部件。本最终规定一旦生效，用于新认定烟草制品的卷烟纸（包括调味纸张）将属于烟草制品的零件或部件，受本规定的第IX章管制。

B. 零部件相关要求的讨论

FDA收到许多有关与认定烟草制品相关的自动生效条例将如何应用于零部件的询问。新认定烟草制品的零部件将受制于FD&C法案中所有的自动生效条例，进一步讨论如下。

1. 组成成分清单（904（a）（1）和904（c）节）；烟草健康文档提交（904（A）（4）节）；以及登记和产品清单（905节）

当前，FDA打算限制对成品烟草制品的强制执行。成品烟草制品是指包括所有零部件、密封在最终包装中、用于消费者使用的烟草制品（例如，单独出售或作为套装一部分销售给消费者的滤嘴、滤管、电子烟或电子烟液）。FDA并没有打算在这个时候对只销售或分销用于进一步制造成品烟草制品的新认定烟草制品零部件执行这些要求。

2. SE报告和PMTA（905（j）和910节）

当前，FDA打算限制对成品烟草制品的强制执行。FDA并没有打算在这个时候对只销售或分销用于进一步制造成品烟草制品的新认定烟草制品零部件执行这些要求。

3. HPHC报告（915节）

当前，FDA打算限制对成品烟草制品的强制执行。对ENDS零售场所以及上游制造商HPHC报告责任的进一步讨论见第IX章。考虑到有3年的合规期，FDA正在努力确定一个合适的处理新认定烟草制品（包括电子烟液）HPHC的合规政策，并有充足的时间来发布关于制造商进行报告的指南。

VII. 雪茄的管制和方案 1 的选择

如在NPRM序言中所讨论的那样（79 FR 23142,第23150~23152页),有人指出，不同种类的雪茄可能对公众健康有不同的潜在影响。因此，FDA为雪茄受本认定规定管制提供了两个方案。方案1建议，认定所有符合“烟草制品”定义的产品，除了那些建议的认定烟草制品的配件，都要根据FD&C法案第IX章受制于FDA烟草产制品权限。方案2建议认定所有符合“烟草制品”定义的产品，除了那些建议的认定烟草制品的配件和被称为“高档雪茄”的那部分，都要根据FD&C法案第IX章受制于FDA烟草制品权限。FDA指出，根据FD&C法案第IX章个人雪茄卷制者会被认为是制造商，并受制于与其他烟草制品制造商者相同的要求。

（评论83）一些支持方案1的评论指出，FDA应该管制高级雪茄，因为它们在某种程度上符合“烟草制品”的定义。

（回复）FDA同意。所有的雪茄，包括那些被称为“高级雪茄”的，符合FD&C法案201（rr）节“烟草制品”的定义。

在彻底审查评论和科学证据后，FDA已经得出结论，认定所有雪茄，而不是一部分，能更全面地保护公众健康，因此在最终法规中采用了方案1。FDA的结论是：（1）所有雪茄都造成严重的负面健康风险；（2）现有的证据不足以为FDA提供依据并得出高档雪茄使用的模式充分降低健康风险的结论，不足以保证高档雪茄排除在外；（3）高档雪茄被青少年使用。高档雪茄抽吸者可能抽吸这种产品不频繁，或会说他们不吸入，这些情况并不能否认烟气带来的负面健康影响，也不能说明雪茄不会使他人产生二手烟相关疾病。因此，我们发现没有适当的理由将高档雪茄从本最终认定规定的管辖范围中排除出来，我们认为认定高档雪茄是恰当的。

A. 高档雪茄的健康风险

研究人员估计，定期抽吸雪茄在2010年造成35岁或以上的成年人约9000名过早死亡，或约14万年的潜在寿命损失（参考文献68）。雪茄烟气中含有许多与卷烟烟气相同的有害成分，且几种有害化合物可能浓度更高（参考文献68；参考文献69，第55~104页）。相比非吸烟者，所有的雪茄抽吸者患口腔、食管、喉和肺癌的风险增加（参考文献35，69）。在那些报告吸入雪茄烟气的人中，许多类型癌症和其他不利的健康影响的水平显著提高，如心肺疾病的风险增加（参考文献69，70）。雪茄抽吸者患慢性阻塞性肺疾病（COPD）的风险显著增加，且其COPD的死亡率也比不吸烟者高（参考文献70，71）。此外，雪茄抽吸者比不吸烟者患致命性和非致命性中风的风险高(参考文献72)。所有的雪茄都会产生二手烟，会给旁边的人带来心脏病和肺癌等不良健康影响（参考文献35，69）。

然而，我们确实注意到，2014年卫生总监报告中指出，与吸烟者相比，使用雪茄的人患许多与吸烟有关的疾病的风险较低（参考文献9；参考文献69，第428页）。虽然雪茄烟气含有与卷烟烟气相同的有毒物质，雪茄抽吸者一般抽吸频率较低，且往往不吸入烟气，从而减少（但不是消除）了其有害物质暴露量（同上文献）。曾经的吸烟者相比从没抽过卷烟的雪茄抽吸者更可能吸入雪茄烟气（同上文献）。

虽然本节引用的大多数研究没有明确属于高档雪茄，但关于雪茄抽吸的健康效应的大量已有数据是基于抽吸传统的、大雪茄的吸烟者，考虑到传统的、大雪茄和高档雪茄具有相同的特性且通常抽吸方式相同，因此这些研究也适用于高档雪茄的毒性。

虽然长时间暴露于更高水平雪茄烟气增加了抽吸雪茄引起的不良健康风险（正如卷烟一样），卫生总监已指出吸烟都是不安全的（参考文献2）。此外，如VII. C.部分所讨论的，没有数据表明高档雪茄用户不易受到健康风险。FDA对关于高档雪茄健康风险评论的回应列在以下几个段落。

（评论84）方案1的支持者说，没有公众健康理由来豁免高档雪茄，通过自动生效、额外条例以及未来产品标准的实施，认定高档雪茄将有利于公众健康。他们还指出，豁免高档雪茄会对公众健康产生负面影响。

（回复）FDA同意。如NPRM中所述，认定烟草制品（包括被认定为为高档雪茄的产品）会带来许多公众健康益处。例如，FD&C法案902和903节中的掺假和冒牌条例，用于新认定产品，将会保护消费者，因为这样FDA将能够对任何不符合标准的烟草制品采取执法行动，如那些有虚假或误导性的标签或广告的产品。此外，FD&C法案904节和915节的组成成分清单和HPHC报告将帮助FDA更好地理解受管制产品的成分。这些信息将有助于FDA评估潜在的健康风险，并确定未来是否应批准法规用来解决特殊产品引起的健康风险。随着905节对注册和清单要求的实施，FDA将能够两年一次对烟草制品的制造商进行期间核查。再者，通过FD&C法案905，910及911节入市审查规定的实施，将使FDA能够监控产品的开发及变化，以防止危害性更大或上瘾性更强的产品进入市场。此外，没有证据表明高档雪茄有不同的抽吸方式，而这些抽吸方式会降低健康风险。

（评论85）一些评论认为，从认定中豁免高档雪茄会是一个危险的先例，即FDA可以根据某些产品对公众健康的不同潜在影响而不对其进行规范。豁免会误导消费者相信高档雪茄是安全的，这与所有雪茄都是有害的并具有潜在成瘾性的现有证据不一致。此外，目前的高档雪茄的使用者将无法得到保护，可能会降低他们戒除的可能性，并可能导致更多的青少年开始使用高档雪茄或替代产品。

（回复）FDA同意这些评论。相应地，FDA已选择方案1，认定所有雪茄而不是一部分隶属于本最终规定的范围。

（评论86）许多支持方案2的评论认为，高档雪茄对公众健康的危害还没有到需要管制的程度，没有证据表明对高档雪茄进行监管可以显著改善公众健康。这些评论指出，高档雪茄只占烟草制品和烟草市场的一小部分（美国每年高档雪茄估计在3亿支，而总雪茄将近140亿支，卷烟将近3000亿支）（参考文献73），并没有证据表明高档雪茄和其他烟草制品具有相同的健康后果或习惯使用模式。他们通常依据Funck Brentano等和Turner等的两项研究，声称高档雪茄通过吸入或口腔吸收，只向使用者递送少量的烟碱（参考文献74，75）。他们还声称，雪茄不会显著提高成瘾或死亡的风险（参考文献76，77），还指出，在一些研究中，雪茄使用者癌症病例和死亡人数只有很小的数量（参考文献78，79）。他们还指出，在专注于雪茄的抽吸者中，每天消费1~2支雪茄的人的比例不显著（参考文献69，79），肺癌和“烟草相关癌症”的比例也不显著（参考文献80）。

（回复）FDA不同意这些说法，FDA认为其引用的研究或评论都是没有说服力的。关于声称高档雪茄只向使用者递送较少烟碱的Turner的研究（参考文献75），只是一项30多年前开展的只有10名男性住院工人参与的研究。Turner的研究结果基于碳氧血红蛋白和血浆烟碱水平，认为那些偶尔吸雪茄或经常吸斗烟的曾经的吸烟者比主要吸雪茄和斗烟的吸烟者（即从不吸卷烟的人）吸入和吸收的雪茄烟气多。这项研究还报道了雪茄盒斗烟抽吸者血浆中平均烟碱浓度在雪茄使用后60分钟相比未抽吸时有些升高（参考文献75）。尽管样本量小，其研究结果仍然表明雪茄向使用者递送烟碱。

同样，Funck-Brentano等人的研究（参考文献74）只评估了较小样本量吸烟者的烟草暴露和毒性，其中雪茄（（corona规格）corona-sized或更大的雪茄）或斗烟使用者30人，卷烟抽吸者28人，非吸烟者30人，使得这个小的生物标志物研究很没有说服力。事实上，该研究的作者们说：“这些结果不应该被看作是抽吸斗烟和雪茄的理由，抽吸斗烟和雪茄很明显与临床上的重大健康危害相关。我们强调，我们不能确定我们的结果是否是由抽吸的烟草类型引起的还是由斗烟/雪茄抽吸者和卷烟抽吸者不同的抽吸模式引起的。”

最近一项对雪茄抽吸者烟草暴露生物标志物的分析使用数据来自1999~2012年全国健康和营养测试调查（NHNES），这是一项有全国代表性的调查（参考文献81）。样本包括220多个主要抽吸雪茄（即当前抽吸雪茄/从不吸烟）者和超过180个次级雪茄抽吸者（即目前抽吸雪茄/曾吸烟）吸烟者（同上文献）。研究人员发现，原始分析和校正分析中，主要（次级）雪茄使用者血清可替宁浓度明显高于非烟草使用者（同上文献）。此外，校正后的分析表明，主要（次级）雪茄使用者相比非烟草使用者，NNAL（4-甲基-1-(3-吡啶基)-正丁醇）、血镉和铅浓度也较高（同上文献）。因此，评论中引用的研究不仅缺乏说服力，而且这个更有力且更近的分析也反驳了那些研究。

此外，关于雪茄不显著提高成瘾或死亡风险这一论断，FDA没有发现有说服力的研究。为了支持这一论断，评论部分基于一项研究（参考文献76），其中利用多评价指标分析方法对12种烟碱产品的世界范围危险进行了评分。虽然卷烟的总危害评分排名高于小雪茄或其他雪茄，该研究还发现雪茄抽吸仍会导致发病、死亡和依赖。

其他用来支持雪茄对公众健康不是一个重要威胁这一论断的研究（参考文献77）发现主要抽吸雪茄或斗烟者与肺癌的死亡率之间存在显著相关，这驳斥了认为雪茄使用不会显著提高死亡风险的说法。此外，这项研究发现慢性阻塞性肺病的死亡风险和次级雪茄或斗烟抽吸者（但不是主要抽吸雪茄和斗烟者）之间存在关联。此外，与评论者的断言相反，最近一篇关于雪茄抽吸和死亡的系统综述总结了来自16个前瞻性队列研究的22项已发表的研究结果，发现主要抽吸雪茄和所有原因、几种类型的癌症、冠心病和主动脉瘤导致的死亡风险增加相关（参考文献82）。死亡风险随每天抽吸的雪茄量和自我报告的吸入水平而增加，然而，报告未吸入的主要抽吸雪茄者口腔、食管和喉癌的死亡风险仍显著升高（同上文献）。此外，最近的一项研究估计，在2010年每年9000例以上的过早死亡是由于定期雪茄抽吸（即那些报告在过去30天至少15天抽吸雪茄的人）（参考文献68）。

此外，FDA审查了Boffetta等的一项研究（参考文献78），评论者依据这项研究声称，雪茄抽吸者中癌症病例的数量非常小，因此高档雪茄不应该被监管。Boffetta等的研究（同上文献）采用病例对照设计来评估雪茄抽吸与肺癌风险之间的相关性。作者确定主要抽吸雪茄或小雪茄烟和肺癌之间整体存在关联，且除了一个区域以外均发现了显著关联（同上文献）。对于所有其他估计，结果也有统计学意义。我们也注意到，尽管本研究中癌症病例数相对较小，其只是更多证据中的一部分，表明严重不良健康影响的风险增加与雪茄抽吸相关（参考文献35，69~72，77，79，83）。

（评论87）一些评论指出，雪茄抽吸者没有因其使用雪茄而对烟草制品上瘾的风险。其他评论指出，高档雪茄的某些特性增加烟碱依赖的可能性，包括其大小、雪茄中烟草（以及因此的烟碱）的量，以及抽吸雪茄所需更长的时间。此外，这些评论建议，因为雪茄烟草比卷烟烟草碱性更高，即使没有吸入，烟碱也可能会更迅速地被吸收到血流中（参考文献84，85）。

（回复）FDA同意，所有的雪茄都可能使人上瘾。如在NPRM序言中所讨论的那样，一支雪茄可包含相当于一包卷烟的烟草，通过抽吸雪茄产生的烟碱的量可以高达吸一支烟产生量的8倍（79 FR 23142，第23154页）。虽然雪茄使用者摄取烟碱的量取决于各种因素，如该人抽雪茄多久，抽吸口数和吸入的程度等，一项对雪茄抽吸科学的引导性综述的结论是“雪茄能够以足够快的速率提供高含量的烟碱，即使是在不吸入烟气的情况下，也能够引发明显的可导致依赖的生理和心理影响”（参考文献35）。此外，无论高档雪茄烟抽吸者是否吸入，口腔都会吸收烟碱，而且由于雪茄烟的碱性，雪茄抽吸者也可以通过嘴唇吸收烟碱（参考文献86，87）。烟碱的释放和吸收的增加使得因抽吸雪茄而烟碱成瘾的风险增大。研究人员分析NYTS的数据发现，相比抽吸卷烟或无烟烟草，虽然青少年抽吸雪茄的成瘾的比例较低，但仍有一些青少年雪茄成瘾的报告（参考文献88）。这项研究发现，6.7%只抽雪茄的初高中学生报告在过去的30天里对烟草制品的强烈渴望，7.8%报告当不使用烟草时，有时/经常/总是感觉烦躁或不安，这些依赖的表现（同上文献），我们注意到，卫生总监发现，所有形式的烟碱递送建立或维持烟碱成瘾的风险不尽一致（参考文献9）。

（评论88）许多评论评析，高档雪茄不会构成与卷烟和其他类型雪茄同样的对健康的不利影响，因为大多数雪茄健康效应的研究未区分雪茄的类型。他们声称，证据的缺乏妨碍了对高档雪茄的健康效应做出明确的结论。

（回复）如本节所讨论的，科学上很明确，所有类型的雪茄都会导致消极的健康效应。因此，辩称因为未区分雪茄类型，高档雪茄的健康影响还是不确定的，这种论点没有说服力。

所有的雪茄都是有害的，而且可能会使人上瘾。雪茄抽吸者相比不吸烟者，患口腔、食管、喉、肺癌的风险增加（参考文献35，69）。那些报告吸入雪茄烟的人，多种类型癌症显著增多，且其他健康效应，如心肺疾病风险升高（参考文献69，70）。雪茄抽吸者患COPD的风险增加，并有比不吸烟者有更高的COPD死亡的风险（参考文献70，71）。此外，雪茄抽吸者比不吸烟者患致命和非致命性中风的风险高（参考文献72）。所有的雪茄都会产生二手烟，会对旁边的人造成心脏病和肺癌等不良健康影响（参考文献35，69）。

我们注意到，2014年卫生总监报告，“与抽烟者相比，只抽雪茄或斗烟的人患吸烟相关疾病的风险较低（内部引文省略）。斗烟和雪茄烟中含有与卷烟烟气相同的有毒物质，但那些使用斗烟或雪茄的人通常抽吸频率较低；观察表明，他们往往不吸入烟气，从而减少了他们暴露于有毒物质（内部引文省略）。有证据表明，曾吸烟者比从不抽烟的主要抽吸雪茄或斗烟者更可能吸入斗烟或雪茄烟气（内部引文省略）”（参考文献9，第428~429页）。然而，研究表明，即使大多数雪茄抽吸者不打算吸入雪茄烟气，他们也会吸入一定量的烟气，并且没有意识到他们吸入了烟气（参考文献32，33）。

最后，FDA特别征求关于高档卷烟不同的潜在使用模式如何会引起不同的或下降的健康影响的报告，然而并没有人提交这样的证据（见VII. C.部分讨论）。

（评论89）一些评论表明，许多雪茄抽吸者，包括那些抽高档雪茄品牌的抽吸者，也都是吸烟者或曾经吸烟者，增加了他们使用燃烧型烟草制品的有毒成分暴露和健康风险（参考文献89，90）。

此外，他们指出，当这些使用者使用雪茄时，他们更可能会吸入，且可能每天抽更多的雪茄，这显著增加了健康风险（参考文献33，91~94）。

（回复）FDA同意。考虑到所有雪茄的不良健康效应，FDA选择了方案1，推定所有雪茄，而不是一部分，属于本最终认定规定的范围。

（评论90）一些评论引发了关于双重使用和多重使用雪茄和其他烟草制品的关注，这在成人和青少年中都很常见（参考文献90，95）。例如，在一项研究中，35.1%的成年高档雪茄抽吸者、58.3%的小雪茄烟和其他大众雪茄抽吸者（即，那些报告他们通常的雪茄没有滤嘴，且通常的品牌不是高档的）及75.2%的小滤嘴雪茄抽吸者同时还抽吸卷烟（参考文献90）。一些评论指出，使用多种产品是值得关注的，因为多重烟草使用者更可能报告烟碱依赖症状（参考文献88）。

（回复）正如FDA在NPRM中所指出的，我们关注产品的多重使用，特别是燃烧型烟草制品。

B. 青少年使用高档雪茄

方案2的支持者已经指出，豁免高档雪茄是必要的，因为青少年更喜欢机器制造的（相对于手卷）雪茄，其价格低，经过调味且更容易获得。然而，虽然青少年较多使用小雪茄烟和其他大众雪茄，研究表明，他们也使用高档雪茄。

（评论91）许多评论引用的数据显示，在那些12岁及以上的人中，过去一个月雪茄使用量从2002年的5.4%，在2004年达到峰值5.7%之后下降到2012年的5.2%（参考文献89图4.1）。在青少年（年龄12~17岁）中，雪茄抽吸率从2004年（4.8%）到2012年（2.6%）在下降（参考文献89图4.1）。全国青少年风险行为调查的趋势数据也表明，男高中生、女学生和白人、黑人和西班牙裔学生1997~2011年雪茄的使用在下降或保持稳定（参考文献9）。此外，从1997年到2013年，“当前（青少年）雪茄使用的流行度呈现了显著的线性下降（22.0%~12.6%）”（参考文献96），这是由CDC 1997—2013 YRBS收集的数据中观察到的（参考文献29）。因此，他们质疑FDA是否应该管制雪茄。

其他评论的数据表明，相比其他烟草制品，青少年对雪茄的使用量并没有下降。他们指出，许多青少年调查显示，青少年雪茄抽吸要高于或约相同于吸烟。例如，2013年美国高中男生当前（过去30天）雪茄抽吸率（16.5%）与当前（过去30天）吸烟率（16.4%）相当（参考文献96）。此外，在美国21个进行2013年YRBS

的城市，高中生中雪茄抽吸（8.6%）与当前吸烟（7.7）比例相当（同上文献）。2014年，NYTS报道，高中非西班牙裔黑人中，在过去的30天里，有8.8%学生在抽雪茄，而4.5%的学生表示在过去的30天里吸烟（参考文献22）。此外，在所有的高中男生中，过去30天雪茄（10.8%）的抽吸率与过去的30天的吸烟率（10.6%）相当（同上文献）。由于非卷烟抽吸者不正确的自我认识，以及不同雪茄产品会引起混淆，对青少年使用雪茄的情况可能会低估（参考文献97~99）。因此，该评论支持FDA对所有雪茄进行管制。

（回复）FDA仍然关注所有烟草制品的使用，特别是像雪茄和卷烟这些燃烧型烟草制产品，并仍然最关心青少年的使用，这是因为他们独特的烟碱成瘾易感性。虽然方案2依据NSDUH数据显示2004年至2012年12~17岁个体中雪茄抽吸率下降，但是，NSDUH关于曾经和过去30天使用雪茄的问题并未包括那些特定品牌。我们注意到，2014年卫生总监报告指出“1997~2011年全国YRBS数据表明，男中学生当前雪茄使用率在1997~2005年下降，然后从2005~2011年保持稳定。女学生的雪茄使用率从1997~2011年在下降”（参考文献9 736页，内部参考文献略）。2013年有全国代表性的13 000名青年的调查表明（YRBS），9年级至12年级的青少年中雪茄使用流行趋势从1997年至2013年有所下降（1997年22.0%至2013年12.6%）（参考文献29）。

有证据表明，一些青少年可能知道他们抽吸雪茄的品牌，但不是“雪茄”这个笼统概念，因此可能不会报告他们在抽吸雪茄（参考文献98，100）。当品牌名称例子添加到2012年NYTS后，非西班牙裔黑人女性报告的雪茄抽吸相比2011年有明显的增加（参考文献100）。NYTS中，从2000年到2011年高中生抽吸雪茄的整体情况没有变化（参考文献101）。这种高中生抽吸雪茄率在这段时期内没有下降的情况值得注意（同上文献）。NYTS中，从2011年到2014年之间，高中生的整体当前雪茄抽吸率从11.6%下降到了8.2%（参考文献22）。

（评论92）关于青少年是否使用高档雪茄，评论存在分歧。一些评论提供的数据显示青少年使用高级雪茄。其他人提交的主要是非正式的行业调查和零星的证据说明，大多数高档雪茄使用者是老年男性，他们往往抽吸不频繁且经常只在庆祝时抽吸。一些其他的评论指出，使用模式研究是不确定的，因为许多研究不区分高档雪茄和大众雪茄。

（回复）虽然青少年倾向于抽吸大众的雪茄品牌，他们还会抽吸高档雪茄。在一项研究中，研究人员使用来自于2010~2011年NSDUH数据和Nielsen市场扫描数据，定义一个包括6678例报告抽吸大众品牌雪茄的过去30天雪茄抽吸者的研究（参考文献59）。而许多青少年认定大众品牌雪茄是他们最常用的品牌，该分析显示，3.8%12~17岁及12.1%18~25岁的年轻人也认定某些高档雪茄是他们最经常抽吸的品牌（同上文献）。在这两个队列中的个体至少在他们常用的品牌中报告了8种不同的高档雪茄品牌，表明青少年抽吸高档雪茄（同上文献）。

一项研究分析了2012~2013年全国成人烟草调查（NAT）数据，其中包括60 192名18岁及以上的参与者，发现那些可根据他们常用产品的特征（例如高档雪茄抽吸者、小雪茄抽吸者、小雪茄烟抽吸者）进行雪茄类型分类的抽吸者中，19.9%是高档雪茄抽吸者（参考文献90）。更具体地说，15.1%年龄在18~29岁的认为自己是每天抽吸、偶尔抽吸或很少抽吸雪茄，认定他们通常在那些情况抽的是高档雪茄（同上文献），这清楚地表明青少年在使用高档雪茄。虽然一些评论质疑的NAT数据在青少年使用高档雪茄中的适用性（部分，因为这项研究没有使用NPRM中提出的“高档雪茄”的定义），FDA不认同。FDA认为这项研究中高档雪茄的定义没有必要与NPRM中的定义完全匹配，以对使用的不同雪茄产品类型进行推断。这些数据，连同之前讨论的NSDUH和尼尔森市场扫描数据，清楚地表明少年和青年都使用高档雪茄。

一些评论指出，之前提到的研究表明，只有少量高档雪茄被未成年人使用。相反，他们依据Soldz等（参考文献102）的研究，该研究调查了马萨诸塞州初中生和高中生的首选雪茄品牌。虽然这项研究在报告的品牌中并没有包括任何特别的高档雪茄品牌，16.4%的青少年雪茄使用者被归类为选择“未列出”品牌，作者认为这“很大程度上可能是高档雪茄”。作者主要基于“未列出”品牌和父母雪茄使用间存在正相关，而列出的雪茄品牌和父母雪茄使用间存在负相关这一情况，做出了这一论断。因此，FDA不相信这项研究表明青少年不使用高档雪茄。这些评论也没有提供有说服力的同行评议的证据表明青少年不使用这些产品。此外，评论指出，青少年和成人关于高档雪茄使用情况的研究并没有定论，因为它们没有区分雪茄类型，这些评论是没有说服力的。这些研究表明，青少年确实在抽吸雪茄，而且其他研究也区分了雪茄的产品类型，如之前讨论过的那些雪茄类型，这表明青少年实际上确实在使用高档雪茄。

鉴于与使用所有类型雪茄相关的健康风险，FDA已选择方案1并在此规定中推定所有雪茄，包括高档雪茄。

（评论93）一些评论不同意FDA在NPRM中对一项研究（参考文献103）的表述，即青少年经常误认为非卷烟烟草制品，如雪茄是卷烟的安全替代品。他们指出，本研究中大多数青少年参与者认为水烟、草本卷烟和草本无烟烟草“比卷烟安全”，而认为卷烟和丁香烟与卷烟同样有害。

（回复）很多消费者认为，非卷烟烟草制品，包括雪茄，比卷烟危害低。虽然总体研究对象确实认为雪茄更有害，但部分人（如非裔美国人和非西班牙裔白人）认为雪茄从“安全一点”到“更安全”。推定所有的烟草制品,包括高档雪茄，受制于FD&C法案的第IX章，将有助于避免由于某些烟草制品不受制于FDA管制的情况而引起的其是卷烟的安全替代品的错误观念。

（评论94）一些评论还指出，青少年使用高档雪茄与FDA无关，因为国会未要求FDA保护那些法律允许其购买烟草制品的青年。

（回复）FDA关注所有年龄组的烟草使用，包括可合法购买这些产品的青少年以及成年人。《烟草控制法案》要求FDA保护整体公众健康，而不仅是未成年人的健康（《烟草控制法案》第3节）。然而，FDA特别关注青少年的烟草使用问题，因为他们是特别的，相比成年或老年吸烟者更容易烟碱成瘾。如在NPRM中所讨论的，大多数烟草使用者是在18岁之前开始使用的，并且认为他们将能够戒掉。然而一旦上瘾，大多数青少年都无法停止使用烟草。因此，FDA正在采取措施，以减少烟草制品对青少年的潜在危害。

（评论95）许多评论表达了对调味雪茄的担忧，包括调味高档雪茄，且担忧其对青少年开始抽吸烟草的影响。一些评论认为，没有证据表明未成年人消费调味高档雪茄，其依据的一项研究中，青少年使用的高档雪茄占比小于4%，其中调味高档雪茄只占很小一部分（0.1%）（参考文献59）。

（回复）FDA计划宣布在未来打算发布所提议的产品标准，该标准完成后将禁止对包括小雪茄烟和小雪茄在内的所有雪茄进行调味。

（评论96）有评论认为，高档雪茄不会构成青少年接触问题，因为制造商和零售商不向青少年进行销售（它们不便宜，不是糖果和水果口味，也不易获得），且已经在销售点进行了年龄验证，仅限成人购买。他们部分依据1996年FDA关于青少年接触烟草法规中的声明，在声明中，FDA指出，没有足够青少年使用雪茄的证据来要求对雪茄进行管制（61 FR，第44396页）。评论指出，没有证据表明自那时以来情况发生了改变，评论还称从烟草制品管制中豁免高档雪茄是必要的，因为青少年使用高档雪茄没有到很严重的程度。

（回复）FDA不同意。FDA有关支持雪茄监管的证据的可用性声明是在18年前发出的，其基于的也是那时的证据。事实上，FDA明确表示，"在那个时候"（即1996年）没有足够的证据来规范雪茄（61 FR 44396，第44422页）。此外，1996年的法规是《烟草控制法案》通过之前在FDA权限下发布的。因此，FDA没有在1996年法规中对雪茄进行管制的原因之一就是因为FDA没有足够的证据表明"这些产品满足法案中药物和设备的定义"（61 FR 44396，第44423页）。雪茄，包括高档雪茄，显然是满足"烟草制品"的定义，且1996年以来证据也足够表明青少年使用包括高档雪茄在内的雪茄（参考文献59，68，90）。

C. 使用模式无法使抽吸者免受不良健康影响

方案2的支持者声称，高档雪茄抽吸者的使用模式使其免受烟草烟气的不良健康效应，因为他们抽吸不频繁且不吸入。然而，尽管我们在NPRM中明确要求，这些评论还没有找到数据表明高档雪茄抽吸者不受疾病风险以及不会成瘾。FDA对于这些问题的评论的回应如下。

（评论97）许多评论指出，大多数雪茄使用者是偶尔使用者（每周2~6支雪茄）

且不吸入（引用参考文献69，75）。他们还表示，高档雪茄的使用不会导致上瘾。最后，一些评论指出，偶尔雪茄使用者还没有被纳入流行病学研究，而且源自最低水平雪茄使用者（每天1~2支雪茄）的数据没有显示出与不吸烟者死亡率没有明显不同（参考文献69，79）。然而，其他评论找到证据表明不频繁的雪茄使用者和那些报告不吸入的使用者的疾病风险和烟碱成瘾都增多了。

（回复）FDA认为使用模式无法使高档雪茄抽吸者免受这些产品的不良健康效应。所有的雪茄都产生有毒的雪茄烟气（参考文献35，69）。此外，研究表明，即使没有吸入，抽吸雪茄也可导致几种不同类型的癌症（参考文献69，104）。例如，一项研究发现，不吸烟但是曾抽雪茄的人患头颈癌的风险增加（参考文献104）。

尽管吸入雪茄烟气相比不吸入引起更高的发病率和死亡率，不吸入的人依然存在显著的风险。研究人员发现，未吸入的人胃癌死亡率显著高于从不使用烟草制品的人（参考文献105）。此外，那些报告从不吸入的主要抽吸雪茄者，口腔、食管与喉癌的相对死亡率风险仍然显著升高（参考文献83）。最近一篇关于雪茄抽吸和死亡的系统综述总结了来自16个前瞻性队列研究的22项已发表的研究结果，发现主要抽吸雪茄和所有原因、几种类型的癌症、冠心病和主动脉瘤导致的死亡风险增加相关（参考文献82）。死亡风险随每天抽吸的雪茄量和自我报告的吸入水平而增加，然而，报告未吸入的主要抽吸雪茄者口腔、食管和喉癌的死亡风险仍显著升高（同上文献）。此外，大多数雪茄抽吸者会吸入一定量的烟气，即使他们不打算吸入，也没意识到他们吸入了（参考文献32，34）。

虽然有研究表明，一些雪茄抽吸者可能会吸收较少的烟草烟气，这些还是表明，所有的雪茄抽吸都是有害的。无论雪茄抽吸者是否吸入，他们仍通过烟碱和其他有害成分的吸收而受害于成瘾和其他不良健康效应（参考文献32，81）。

（评论98）方案2的支持者声称，高档雪茄抽吸者使用雪茄的频率要低于卷烟和无烟烟草使用者，因此高档雪茄要么不应该被监管，要么应该受到较少的监管。他们依据的一项研究显示，成人中日常或偶尔抽吸卷烟的比例是18%，无烟烟草的使用比例是2.6%，而雪茄、小雪茄烟和小滤嘴雪茄的使用比例是2%（参考文献106）。

（回复）虽然美国人口抽吸雪茄的比例低于吸烟的比例，雪茄使用仍然存在健康风险。研究人员估计，2010年定期抽吸雪茄导致了大约9000例35岁或以上的成年人的过早死亡，或者近14万年的潜在寿命损失（参考文献68）。如在前面的回应中所述，所有雪茄都会产生有毒的雪茄烟气（参考文献35，69）。任何雪茄使用都会使口腔和喉咙暴露于烟草烟气，且研究表明抽吸雪茄即使不吸入，也可以引起一些不同类型的癌症（参考文献69，104）。对于那些不吸入的人来说，健康风险仍然存在。例如，研究人员发现，报告未吸入的人胃癌死亡率显著高于从不使用烟草制品的人（参考文献107）。此外，那些报告从不吸入的主要抽吸雪茄者，口腔、食管与喉癌的相对死亡率风险仍然显著升高（参考文献83）。因此，所有的雪茄都会使抽吸者暴露于有毒和致癌物质并增加危害的风险。基于当前使用模式对高档雪茄进行豁免是不恰当的，因为抽吸模式可能会随着时间的推移和对监管的响应而改变。因此，FDA已得出结论，认为推定包括高档雪茄在内的所有雪茄，对公众健康的保护来说是恰当的。

D. 对其他雪茄评论的回复

（评论99）一些评论表示担心，如果FDA不对所有烟草制品进行监管，烟草行业将调整其产品，以适应方案2中对高档雪茄的豁免，将导致对某些制造商的优惠经济待遇。这些评论争论说，就如同自卷烟制造商改变自卷烟产品以使其归类为斗烟来争取有利的税收待遇，制造商将寻求类似的方法来规避法规，并继续营销不利于公众健康的产品。

（回复）因为FDA已选择方案1在本最终规定中推定所有雪茄，而不是部分产品，这些评论已无实际意义。

（评论100）许多评论指出，重要的是，FDA应以同样的方式管制所有烟草制品，包括雪茄、斗烟和电子烟，FDA应确保对所有烟草制品和烟碱递送系统采用一致的监管标准。根据评论，未能监管所有的烟草制品将诱使制造商营销新的不受管制的烟草或烟草衍生产品，并可能诱使人们转变为使用不受管制的产品。

（回复）FDA认同为了保护公众健康，应该对所有符合“烟草制品”定义的产品进行管制。所有烟草衍生产品都有内在风险。此外，FDA认同使用模式可能随着时间的推移及对监管的响应而改变（且已改变）。

（评论101）至少有一个评论对FDA将烟碱和烟草研究学会（SRNT）会议上的一篇摘要作为依据而提议方案1表示了担忧。评论指出，因为摘要不是完整的同行评审的研究文章，利益相关者无法充分回应所作出的主张。

（回复）FDA不同意。对数据进行额外分析是这一摘要的主题，相关工作已开展且论文已发表并提交审查，允许利益相关者对其进行评论（参考文献90）。SRNT上发表的摘要也不是提议方案1的唯一基础。FDA恰如其分描述其为初步数据，并纳入了额外的数据和信息来支持提议的方案。此外，如第VII章中讨论的，FDA已补充支持方案1的信息和数据，以提供额外的青少年使用高档雪茄的证据，并说明高档雪茄的使用模式并不会使用户免受不良健康影响。

（评论102）评论敦促FDA采取类别特异性方法来监管雪茄，以更有效地解决不同产品类别使用模式、制造和组成成分的变化。然而，其他意见敦促FDA广泛规范所有的雪茄，以减少青少年接触和使用这类产品。更具体地说，评论主张在所有雪茄中禁止调味，包括薄荷味，禁止自助式展示，并对所有雪茄建立最小包装尺寸要求。

（回复）虽然法规未要求FDA为推定烟草制品进行任何公众健康调查，FDA

已确定，雪茄使用会引发健康风险，所有雪茄都应纳入其监管权限的监管之下。然而，FDA提供了一个合规政策，将为新认定产品制造商提供额外的时间来遵从某些要求，并将减轻首次受到FDA监管的制造商的负担。正如本书其他地方所解释的，FDA宣布打算在未来推出一个建议产品标准，以禁止对包括小雪茄烟和小雪茄在内的所有雪茄进行调味。

（评论103）一些支持方案2的评论认为，FDA没有义务推定所有符合“烟草制品”法定定义的产品。他们还指出，《烟草控制法案》的目的是针对销售给儿童的产品和导致上瘾的产品，这就是为什么“卷烟”和“小雪茄”在《烟草控制法案》中明确进行了定义，而大雪茄和高档雪茄没有同样进行定义。因此，他们主张豁免高档雪茄符合国会不应监管高档雪茄的意图，他们的主张还被国会中这类立法所证明。

（回复）FDA同意FDA没有义务推定所有的烟草制品，但不同意评论解释国会的意图为只管制销售给儿童的产品。《烟草控制法案》的目的是向FDA提供权威规范的烟草制品，不仅要保护未成年人的健康，而且要保护公众整体的健康（《烟草控制法案》第3节）。虽然青少年使用烟草制品已成为并将继续成为法律的一个重要焦点，很显然，国会没有打算《烟草控制法案》只适用销售给儿童的产品，因为其包括了许多适用于销售给成年人的烟草制品的规定。

（评论104）许多评论表示担忧，高档雪茄监管将给没有可观效益的小企业施加相当大的成本和过多的负担。特别是，许多评论指出，上市前审查对高档雪茄制造商将是成本高昂的，会实际上消除制造商发布特殊版本和季节性配方的能力。他们还声称，HPHC测试和报告以及其他如禁止免费样品等监管要求将相当于实际上禁止了高档雪茄。考虑到高档雪茄管制可能对生产及向美国出口高档雪茄产生潜在影响，评论也表达了对高档雪茄管制对两个外国政治和经济影响的关注。

一些评论还认为，对高档雪茄的豁免是适当的，因为高档雪茄制造、营销、销售、购买和使用的方式都是独特的。他们指出，监管将扼杀高档雪茄市场中的创新，摧毁一个长期的社会文化现象，并限制企业及成年人出售和购买合法产品的自由。

（回复）FDA理解这些担忧。FDA已确定雪茄使用会造成健康风险，所有雪茄应受其监管权限的监管。

为了帮助新被监管的公司，FDA计划在本最终规定中宣布一项合规政策，以解决一些评论提到的可能的负担（IV. D.部分）。例如，一些雪茄制造商对烟草配方进行改变以解决烟草的自然变化（例如由于生长条件变化带来的烟草配方改变）来保持产品的一致性，FDA不打算对这些制造商执行上市前审查要求。然而，FDA打算对那些改变烟草配方（包括那些涉及季节性和精品配方的）以改变化学或感官特性（即烟碱水平、pH值、柔顺性、刺激性）的新认定烟草制品强制执行入市审查要求。考虑到HPHC报告合规期为3年，FDA也正在努力为应对新认定产品的HPHC确定一个适当的合规政策，计划发布关于HPHC报告的指南，稍后会发布915节要求的测试和报告规定，给予制造商足够的时间来报告。如本书其他地方所指出的那样，即使HPHC指南提前发布，FDA也不打算在3年合规期结束前对新认定产品执行报告要求。此外，如IV. D.部分所讨论的，FDA计划为小规模烟草制品制造商（可能将包括高档雪茄制造商）宣布一个合规政策，表明FDA普遍打算授予小规模烟草制品制造商额外的时间来响应SE整改函，且不打算对那些在本规定生效前12个月内提交组成成分清单的小规模烟草制品制造商采取强制措施，并同意给予小规模烟草制品制造商额外的6个月合规期来提交烟草健康文档。FDA认为这一合规政策将帮助这些遵从法规的制造商。

FDA也了解到雪茄零售商担忧有关免费样品禁令对其推广新产品能力的影响。FDA希望做出说明，只要产品没有在零售网点实际消费且准买家没有带着免费烟草制品（全部或部分）离开网点，让成年准买家闻或触摸雪茄不会被认为是21 CFR 1140.16所说的散布“免费样品”的目的。提供给成人消费者机会来触摸产品会使其能够感受雪茄结构的抗力，允许其看清楚产品的颜色，而这是烟草发酵期的一个指示。也将允许用户捕捉到雪茄和盒子的香气（如果雪茄是包装出售的）。因此，如果一个准买家在触摸雪茄时闻了它的气味，这不会被认为是一个免费样品。我们相信，在大多数情况下，其他零售网点，包括ENDS零售场所，同样可以让顾客触摸、持有并嗅闻其产品，而不违反免费样品禁令。然而，如果准买家点燃并抽一口或抽几口雪茄以保持雪茄燃烧，或反而使用免费雪茄或带着免费雪茄离开零售场所，这将构成违反1140.16的“免费样品”。

（评论105）许多评论要求对高档雪茄的豁免扩展到手工操作的老式机器制造的雪茄。评论指出，这种雪茄无法同手工制作的高档雪茄区分开，并和高档雪茄在同一个货架上出售，且不同于大众市场雪茄。评论进一步认为，消费者认为他们就像是高价的手工雪茄，区别对待它们将会给FDA带来重大的执法问题。他们指出，如果没有豁免，这些产品的制造商将被迫关闭并会消除就业机会，给雪茄生产区域经济带来负面的影响。

（回复）正如已指出的，FDA已经选择方案1为此认定规定推定所有雪茄，而不是部分雪茄。因此，所有的雪茄，包括手工操作的老式机器制造的雪茄，都被认定并受制于FD&C法案第IX章的要求并执行管制。一些评论注意到的关于监管的负担在IV. C.和IV. D.部分得到了解决。

（评论106）至少一条评论对以下情况表示担忧，即零售商可能不能够辨别一种雪茄烟是否满足“雪茄涉及的产品”最终定义的所有要求内容。因此，这些评论坚持认为，零售商们不应该对制造商错误标识的高价雪茄烟负责（类似于零售商“免责规定”，即要求按照提议的卷烟图像警示法规提供警示标签和广告（75 FR，第69524~69535页，2010年11月12日））。

（回复）FDA已经选择了方案1，即要求所有雪茄烟（而不是一部分）含有文字健康警示。然而，FDA还说明，1143.5（a）（4）确实要求含有健康警示的包装提供警示标签，这就提供了一个零售商“免责规定”；雪茄烟通过拥有州、地方或酒和烟草税收及贸易局授权的执照或许可证的制造商、进口商、经销商提供；不在某种程度上被零售商改变对于1143.5的要求是很重要的。如1143.5（b）（1）所指出的那样，零售商必须在广告上加入警示。

（评论107）一些评论表示，FDA拥有对所有雪茄烟维护司法权的权力，如果科学研究表明是适合的，那么FDA将对某些雪茄烟应用不同的规定。因此，从这些评论看出，基于使用人和使用方式，如果确切证据表明优质雪茄的风险本质和程度与其他类型的雪茄烟存在不同，那么，FDA可以根据该类产品的风险而出台不同的管制政策。这些评论总结到，因为这样，没有必要，也不适宜完全排除优质雪茄。

同样，某些评论对雪茄应用了“风险序列”的概念。他们称由于使用模式（即大多被成人在特殊场合使用，而且使用者不吸入）优质雪茄位于低风险范围（Ref. 76）。因此，他们主张FDA按照风险序列的概念对优质雪茄进行监管。

（回复）FDA同意烟碱递送产品确实存在一种序列，如和卷烟相比，ENDS中的有害物质含量偏低，以及可能针对该序列中不同部分的产品，采用不同的管制要求。但是，这些评论没有提到的是，优质雪茄的消费模式并没有使消费者免于对自己的健康损害。相反，正如本节一直提到的那样，抽雪茄烟比不抽烟的风险大，不吸入烟气没有避免雪茄烟相关的死亡和疾病。因此，FDA决定，应该管制所有的雪茄烟。

（评论108）一些评论认为，FDA将“雪茄”作为单一的一类产品，或者将卷烟的管理框架运用于不同类别的认定产品的做法，是不合适，也是不正确的。他们还认为，因为雪茄烟产品之间存在很大不同，FDA在决定某一种、一些或者所有的雪茄烟是否应该受到管制时，应该区分不同的雪茄烟亚型产品，这样做是很关键的。如果FDA坚持这样做，他们认为，FDA将面临风险去建立一个专制、任性、过于广泛的管制方案，而没有对企业强加过度的负担，不能使FDA承担其保护公众健康的责任。

（回复）FDA不同意。在对相关评论及科学证据进行综合审阅之后，FDA已经认为，所有的雪茄都会对公众健康带来风险，因此，应该受到管制。

（评论109）一些评论讨论了对自制式雪茄产品不同的管制措施（如雪茄包装器及雪茄烟草）。至少一个评论建议将这些产品视为雪茄管理，而其他评论将这些产品按照管制卷烟纸和自卷式烟草的管制方式进行管制。

（回复）自制式雪茄产品，包括雪茄包装器和雪茄烟草，都是烟草制品，依照FD&C法案第IX章，应归于FDA烟草控制部门予以管制。含有烟草或来源于烟草的烟碱的雪茄包装器及单独包装机销售的雪茄烟草，也应遵守1143.3中对“烟草制品涉及的产品”的警示要求。

（评论110）至少一个评论认为，FDA不应该允许制造商对其产品进行卷烟或雪茄的自我分类，而且，如果优质雪茄被排除在外，那么不允许将雪茄自我分类称优质或非优质雪茄。

（回复）不论雪茄和卷烟可能如何被其制造商分类，这些产品将依据该最终条例中的定义对其进行分类。

（评论111）一些评论同意，FDA雇员所写或促成的NPRM中的研究和引用的分析存在偏见。这些评论担忧，FDA雇员通过对这些资料的整理和分析是用来支持对雪茄的管制。

（回复）FDA不同意。FDA注意到，NPRM引用及FDA雇员所写的大部分研究已经在同行评议的杂志中发表。对于在专业会议，即SRNT上所发表的NRPM所讨论、且没有在同行评议的杂志中发表的研究结果，FDA对其进行了清晰说明，并特别要求对其进行评论（79 FR，第23151页）。该研究在后来已经发表（参考文献90）。

（评论112）一些评论批评了NPRM中引用的FDA研究中研究人员所使用的方法（参考文献59）。例如，他们宣称，Delnevo等的研究涉及青少年对加香雪茄的使用，该研究是有缺陷的，因为该研究将青少年对某一品牌雪茄的使用当成是对该品牌加香雪茄烟的使用（尽管受试者可能使用了该品牌非加香的雪茄）。这些评论还对该研究有其他的质疑，如缺少13%雪茄吸烟者雪茄品牌的数据，志愿者是否提供了所使用雪茄品牌的准确信息，以及该研究的目标人群是否能代表美国人口等。其他评论表示，同行评议杂志中的研究是具有政治偏向性的，那些反对控烟的研究往往会被禁止发表。

（回复）Delnevo等研究发现，与成年人相比，少年和青年人更可能喜欢那些加香的雪茄品牌（参考文献59）。在该研究中，因为没有国家层面上的数据来比较青少年和成年人对加香型雪茄的使用情况，Delnevo及其同事使用了2010~2011年NSDUH关于最经常使用的雪茄品牌的数据以及Nielsen关于雪茄品牌中加香型雪茄市场份额的数据，并对其进行生态学分析。这些研究结果和少年和青年人群之中加香型雪茄使用流行度的研究结果，为加香型雪茄在年轻雪茄消费者及年长雪茄消费者之中的流行情况提供了额外的间接证据。特别是将研究结果与少年和青年中加香型雪茄的流行情况的研究结合起来，该研究对加香型雪茄在年轻美国人中的广泛使用提供了额外的证据。该评论提到，在2010~2011年的NSDUH中，13%的雪茄烟消费者没有报告常用的雪茄烟品牌，并担心那些报告常用雪茄烟品牌的志愿者数据的准确性。一些雪茄烟使用者可能并不真正知道他们所经常用的雪茄烟的品牌，所以并不提供品牌，而其他志愿者可能也没有提供他们常用的品牌信息。在后面一组中，相关信息的缺失一直是一个问题，尽管该研究中没有证据表明，那些提供品牌信息的人与那些不提供品牌信息的人不同。此外，这些评论也没有提供证据证明志愿者没有报告他们实际使用的品牌名称。最后，FDA不同意对调查代表性的质疑。NSDUH的研究代表美国公民、非制度化人口以及年龄在12岁或更大的人群（http://www.samhsa.gov/data/population-data-nsduh）。FDA并不依赖任何单个研究成果来支持本最终规定所做出的决议。FDA在NPRM中引用了很多同行评议的研究，并依据许多同行评议的研究来支持本最终规定所做出的决议，包括Delnevo的研究成果。

VIII. 电子烟碱传输系统（包括电子烟）的管制和烟碱传输产品的风险序列

在NPRM的序言中，FDA指出，不同烟碱传输产品的健康风险是不同的。FDA在征集基于这种产品风险的如何管制这类产品的建议。需要解释的是，一些研究发现，电子烟烟液和一些电子烟的呼出气溶胶发现了一些有毒化合物，但是，我们还没有足够的数据确定电子烟在人口水平上对公众健康的影响。我们还注意到，一些研究表明，利用电子烟可成功戒烟，但是我们对电子烟和燃烧型烟草制品的长期使用表示担忧，并担心添加有香味物质的电子烟会使小孩子通过使用电子烟而开始使用烟草。

在本最终规定中，FDA澄清说，尽管存在很多类型的ENDS（包括电子烟、电子雪茄，电子水烟袋、雾化式钢笔，个人雾化器及电子烟斗等），所有都依据FD&C法案第Ⅸ章受本最终规定管制。关于电子烟的评论意见，包括鉴于其风险持续性该如何管制的评论，以及FDA的回复等，将在下面进行讨论。

A. 术语

（评论113）一些评论对如何定义“电子烟”表达了困惑。其他评论声称，该法规下的“电子吸烟装置”应包括电子烟、电子水烟及雾化式钢笔等。

（回复）FDA认同电子烟碱传输系统，或ENDS，以一些不同的称谓来进行销售，包括电子烟、电子雪茄、电子水烟袋、雾化式钢笔、个人雾化器及电子烟斗等。这些产品都符合“烟草制品”的定义，因此，在此法规下，不管是新的名字还是加热源，所有这些产品都归于FDA的控烟授权范围内。此外，烟草制品的定义包括成分和组成（那些故意或合理推断将要被人们消费或用以人们消费的烟草制品，但不是那些配件）（如电子烟液、储液腔、烟弹、雾化器、雾化芯、雾化喷头等），在这个法规下，依据FD&C法案第Ⅸ章，也认定属于FDA授权管制范围内。

B. 流行性

在NPRM中，FDA对新认定产品的逐渐流行表示担忧，特别是在初高中学生中电子烟令人担忧的增长。这些评论包括同行评审研究，重点团队研究及关于ENDS广泛使用的数据等。

（评论114）一些评论表示，难以全面确定这些产品的消费情况，因为它们以很多种不同的名字销售。然而，基于同行评议研究以及州级和区域调查（如参考文献108），他们认为，近年来，电子烟的消费量呈现增长之势。例如，相关评论引用了2013年北卡罗来纳青少年烟草调查（NCYTS），并担忧，尽管近年来北卡罗来纳市高中学生的现有卷烟吸烟率有所降低，但总烟草制品的使用率从2011年的22.5%增长到2013年的24.5%。特别需要指出的是，电子烟的使用率从2011年的1.7%增长到2013年的7.7%，并且有2.7%的从来没有尝试过电子烟的高中学生表示，他们正考虑下一年使用电子烟。

但是，一些评论认为，相关数据显示电子烟在青少年及青壮年中使用在增长，但这仅仅反映出他们在尝试（而不是长期使用），没有数据表示他们的这种尝试会导致长期使用，或以后会和燃烧型烟草制品同时使用。其他一些人表示，尽管电子烟在青少年及青壮年中的使用可能会增长，这些增长是因为青壮年像成年人那样，由吸烟转而抽吸电子烟。

（回复）FDA同意该评论，即这种新型烟草制品的使用正变得越来越流行，这也进一步说明了对本最终规定的需求。FDA对这种新型产品特别是ENDS在青少年及青壮年中使用量的增大表示关注。正如我们在NPRM及在该文件通篇指出的那样，尚缺乏长期的研究以确定这些青少年及青壮年仅仅是体验一下烟草制品的感觉，还是成为固定的ENDS消费者，又或是会转而消费燃烧型烟草制品。此外，尚无足够的证据来证明青少年和青壮年使用ENDS作为戒烟的一种方式。

（评论115）许多评论认为，绝大部分的电子烟消费者是曾经的吸烟者和那些试图戒烟的人，而不是那些想通过电子烟开始使用烟草的人（参考文献109）。这些评论对不同地区的试验数据进行了总结，并认为，尽管电子烟在年轻人及青壮年人群中的消费量大幅增长，但该增长仅是实验人群，而不是日常吸烟者。例如，一些评论指出，英国公共卫生署委托撰写的一项报告提到的一项研究表明，在16~18岁的非吸烟人群中，仅有1%尝试过电子烟，而仅有极少数尝试后继续使用电子烟（参考文献110）。

（回复）美国CDC国家健康统计中心（NCHS）第一次对全国范围内的代表性家庭的成年人电子烟消费情况进行了评估，其报告显示，当前吸烟者及近期戒烟者（指那些一年内的戒烟者）比长期戒烟者（指那些戒烟时间在一年以上者）及那些从未吸烟的人更容易使用电子烟（参考文献24）。此外，CDC声明，当前那些在过去的一年里曾经尝试戒烟的吸烟人群比从来没有尝试过戒烟的人群更容易使用电子烟。当前研究还不能确定以下结论：（1）当前仅使用电子烟的曾经的吸烟者不管使用电子烟与否，是否已经戒烟；（2）电子烟是在戒烟前还是戒烟后使用的。在欧洲，也有相似的情况，研究者发现和那些没有尝试过戒烟的吸烟者相比，“那些在过去的一年里曾经尝试过戒烟的吸烟者更容易使用电子烟”（参考文献111）。正如在评论144中要详细讨论的那样，15组队列研究的荟萃分析、3个横断面研究及两项临床研究（一项随机对照研究，一项非随机对照研究）发现，那些同时使用电子烟的吸烟者比那些不使用电子烟的吸烟者的戒烟成功率要低很多（参考文献112）。

然而，FDA也对电子烟在年轻人之中的快速流行表示担心；2011~2014年，高中生在过去30天的电子烟消费量增长了800%，即从2011年的1.5%增长到2014年的13.4%（参考文献22），在2011~2013年间，那些曾经使用过电子烟的非吸烟青少年人数增长了3倍，从79 000人增长到263 000人（参考文献113）。美国卫生总监表示，青少年中枢神经系统对烟碱危害的易感性特别敏感，而ENDS可能传输与其他烟草制品一样多的烟碱（参考文献114）。

FDA正在资助一项长期的、人群水平上的研究，如PATH研究，这项研究旨在评估当前那些非烟草消费人群在使用ENDS后，他们在以后消费常规烟草制品的可能性大小。这些纵向研究能够进一步评估电子烟消费者潜在戒烟相关的影响因素。

（评论116）这些评论普遍认为，年轻人正越来越多地使用电子烟，但尚未对该类产品对烟碱致瘾性的影响达成一致。正如FDA的建议及许多评论所讨论的那样，CDC发现，美国初高中学生的电子烟使用率已从2011年的3.3%提高到2012年的6.8%（参考文献108）。尽管大多数评论认识到双重使用模式的增长，但是，一些人建议，这不是什么问题，因为年轻人使用电子烟是用来戒烟，这才导致了这种双重使用模式，待到这些年轻人完全戒掉传统卷烟后，这种模式自然会结束（参考文献115）。

（回复）FDA还是对ENDS在年轻人及青壮年之间使用量的增加，以及他们同时使用ENDS和燃烧型烟草制品的趋势表示担忧（参考文献116）。此外，正如NPRM及本最终规定所指出的那样，所有的烟草制品都具有潜在致瘾性，一些ENDS可能和其他烟草制品一样，递送同样多的烟碱（参考文献20）。美国卫生总监表示，青少年中枢神经系统对烟碱危害的易感性特别敏感（参考文献9）。FDA相信，本最终规定，以及最低年龄限制和健康警示要求等，这些措施对于我们应对烟草制品在青少年及青壮年中的增长是重要一步。

Friedman最近发表了一篇文章，该文章研究了较早颁布未成年人电子烟销售禁令的州的年轻人吸烟率，并基于2013年的州级数据得出结论，在2013年以前，那些颁布未成年人ENDS销售禁令的州的年轻人吸烟率要低于那些没有颁布禁令的州。针对这项研究的多种问题（见回复评论33的针对这篇文章的上述讨论），FDA认可这篇文章是首次尝试研究ENDS限令对年轻人的潜在影响，但也强调，还需要后续的研究，以考察该法案对电子烟及烟草制品的转抽及双重使用两种产品的影响。

C. 电子烟烟液及气溶胶的毒性及烟碱

尽管正如FDA在NPRM中所指出的那样，我们目前还没有足够的数据来完全了解电子烟及相似产品对公众健康的影响，我们依然对电子烟烟液及呼出气溶胶中的有害物质及电子烟递送的烟碱表示担忧。这些评论主要集中在电子烟烟液、电子烟及呼出气溶胶安全性及有害性的关注。

（评论117）这些评论对电子烟使用者接触到危险成分表示担忧，这些成分包括甲醛及其他有害成分等。一个评论表示，只有当电子烟的电压设置到4.8 V或更高时，才会释放出甲醛（参考文献67）。一些评论列举的一些研究表明，一些电子烟烟液还存在其他成分，如处方类减肥药和抗男性勃起功能障碍药等（参考文献117）。

（回复）研究显示，电子烟烟液含有烟碱、乙二醇、甘油、烟草特有亚硝胺、烟草生物碱、羰基化合物、乙二醇、丁二酮及戊二酮等（参考文献19,118及119）。电子烟气溶胶中确定含有烟碱、羰基化合物、烟草特有亚硝胺、重金属及挥发性有机物（参考文献19,118~122）。

此外，一些研究表明，含有香味成分的电子烟烟液中含有的一些成分在消费者吸入时有危险性。例如，一项研究测定了159种电子烟烟液，这些烟液含有甜味剂，如太妃糖、可可和焦糖，并发现，几乎四分之三的样品（74%）含有丁二酮及戊二酮，这两种化合物都有吸入危险性（参考文献124）。在这些含有特定成分的样品中，接近二分之一的电子烟烟液对消费者的暴露量可能会超出工作场所对这些物质的推荐吸入危险阈值（参考文献123）。另一项最近的研究分析了51种类型加香电子烟的丁二酮，2,3-戊二酮及羟基丁酮的总含量（参考文献125）。研究者测定的51种样品中，39种高于检出限，其含量从高于定量限（LOQ）到239 μg/每支电子烟不等。在51种样品中，分别有23及46种电子烟中测出2,3-戊二酮及羟基丁酮，其含量分别达到64及529 μg/每支电子烟。需要指出的是，此研究选定的51种加香电子烟可能不能代表消费者目前使用的电子烟。由于管制标准的缺乏，FDA承认，也许不可能说明当前ENDS产品中这些成分差异性的原因。另外一项研究分析了30种电子烟烟液，发现许多香味成分，包括棉花糖和口香糖口味，含有醛类物质，这类物质能够刺激呼吸系统，收缩气管，以及其他影响等（参考文献126）。特别需要指出的是，研究者发现，两种香味成分，包括黑巧克力及野樱桃，可使电子烟消费者暴露于推荐工作场所安全浓度两倍以上的香兰素及苯甲醛等醛类。同样地，研究者发现，一些肉桂香电子烟液含有肉桂醛，研究者称在实验室测试中这种物质对人细胞是高度有毒的（参考文献127）。

一些研究发现，电子烟气溶胶中含有比燃烧烟气浓度低的有害物质（参考文献122）。FDA认为，特定的产品设计特征，如电压，能够影响有害物的递送（参考文献67）。例如，一些ENDS设备，以及一些功率可调的ENDS产品能够比其他ENDS及传统卷烟递送更多的甲醛（参考文献67,128,129），会影响公众健康。此外，一项2010年弗吉尼亚公共卫生大学开展的研究发现，一组对照评估简单使用电子烟吸烟者及使用一种特殊类型电子烟的吸烟者的研究发现，使用这些产品的急性影响没有引起烟碱及一氧化碳含量的显著上升，尽管电子烟确实拟制了烟碱/烟草的戒断症状评级（参考文献130）。此外，英国卫生署近期所开展的关于ENDS产品相对健康风险的评估通过对科学综述的总结发现，ENDS产品“很可能对消费者及周围人群的危害很小”，此外，英国卫生署还引用了一项前期的研究，该研究报道了国际专家委员会的一些报道。通过对12种烟草制品的相对健康危害在一种分析模式下，并使用14种危害标准进行量化，该专家委员会确定，在卷烟产品的最大相对危害评估分数为100%的情况下，ENDS产品只有4%的最大相对危害，以此为基础，英国卫生署认为，ENDS比卷烟产品的安全性要高出大约95%（参考文献131,76,132）。

最近对以前研究论文的引用及评估尚存在一些局限性，并且以前研究论文本身是基于一组专家的评估会议过程来进行结果报告的，而这组专家的选拔没有经过任何“正式准则”，尽管“要注意评估者应来自于不同专业”及首先应来自于不同地方，以“保证专家及意见的多样性”（参考文献76）。此外，这些作者承认，“基于大多数评判标准，对大多数产品危害性的判定尚缺乏真凭实据”（参考文献76,133,134）。作者们不解释专家们应给予什么样的科学信息来作为他们对这些产品的分级依据。作者们不解释每种危害准则定量评估的来源。尚不清楚作者们在评估相对风险时，是实施还是引用了一种定量风险分析及一种标准惯例，作者们也没有指出他们是利用消费者对HPHC的平均暴露量水平，还是其他定量依据来作为风险的评估依据。此外，该分析似乎没有考虑到人的因素，因为该文没有提到一种可能性，即产品特征将会让它们或多或少产生对新人群的吸引力，与其他烟草制品同时使用，或对戒烟起消极作用。他们也没有人的影响因素，例如青少年使用流行率的定量评估。FDA并不认为以前的文章（参考文献76）的观点在使用不同类型烟草制品的相对风险方面具有确凿证据[14]。但是，以前的研究在一些ENDS的气溶胶中检测出醛类化合物，特别是甲醛，其含量远比卷烟烟气中低（参考文献132）。此外，另外的一个研究人员对一些日本品牌的电子烟进行研究，并将其成果发表在一个自行出版的网站上，该研究表明，与卷烟烟气相比，电子烟

14 此外，至少有一项资料确定 Nutt 等的报告中的专家团存在一定缺陷，包括潜在的利益冲突，以及专家团成员之间缺乏相关专业背景等。

释放的甲醛含量是其五十分之一（参考文献135）这些电子烟中检测到甲醛的最高含量是卷烟烟气的六分之一（同上文献）。一项临床研究对电子烟使用者及卷烟消费者尿液中的有害物质和致癌物代谢物含量进行了研究，结果发现，电子烟使用者尿液中所有的测定有害物质含量水平都显著比卷烟烟气低，这包括丙烯醛和丁烯醛（参考文献136）。但是，一项作为读者来信的发表在《新英格兰医学杂志》中的其他研究表明，ENDS在5 V的电压下，每10口会产生(390 ± 90) μg的甲醛，这要比传统卷烟的平均甲醛释放量150 μg要多。在3.3 V时，ENDS中没有甲醛释放出（参考文献128）。一篇后来的同行评议的关于5种电压可调的ENDS产品的文章发现，不同产品的甲醛释放量存在很大差异（参考文献129）。第一种产品在任何功率条件下都产生比卷烟烟气更多的甲醛，第二种产品在最大功率条件下产生的甲醛含量最多；第三种产品在所有的测试功率下都比卷烟烟气产生的甲醛含量少（同上文献）。同样的研究显示，不同ENDS产品中产生乙醛的含量差异达到750倍（同上文献）。一个评论所引用的一篇文章（参考文献67）显示，将电压从3.2 V提高到4.8 V后，甲醛、乙醛及丙酮的产生量会提高4~200倍。

（评论118）那些支持对电子烟有限管制或不管制的研究表明，使用电子烟会改善前吸烟者的众多健康指标。基于已经发表的研究资料，这些评论的大部分会得出这样的结论，即：尽管缺乏长期健康评估数据，电子烟“对使用者及周围人群很可能危害要小很多”（参考文献132）。他们还指出，迄今为止的临床学研究表明，电子烟的耐受性普遍较好，且在使用24个月后，并不产生严重危害（参考文献107,137）。自2007年至2012年，FDA接到47例电子烟严重事件报道，其中只有8例被认为是比较严重的（例如肺炎、充血性心力衰竭、定向障碍、癫痫发作、低血压、面部烧伤、胸痛、心跳加快、电子烟烟弹导致的婴儿窒息、视力下降等）（参考文献138）。

还有一些评论认为，电子烟能为现有吸烟者带来主观的健康益处。例如，在一项包括1347名现有电子烟使用者的前吸烟者之中，75%感觉，在转吸电子烟后，其呼吸改善，咳嗽减轻，并感觉比以前更健康了（参考文献139）。他们还声称，使用电子烟会改善嗅觉、味觉和身体机能（参考文献109）。此外，他们还认为，一些由吸烟引起的危害可通过电子烟得到治愈（参考文献140）。

（回复）FDA承认，大多数报道的严重事件看来并不很严重。FDA有害事件报道系统作为测试电子烟影响的方法存在固有的局限，因为ENDS是一种新出现的产品，烟草制品（包括电子烟及其他ENDS）相关的有害事件报道是自愿的；因此，这些收到的报道可能不能充分代表ENDS相关有害事件的真实数量及类型。这些数据不能用来计算发生率或用来评估风险。此外，FDA对于依靠这些评论中提供的短期研究的类型表示担忧。短期研究并不能分析在一生中重复、持续暴露烟草及烟气对健康的损害及暴露风险。考虑到ENDS在市场上出现的时间相对较短，研究者还没有消费者长期使用的数据来全面分析评估在个体和群体水平上

ENDS的发病率和死亡率。

基于ENDS在烟碱递送产品中较好的表现，FDA承认，人们从抽吸燃烧型卷烟转而使用ENDS，可能会降低吸烟人群烟草相关疾病的患病风险。英国卫生部的一项近期综述表明（该综述在回复评论117时进行了详细讨论），相对于卷烟，ENDS会显著降低与吸烟相关的有害成分的暴露量，并且，在ENDS中没有发现来自烟草烟气的大部分会导致吸烟相关疾病的化合物，其含有的化合物的危险性较小（参考文献131）。一项对特定电子烟烟液毒性的研究综述发现："（电子烟）气溶胶含有一部分烟草烟气中含有的有害物质，但其含量水平相对很低。（电子烟）长期暴露的健康影响尚未知，但是，相对于卷烟，（电子烟）对消费者及周边人群的危害性很可能要小很多"（参考文献132）。一些研究发现，ENDS产品会产生比卷烟烟气含量低得多的醛类物质，一个互联网网站指出，在一些日本品牌中，某些使用条件下，ENDS产品释放的甲醛含量是卷烟释放的甲醛含量的五十分之一（参考文献133）.

尽管如此，对于这些产品的使用影响，研究结果存在不一致。一些短期研究显示，ENDS可能不会像传统卷烟那样影响心率、心功能、肺功能，或全血细胞计数指数（参考文献130,141,142）。然而，一项研究总结到，现有短期影响的科学证据还很有限，尚没有该产品长期健康影响的充足数据（参考文献143）。一些研究表明，使用ENDS后，平均心率会加快，炎症会增高（比如说白细胞），并会导致肺功能的变化（参考文献141, 142, 144, 145）。一些研究发现，一些ENDS产品和一些一定电压下的ENDS产品会比其他ENDS和传统卷烟产生更多的甲醛（参考文献67,128,129）。此外，在该评论所提到的Hajek等的综述中表示，电子烟有健康益处，且发现缺乏负面健康影响，但是，这可能缺乏普遍性，因为电子烟产品种类繁多。作者们清楚地认识到，现有数据还存在很多不足。

（评论119）一些评论认为，FDA不应该担心电子烟烟液，因为这些烟液被限制到了和其他产品相同的烟碱水平（包括卷烟、水烟、无烟烟草、烟碱替代产品等）。

（回复）对于那些认为相关机构不应该关注ENDS产品使用的评论，FDA不赞同。首先，将卷烟（包括其他正在受管制的烟草制品）的烟碱水平和电子烟烟液中的烟碱水平进行直接比较不是特别有意义和相关性。更有益及有临床意义的是将消费者使用卷烟（或其他传统烟草制品）后得到的烟碱和使用ENDS后得到的烟碱进行比较（参考文献146）。因此，尽管电子烟烟液含有相同的烟碱水平，它所递送的烟碱水平可能与相对应的产品不同。满足《烟草控制法案》的ENDS产品所产生的烟碱可能会使该产品更容易使消费者从使用卷烟转而使用ENDS——这可能会降低燃烧型烟草制品对消费者的健康危害（在合适的管制措施的情况下）。还需要进一步研究人们从使用卷烟到使用ENDS产品的影响因素（反之亦然）及其对人们健康的影响。

第二，FDA并不认为应该将电子烟烟液的烟碱水平限制到与其他烟草制品一样的水平。电子烟烟液的烟碱含量范围很大，但是消费者的吸入量却受到很多因素的影响，如烟液湿度、烟液加热温度、消费者的使用情况、产品设计及其变化等（参考文献147）。有实验数据表明，熟练的ENDS使用者能够获得和传统卷烟类似的足够的烟碱(参考文献114, 148~150)。此外，用更高的温度加热电子烟烟液，或用非常规方式使用ENDS（例如直接将电子烟烟液滴加到雾化器上）可能会产生比传统卷烟更多的烟碱（参考文献16）。

第三，一些观点认为，相关部门不应该关注那些比卷烟及其他烟草制品烟碱含量低的烟草制品，如一些ENDS产品，对此，FDA并不认可。正如第VIII. C.部分所讨论的那样，即使ENDS产品烟碱含量较低，它们依然可能使消费者上瘾，特别是那些青少年。正如卫生总监所指出的那样，烟碱是烟草制品中的首要致瘾性物质（参考文献9）。不管烟草制品中的烟碱含量，FDA认为，对烟草制品进行管制对公众健康十分有益，且该法案额外的限制条件有利于维护公众健康。

（评论120）一条评论对电子烟使用及存储过程中对环境影响的研究的缺乏表示担忧。

（回复）FDA正在资助那些针对ENDS的制造、使用及使用后丢弃后对环境影响的相关研究。此外，FDA正在指导一系列的公共机构，以获得电子烟的信息和它们对公众健康的影响。第一家机构讨论了电子烟的潜在环境影响（79 FR 55815，2014年9月17日）。

（评论121）一些评论担忧电子烟使用过程中的丙二醇暴露对健康的影响。他们也表示，丙三醇和丙二醇作为保湿剂，其使用可能会使不知道内情的消费者出现无意间的脱水症状。

（回复）FDA认为，ENDS烟液及气溶胶中化学成分对消费者及非消费者健康影响的相关信息还很缺乏，应该解决这个问题，以更好地了解这些产品对公众健康的影响。

（评论122）正如FDA在NPRM中提到的那样，一项眼界在电子烟烟弹中检测到了二甘醇（79 FR 23142，第23157页）。一些评论对于FDA对该研究的倚重表示有争议，因为二甘醇的检出量很低，因此不太可能对消费者产生危害，迄今为止，也没有在其他的科学研究中有重复性的结果。

（回复）FDA适当引用了这项研究，并表示，"仅在18种电子烟烟弹中的1个中发现二甘醇，且在其他16项研究中没有发现二甘醇"（79 FR 23142，第23157页）。FDA承认，二甘醇的检出量很低，但是，需要重申的是，二甘醇是一种有毒物质，故需要引起关注。

（评论123）我们收到很多关于电子烟气溶胶安全性的评论。一些消费者错误地认为，电子烟气溶胶是无害的，这些评论对这些想法比较担忧，并表示，电子烟气溶胶不仅仅是有时候广告上说的水"蒸气"（参考文献151）。他们提供的的研究指出，电子烟气溶胶的主流气溶胶和呼出的二手气溶胶中都检测出至少10

种会导致癌症、出生畸形或其他生殖性疾病的化合物（参考文献65）。他们还表示，电子烟烟液及气溶胶中还检测出一些潜在有害成分，包括烟草特有亚硝胺、重金属和羰基化合物，尽管这些化合物的含量要比卷烟烟气低很多（参考文献65, 118,152~156）。研究发现，电子烟主流气溶胶中含有大量的烟碱，而这种化合物对使用者及非使用者都有影响（参考文献144,147）。

我们收到的评论还认为，电子烟气溶胶是完全无害的，或比烟草烟气无害得多；这些评论是由同行评议文章、专业会议的演讲及个体公司的测试中总结而来的（参考文献144, 156~158）。这些评论还采纳那些没有经过同行评议的研究成果，这些成果宣称，电子烟中没有发现主要的烟草烟气有害物质。

（回复）FDA认为，消费者使用一些电子烟和类似的电子设备呼出的气溶胶可能比烟草烟气的危害性低得多。然而，考虑到这些研究也说明呼出气溶胶中也发现烟碱和其他有毒物质，我们必须考虑到有限的暴露量（见第XII章关于出台新管制产品标准及烟草制品制造商制造规范的必要性）。在缺乏二手气溶胶暴露潜在影响的短期及长期研究的情况下，FDA尚不能作出气溶胶无害的结论。此外，正如该文件通篇所讲的那样，《烟草控制法案》没有要求FDA试图得出一个产品是有害的结论，以依据FD&C法案第IX章对其进行管制；FDA被授权对任何符合FD&C法案901节“烟草制品”定义的产品进行管制。

（评论124）一些评论表示，因为产生电子烟气溶胶的烟液的主要成分是丙二醇和丙三醇，所以气溶胶一定是安全的。他们认为，吸入这些成分是无害的，因为它们被FDA认定是“普遍认为是安全”（GRAS）。他们引用的动物吸入研究结果表示，不管是丙二醇，还是丙三醇，其毒性都是有限的（参考文献161）。

（回复）FDA并不认为某些成分被认定为GRAS后，电子烟气溶胶就是安全的。在201（s）节中食品添加剂的定义，及其从GRAS物质名单中的剔除和使用有关，这种使用方式可能直接或间接在一定程度上导致该成分成为一种GRAS物质，或影响任何食品的特征（FD&C法案201（s）节）。电子烟烟液不是一种食品，也不是用来吞食；因此，丙二醇和丙三醇被认定为GRAS并不表示这种化合物吸入时是安全的（见本规定在本章中关于FDA对ENDS气溶胶担忧的附加评论）。

（评论125）一些评论通过一项研究认为电子烟是无害的，该项研究中，作者总结认为，电子烟“气溶胶”“污染物不必引起担忧，如挥发性有机物”，而且，气溶胶中的烟草特有亚硝胺（TSNA）含量的危害性和NRP产品一样（参考文献162）。这些评论的一部分特意询问为什么FDA在所提议的管制法案中不引用该项研究。

（回复）FDA曾经看过这些研究，也认为ENDS使用者呼出的气溶胶比卷烟二手烟气可能危害性低。然而，FDA并不认同作者的结论，即“不必担忧”电子烟的气溶胶暴露（参考文献162）。FDA认为，一些电子烟及类似设备的使用者所呼出的气溶胶与燃烧型烟草制品相比，其危害性可能要低得多。然而，考虑到相关研究也表明，呼出气溶胶中也发现了烟碱和其他有害物质，必须考虑限制暴露量。FDA反复强调ENDS的潜在益处和更多研究的必要性，因此，NPRM中引用的研究准确地总结了NPRM撰写时期电子烟（及其他新受到管制的产品）的研究状况。

（评论126）一些评论声称，市场上有许多不含有烟碱的电子烟烟液，因此，电子烟烟液不应该受到管制。其他评论提供的研究表示，电子烟虽然递送烟碱，但这种递送行为取决于电子烟设备、烟液类型、烟碱递送速率及消费者对电子烟的使用熟练度（参考文献131）。

（回复）FDA意识到，正如VIII. D.部分所提到的那样，尽管一些ENDS及电子烟烟液在市场推广时宣称不含烟碱，研究发现，一些类型的ENDS的质量参差不齐，其标识可能没有准确反映电子烟烟液中的烟碱含量。

世界卫生组织（WHO）也注意到，产品特征、使用者的抽吸行为及烟碱浓度等因素很大程度上决定了现有市面上ENDS的烟碱递送含量水平，这让抽吸者也不知道他们究竟吸入了多少烟碱（参考文献163）。此外，FDA认为，许多因素影响烟碱的递送。例如，一个有经验的ENDS使用者吸入的烟碱可能和抽吸卷烟吸入的烟碱含量一样高（参考文献114）。此外，正如早期说的那样，在大多数情况下，不含烟碱的电子烟烟液以后会或可能会和烟草制品同时使用，或用来消费烟草，这就成了烟草制品的一个组件或一部分，因此也在该法规的管制范围内。这些产品将根据具体情况进行评估。

（评论127）很多评论讨论到由于电子烟烟液的不当接触或使用所造成的烟碱中毒的可能性。大部分评论对毒品控制中心所受到的越来越多的烟碱中毒事件表示担忧。其他人认为这种担忧有点过头了，因为许多药品在不恰当存储下都会导致中毒。他们表示，引入防儿童开启装置将会缓解这种情况。一些人还注意到，电子烟使用者会自己调节烟碱的摄入量，所以人们还关注消费者是否会过量摄入烟碱（参考文献84）。

（回复）FDA关注电子烟使用者及非使用者的烟碱中毒风险。从2010年9月到2014年2月，CDC已报道超过2400例向美国毒品控制中心反映的电子烟烟液中毒事件（参考文献164）。另外一项研究报道了从2010年1月到2013年9月间向美国毒品控制中心反映的1700例电子烟烟液暴露事件中，5岁及以下儿童占电子烟烟液暴露事件的大部分，且在2013年前三季度中，该年龄段每月的暴露事件增长最快（参考文献165）。研究表明，足够浓度的烟碱，不管是吞咽还是和皮肤接触，都会导致严重的或致命的中毒症状，这应该引起关注（参考文献166,167）。中毒症状包括恶心、呕吐、抽搐、昏迷、心血管功能不稳定、呼吸骤停等，有时候还会引发死亡。尽管能导致中毒的烟碱浓度尚存在争议，不论用什么检测方法，许多可充液小瓶中的烟液烟碱浓度对成年人和小孩是可能有害的。因此，在《联邦公报》中，针对此问题，FDA已经草拟了一份指导书，该指导书将描述FDA对新管制的ENDS产品市场准入的一些合适方式，包括暴露警示及防儿童开启包装等，这将会有助于支持我们的一个态度，即一种产品的上市应有利于保护公众健康。此外，在发布这项法规之前，FDA还发布了一个ANPRM，评论、数据、研究或其他信息可能会通知管制行为，FDA可能会认真考虑烟碱暴露警示及防儿童开启包装。

（评论128）一些评论比较了烟碱与其他日用品的中毒风险，并认为烟碱中毒的可能性要比其他日用品低得多（参考文献168）。

（回复）且不论烟碱与其他日用品相比而言中毒概率的大小，值得关注的是，电子烟烟液暴露所造成的烟碱中毒事件显著上升。FDA正在认真考虑这些烟碱中毒事件，也在思考FDA在解决该问题应该制定政策的建议，包括依据FD&C法案第906（a）节建立烟草制品制造条例，以及907节制定烟草制品标准。此外，如前所述，FDA在该条例前发布ANPRM，以搜集评论、数据、研究成果或其他信息，这些信息可能影响FDA烟碱暴露警示及防儿童开启包装的管制措施。此外，在《联邦公报》中，针对此问题，FDA已经草拟了一份指导，该指导书将描述FDA对新管制的ENDS产品市场准入的一些合适方式，包括暴露警示及防儿童开启包装等，这将会有助于支持我们的一个态度，即一种产品的上市应有利于保护公众健康。

（评论129）关于烟碱是否对人体有害，有两种意见。一些评论认为，液体烟碱是完全无害的（因此FDA不应该管制那些无害的电子烟）。他们宣称，FDA对NRT的研究结果表明，烟碱不是人体致癌物（见“NRT产品作为人们非处方药时标识的更改”，78 FR，第19718页，2013年4月2日）。另外的一些评论认为，尽管烟碱有副作用，但是它与人们摄取的那些燃烧型烟草制品的有害物质相比，其危害性要低得多。也有一些人认为烟碱是非常危险的。

一些评论认为烟碱是危险的，他们这些评论引用的研究表明，尽管烟碱可能不是一级致癌物，但它很可能会通过血管作用（增强肿瘤的血管功能）诱发癌症的形成。这些评论还引用了2014年的卫生总监报道，该报道表明，烟碱的危险性要比以前认为的高，FDA在评估新产品对易感人群影响时，应考虑到这点。其他人认为，烟碱非常危险，个人在获准获得及使用烟碱前，应该拥有一个许可证。

（回复）在本条例，FDA意识到了烟碱对青少年大脑的影响（见79FR 23142，第23153~23154页）并且意识到了这种物质的毒性。单纯吸入烟碱的毒性（没有经过燃烧过程的烟碱）要比燃烧型烟草制品烟气中的烟碱风险要小。但是，吸入非燃烧产品中烟碱的致瘾性可能和吸入燃烧型烟草制品中烟碱的致瘾性一样。研究者认为，这个国家烟草相关死亡和疾病的高发很可能不是由于烟碱吸入的影响（参考文献10,11）。尽管和烟草消费相关的慢性疾病不是由烟碱引起，但是，2014年的卫生总监报告认为，一些风险和烟碱有关（参考文献9，第111页）。例如，足够高浓度的烟碱具有急性毒性（同上文献）。在胎儿发育过程中的烟碱暴露可能会导致持续不良的脑部发育（同上文献）。一些研究还发现，烟碱可能对心血管系统有有害影响，并可能破坏中枢神经系统（参考文献14,15）。还可参见VIII.C.部分所讨论的意外烟碱吞食事件所导致的中毒。

FDA并不认为烟碱是无害的。不像没有经过审核的ENDS产品，该评论中所提到的NRT产品在进入市场之前曾经过FDA药品评估和研究中心（CDER）的审核，在获得许可进入市场之前，该产品被认为是安全和有效的（FD&C法案505和506节）。FDA还没有足够的数据来下结论认为消费者在使用ENDS时只吸入了烟碱，而没有吸入其他化合物或有害物质。尽管ENDS可能不会像卷烟那样产生同样多的有害物质，研究表明，正如一些人认为的那样，使用ENDS还是危险的，呼出的气溶胶也不是简单的"水蒸气"（见第VIII. C.部分对ENDS气溶胶中有害物质的额外讨论）。

（评论130）至少一个评论建议对烟碱的危害性及其在未来烟草制品中的应用进行管理，在FDA注册未来产品的制造商应该提供其产品标注烟碱浓度准确性及不含有二乙酰和乙酰丙酰的文件。

（回复）FDA统一对未来的烟草制品进行认真监管，并评估所关注电子烟烟液中化学组成成分的毒性，如二乙酰和乙酰丙酰，以及电子烟烟液中标注烟碱浓度和消费者所吸收烟碱实际浓度的准确性。FDA在FD&C法案905及910节SE报告和PMTA的综述将常常包含产品中的化学成分分析。此外，在904节中对组成成分清单以及在904和915节中对HPHC检测结果清单的要求也将会警示FDA电子烟烟液中这些HPHC的存在。

（评论131）很多评论担忧检测电子烟烟液及电子烟产品中HPHC的高费用问题。他们建议FDA像之前那样，使用执行自由裁决权，以降低电子烟制造商的管制成本。例如，他们注意到，FDA对特定产品改动后的SE报告及HPHC报告具有合规政策。为降低管制负担，他们建议，依据FD&C法案的904（a）（1）节，FDA不应要求所有电子烟烟液进行组成成分披露，因为，考虑到零售场所有许多种不同的电子烟烟液配方，这种要求是不合理的。他们认为，FDA应该有一个电子烟烟液的所有组成成分表格及这些产品中组成成分的使用浓度范围（例如，最低和最高百分比例）。这些评论还建议，当产品改变时，FDA应该允许这些公司仅仅改变他们的组成成分清单，而不是要求他们提交PMTA。

（回复）毫无疑问，一旦该条例开始实施，新收到管制的产品自动受到第IX章的管制，且所有的规定都适用于烟草制品。因此，一旦该最终条例生效，按照FD&C法案的910,905及904节，所有新的受管制的产品的制造商及进口商都会受到相关要求的管制。

然而，对于特定情况，FDA还建立了一套合规政策。见IV. D.部分描述的关于特定规定及小规模烟草制品制造商的合规政策。

D. 质量控制

在NPRM中，FDA见到一些以前特定电子烟产品缺乏质量控制的例子（79

FR，第23142~23149页）。FDA认为，产品在投入市场前按新管制产品的要求自动开展全面检查，这有利于解决质量控制的问题。

（评论132）很多评论对那些对电子烟烟液进行混合的地点缺乏控制表示担忧。他们认为，消费者及电子烟零售商的员工经常混合这些烟液，但是他们可能缺乏处理这种产品的培训和知识。一些电子烟烟液零售商表示，他们有控制措施来确保他们电子烟烟液的安全性。

（回复）FDA理解这些评论对电子烟烟液安全性的担忧。正如以前所述，FDA在该条例前发布ANPRM，以搜集评论、数据、研究成果或其他信息，这些信息可能影响FDA烟碱暴露警示及防儿童开启包装的管制措施。此外，在《联邦公报》中，针对此问题，FDA已经草拟了一份指导书，该指导书将描述FDA对新管制的ENDS产品市场准入的一些合适方式，包括暴露警示及防儿童开启包装等，这将会有助于支持我们的一个态度，即一种产品的上市应有利于保护公众健康。FDA在这些产品进入市场前的综合评估前，FDA也正在考虑这些问题及其他问题。此外，在该条例的生效期后，FDA还能在《烟草控制法案》下采取额外措施来确保电子烟烟液的安全性。

（评论133）一些评论引用的一些研究结果表示，电子烟烟液的烟碱含量有差异，其中的一些研究结果表明，电子烟烟液标注烟碱含量和实际测定的烟碱含量有不符合之处。例如，一项研究发现，烟液的烟碱标注浓度和实际情况高度不符，一些标准烟碱浓度为零的产品实际上含有高浓度的烟碱（参考文献170）。另有评论认为，在新的电子烟产品中，这种差异已经不明显了，新的研究表明，新产品的标注及实际烟碱浓度的一致性更好。（参考文献171）。

很多评论引用了一些更新的电子烟研究成果，这些研究发现电子烟设计方面的差异性，其中包括电子烟烟液中烟碱浓度和标签标识浓度不符（参考文献16）。例如，一项2014年的研究发现，65%的电子烟烟液中的试剂烟碱浓度与标注烟碱浓度的差异达到10%以上（参考文献17）。其他的研究发现烟碱浓度的差异性，但烟碱浓度与广告上的浓度相当或略低（参考文献18,19）。在一项研究中，研究者发现，如果消费者将烟液喝下去和通过皮肤吸收，电子烟烟液中的总烟碱浓度有潜在的致命性（参考文献18）。这项研究的作者得出此结论的基础是烟碱的致命水平在10~60 mg；然而，其他评论认为，烟碱的致命水平实际上要高得多（参考文献172）。

一些评论担心，该条例没有涉及一批烟液会成为危险性污染物的可能性，因为该条例没有包括质量控制测试或能够防止这种污染的产品标准。他们认为，要解决这个问题，FDA官方在将来建立与烟草制品生产要求及产品标准不足以解决这个问题。

（回复）FDA知道ENDS中烟碱的含量存在不同，也清楚烟液的烟碱标注浓度可能与实际浓度不符。在该条例实施之后，FDA有权根据FD&C法案906（e）节来对烟草制品生产进行管制，已解决这个问题。PMTA程序（特别是要提交生产方法信息）也可以提供一项机制，通过该机制，在产品提出上市要求的时间里，如果该产品比市场上的产品更有害或致瘾性更强，那么就可以拒绝该产品进入市场。此外，一旦该条例生效，如果FDA确定一种电子烟烟液受到污染或掺入杂质，或贴错标签，那么就可以分别根据FD&C法案902节和903节（因为标签有误或贴错标签）启动强制措施，例如没收、发布禁制令或启动刑事诉讼。

（评论134）一些评论担心，FDA可以通过限制电子烟烟液的多样性来对制造商进行限制，以及禁止消费者对其电子烟烟液进行混合。这些评论认为，他们想得到效果好、高纯度及高质量的产品。

（回复）本最终规定对烟草制品的销售及流通进行了限制，如最低年龄限制等，但没有限制对个体的销售。

（评论135）至少一条评论注意到，尽管还存在由于电子烟电池操作不当造成的火灾、中毒事件和对其功能的担忧，该产品在各地的"实际管制"、"品牌价值、潜在的公民责任和口碑"等在助力市场发展及控制相关行为方面是有效的。

（回复）FDA同意上述观点。FDA的有害事件报警系统作为评估电子烟影响方面有潜在的局限性，因为ENDS是一种新受管制的产品，与烟草制品（包括电子烟及其他ENDS）相关的有害事件的报道是自发的。FDA依旧关注ENDS使用相关的危害事件，包括新闻报道的过热及电池爆炸等，并且，大量证据表明，随着电子烟消费量的不断增长，烟碱中毒事件也在不断增多。为解决这个问题，在《联邦公告》中，针对这个问题，FDA已经做出了可行性的指导草案，该草案将最终对FDA的想法进行解读，即FDA当前正考虑采取一些适当措施对新管制的ENDS产品进行进入市场前的授权许可，这种许可包括对ENDS的电池遵守现有的执行标准。此外，对于质量控制，这些担忧依旧存在，因为产品质量将影响这些产品的性能。FDA认为，在此项条例发布后，相关法律条文将自动在这些产品中生效，该条例生效后，将和FDA根据法律可行使的其他权力一起，有助于解决这些问题。

（评论136）至少一个评论寻求澄清为什么FDA担忧电子烟产品的质量控制问题，而不是担忧那些含有成千上万种有害成分的燃烧型烟草制品。

（回复）FDA担心所有烟草制品的质量控制问题，并将继续关注这些产品，以确定其是否有质量控制问题。FDA对新管制产品进入市场前的综合评估将会提高这些产品质量的一致性。例如，FDA对电子烟烟弹中成分的监督将有助于对电子烟及气溶胶中的化学成分及其含量进行质量控制。FDA将在以后出台烟草制品制造规范管制措施，这也将会解决质量控制的问题。此外，依照FD&C法案，如果一种ENDS产品或其他人和烟草制品掺杂造假或贴错标签，FDA可能对其提出法律诉讼。

（评论137）一些评论对国外生产的电子烟质量提出了担忧。他们表示，要求国外公司进行注册登记管制很重要，这样FDA就能知道进口到美国的外国制造商及产品的身份。

（回复）FDA认可这些评论对国内外生产的ENDS产品的质量控制和安全性的担忧。对这些ENDS马上进行管制的好处之一就是，所有符合“新型烟草制品”定义的新受到管制的产品，包括ENDS，都会根据FD&C法案的905和910节的要求进行进入市场之前的授权许可。

（评论138）一些评论建议，为更好地管制电子烟，使之在一系列烟碱递送产品中有一席之地，FDA应该基于制造商的大小来管制这些产品——这些制造商一般比那些生产卷烟和无烟烟草制品的制造商要小。他们还建议，FDA应错开提交PMTA的合规期，这样小的公司才会有更多的时间来准备相关材料。

（回复）IV. D.部分对小规模的烟草制品制造商的合规期进行了额外说明。FDA对所有受管制产品制造商SE报告、SE豁免请求及PMTA的提交都在IV. C.部分。

（评论139）一个评论建议FDA和其他联邦机构进行合作，包括国立卫生研究院（NIH），CDC和物质滥用和精神健康服务管理局（SAMHSA），以及国际机构，如欧盟等，以继续对烟草制品进行研究，并增强对质量控制及其他问题的监督和执行。

（回复）FDA同意以上观点。FDA打算继续对现有研究结果进行归纳总结，并对烟草制品的研究进行资助，包括对ENDS的开始使用、使用过程（包括转而使用其他烟草制品及同时使用多种烟草制品），认知、致瘾性及毒性等（参考文献173）。FDA还指导了一系列的公众机构来获得关于电子烟及其对公众影响的其他信息（79 FR，第55815页）。这些机构将会对FDA未来那些对ENDS产生影响的条例及政策的发展提供信息服务。其他涉及ENDS的额外管制措施将服从APA的要求。

（评论140）一些评论认为，FDA应该对电子烟部件生产过程中的原料及和烟液直接接触的包装材料进行管制。他们注意到，不合适的电子烟组件及烟液包装材料还可能会导致危险的物质迁移出来，或导致烟液中产品的分解，这些物质会在使用过程中被雾化并被人们吸入。

（回复）在本规定下，FDA要管制除了新纳入管制产品的附件外的所有产品，只要这些产品符合FD&C法案201（rr）节中“烟草制品”的定义，这包括这些产品的零部件（包括包装材料）。当提出一个烟草制品制造规范的NPRM时，FDA将会考虑这些评论所提出的问题。

E. 错误认识

在NPRM中，FDA对消费者对现有未管制产品的错误认识表示忧虑，特别是电子烟。许多评论提供资料证实了这种担忧，一些人对电子烟的潜在益处提供了资料和自己的经历。其他评论提到，基于这些潜在益处，他们认为电子烟是一种安全的烟草制品。

（评论141）虽然没有提供支撑性的材料，但许多评论认为电子烟：（1）危害性大约比卷烟低99%；（2）仅吸烟者或前吸烟者使用电子烟，并想通过电子烟来戒烟；（3）还没发现能在任何非吸烟者中产生烟碱依赖。他们还认为，没有足够证据证明吞咽电子烟烟液会导致死亡。

（回复）正如本书所讨论的那样，FDA同意，消费者使用ENDS很可能比持续吸烟的危害性小。一个自选的几种日本电子烟品牌的研究报告中显示，在一定的使用条件下，ENDS所释放甲醛含量是卷烟烟气的五十分之一（参考文献135）。电子烟释放甲醛的最高检测浓度是卷烟烟气浓度的六分之一（同上文献）。但是，一项作为读者来信的发表在《新英格兰医学杂志》中的其他研究表明，ENDS在5 V的电压下，每10口会产生(390 ± 90) μg的甲醛，这要比传统卷烟的平均甲醛释放量，150 μg要多。在3.3 V时，ENDS中没有甲醛释放出（参考文献128）。一篇后来的同行评议的关于5种电压可调的ENDS产品的文章发现，不同产品的甲醛释放量存在很大差异（参考文献128）。第一种产品在任何功率条件下都产生比卷烟烟气更多的甲醛，第二种产品在最大功率条件下产生的甲醛含量最多；第三种产品在所有的测试功率下都比卷烟烟气产生的甲醛含量少（同上文献）。同样的研究显示，不同ENDS产品中产生乙醛的含量差异达到750倍（同上文献）。一个评论所引用的一篇文章（参考文献67）显示，将电压从3.2 V提高到4.8 V后，甲醛、乙醛及丙酮的产生量会提高4~200倍。

然而，如第VIII. F.部分讨论的那样，证据显示，当吸烟者和前吸烟者使用ENDS时（参考文献109,110），一些消费者（包括年轻人和青壮年）在使用ENDS时也开始使用烟草。一些研究发现，ENDS使用者，特别是熟练的ENDS使用者能够获取和卷烟一样的烟碱（参考文献114, 148~150）。尽管迄今为止还没有研究评估非吸烟者消费电子烟过程中是否成瘾，一些研究发现，ENDS使用者，特别是熟练的ENDS使用者能够获取和卷烟一样的烟碱，而烟碱是一种公认的致瘾性物质。第四，正如VIII. D.部分所讨论的那样，烟碱中毒事件在不断增多，并已经导致严重的中毒和入院事件（参考文献174）。在2014年12月，NPRM的评论期结束后，媒体报道了受理电子烟烟液致幼童死亡案（参考文献175）。ENDS的管制将帮助缓和消费者对上述评论所描述事件的误解。

（评论142）许多评论认为，由于对年轻人和青壮年的吸引力，电子烟应该受到管制，并且相信电子烟比传统卷烟危害性小。他们认同FDA的担忧，即不对这新产品进行管制会加重消费者对这些产品的困惑和误解。然而，其他评论认为，FDA因为年轻人对电子烟安全性的误解的担忧不应该成为FDA管制这些产品的理由。他们认为，FDA不能忽视一个事实，即许多年轻人肯定会对这些身边关于产品安全性的信息不屑一顾。

（回复）如FDA在其建议中提到的那样，许多人认为，本规定中所包括的部分烟草制品和卷烟相比，其健康风险要低，一些刚发表的科学论文也支持这一结论，这些研究表示，一些ENDS产品在低压状态下，可能比卷烟释放的有害成分和有毒物质要少（见对评论117所作回应中对ENDS健康危害的描述）。事实上，一个最近的对1014名成年人的电话采访表明，大部分接受采访的美国人（接近三分之二，65%）认为电子烟对使用者的健康有害，23%的人认为电子烟无害。（参考文献176）。此外，44%的受访者认为电子烟比卷烟危害性小，而32%的人认为这两种产品危害性相当（同上文献）。特别值得注意的是，一个调查发现“那些曾经使用过电子烟的人明显比那些从来没有使用过电子烟的人更不会相信电子烟和大麻对那些使用它们的人的健康都是有害的，也更容易相信电子烟对戒烟的帮助”（同上文献）。

尽管FDA希望，如果新纳入条例的烟草制品也受到FDA管制，那么年轻人对这些产品的健康效应和风险的理解和鉴别能力能够增强，此外，正如NPRM（79 FR，第23142~23148,23149页）所讨论的那样，这只是将这些产品依据FD&C法案进行管制后会产生的许多种公众健康效益之一。

（评论143）一些评论对电子烟在禁止吸烟场所的使用量增长在民众中所产生的困惑表示担忧，特别是在儿童中，因为儿童一般不能辨别卷烟和电子烟两种消费方式的不同。他们提出的一项未发表的研究结果和轶事证据表明，当孩子们看到人们使用电子烟的图片时，他们会说有人在吸烟。

一些评论表达了不同意见，这些评论认为，电子烟的使用将很可能会带来电子烟而不是卷烟的同质化（参考文献110）。他们声称，一项研究发现，当一个烟民（18~35岁之间）看到有人抽吸电子烟时，只会引起他们吸电子烟的欲望，而不会引起抽吸卷烟的欲望（参考文献177）。

（回复）FDA关注到ENDS使用的增长，特别在年轻人和青壮年中，这会导致抽吸卷烟重回正常化。卫生总监认识到，青少年对吸烟场面及社会规范的视觉信号特别敏感，这应引起更大关注（参考文献49）。FDA认为，将ENDS纳入烟草制品管制，并要求这些产品符合多种法定及管制要求（如组成成分清单及其他），将帮助解决人们对该类产品安全性的误解。

F. 作为戒烟产品

在NPRM的序言中，FDA认为，一些消费者可能在尝试戒烟时使用ENDS。我们注意到，如果一个ENDS产品想作为一种戒烟产品来销售，制造商必须向FDA药品评估和研究中心（CDER）提出申请，但是并没有ENDS被FDA批准成为一种有效的戒烟辅助工具。

近期发表的一项CDC/NCHS采访研究的人群范围数据，给出了全国有代表性家庭的成年人电子烟使用情况的首次评估，该研究表明，现有吸烟者和短时间戒烟者（即那些在过去的一年里刚刚戒烟的人）比那些长时间戒烟者（即那些戒烟时间超过一年的人）和从来不吸烟的成年人更容易使用电子烟（参考文献24）。在过去的一年里，在那些曾经尝试戒烟的当前吸烟人群中，超过一半曾经尝试过电子烟，20.3%正在使用电子烟（同上文献）。

（评论144）对于电子烟作为戒烟产品的效果，观点可分为两派。一些评论坚持认为，鉴于电子烟不断向年轻人群进行渗透，并在年轻人和青少年中保持着较高的使用率，电子烟真正的消费模式将导致使用电子烟的吸烟者的戒烟概率降低（参考文献16）。他们还引用了另外一项研究，该研究表明，尽管85%的电子烟使用者声称他们使用电子烟来戒烟，但该人群戒烟的概率并不比不用电子烟的人群高（参考文献178）。

然而，消费者及电子烟制造商提供的资料表明，电子烟对戒烟有帮助，这里面包括戒烟者的个人经历（参考文献132）。例如，他们引用了一项一年期的多国研究结果表明，在使用电子烟的吸烟者之中，22%在1个月后成功戒烟，46%在1年后成功戒烟（参考文献179）。在一项对过去一年里英国境内那些尝试戒烟的成年人的研究中，使用电子烟的受访者（戒烟率为20%）比那些使用类似于NRT的戒烟贴和戒烟口香糖（戒烟率为10%）及那些不使用任何辅助工具的人群（戒烟率为15%）的戒烟率都要高。这些评论还列出证据表明，使用电子烟至少会降低抽吸卷烟的数量（参考文献107,181）。一个评论还注意到，一些人使用电子烟作为卷烟的替代品，并用来帮助戒烟

（回复）正如我们在本书中多次讲的那样，我们承认，有大量数据表明，一些吸烟者可能使用电子烟而远离燃烧型烟草制品。例如，考察电子烟作为戒烟工具有效性的前瞻性研究发现，这些产品可能会降低卷烟的使用量，也会有助于戒烟（参考文献107, 149, 182~184）。三项随机对照临床试验结果发现（参考文献107,149,182），电子烟可能会帮助吸烟者戒烟。该试验将电子烟与烟碱替代疗法在所有试验中进行了对比，并发现都是有效果的，但6个月的戒烟周期内，发现电子烟、电子烟安慰组（指不含烟碱的电子烟）及烟碱贴片三者之间没有明显差别（参考文献184）。基于效能计算和研究的样品量，戒烟的功效要比乐观预期要低很多，因此，研究者仅能得到下面的结论，即“对于那些想要戒烟的吸烟者，含烟碱的电子烟和贴片的6个月戒烟效果可能差不多”（同上文献）。长期的前瞻性研究可能会，也可能不会证明电子烟比烟碱替代疗法的戒烟明显好（同上文献）。值得注意的是，该研究中三分之一的使用电子烟6个月后的电子烟组志愿者表明他们可能以后会长期使用电子烟（同上文献）。然而，一些对现有证据的系统性综述表明，现在还没有足够的证据证明电子烟是否可作为戒烟工具（参考文献185,186）。Cochrane的综述及荟萃分析评估了大约600种科学纪录，并在他们的综述中纳入了关于电子烟及戒烟的两种随机对照试验和11种队列研究（参考文献186）。因为Cochrane总数中判定RCT偏差的概率较小，研究者从两组随机对照试

验、总共超过600个人中对试验结果进行了整合，并进行定量荟萃分析。结果显示，和不含烟碱的电子烟相比，使用含有烟碱的电子烟的戒烟成功率高。研究者还发现，和使用不含烟碱的电子烟相比，使用含有烟碱的电子烟还可以帮助更多的吸烟者降低他们的吸烟量达到至少一半。但是，作者警告说，“评估期间少的实验量、较低的事件发生率和大的置信区间意味着我们实验的可信度‘低’”（参考文献186）。此外，作者注意到，“由于实验样本量小所造成的不准确性会造成我们实验结果证据的整体质量‘低’或‘很低’”（同上文献）。另外一项研究对含有和不含烟碱的电子烟的相同的两种实验进行了元分析，该结果具有可对比性（参考文献187）。作者还报道了一项在含烟碱电子烟使用者之间的合并评估结果，但是该实验中非电子烟对照组的缺乏使之无法将使用电子烟与不使用电子烟之间作对比，也不能和标准戒烟方法作对比，如烟碱贴片（同上文献）。

一项交替的系统性综述和大约600例科学记录的荟萃分析包括了15项队列研究，3项横断面调查和两项临床试验（一个是RCT，一个是非RCT），并验证了在观测的流行病学研究和临床试验中电子烟使用和戒烟的关系；所有20项研究都比较了电子烟使用者和非电子烟使用者戒烟成功率的差异（参考文献112）。该荟萃分析发现，吸烟者使用电子烟的戒烟概率比不使用电子烟的概率要低28%（优势率=0.72，95%的置信区间，分别为0.57和0.91）。值得注意的是，这次荟萃分析主要包括对照组非随机性的观察性研究，并包括许多不同的设计和多种多样的暴露和结果的定义（同上文献）。尽管在大多数研究中控制了一些潜在的混杂变量，研究者承认，可能还存在一些其他未确定偏差，并可能成为误差源。这种可能的偏差及其他所描述的局限性可能影响整个研究结果的解释能力。

我们还注意到，ENDS还没有被认定为有效的戒烟工具。FDA依然决心从事长期的人群水平上的研究，以有助于解答当前的谜团。

（评论145）至少一个评论建议FDA为电子烟的使用提供指导，包括该类产品的健康影响及戒烟功效。

（回复）该评论表示，电子烟产品是一种药物，因为这些产品作为戒烟药来销售，一种用来作为治疗目的的ENDS产品是一种药物或装置，应受到FDA这类产品相关规定和法律的管制。

（评论146）一些评论担忧，FDA误导NPRM中的一些研究，也不考虑NPRM发布后所发表的研究，特别是那些涉及电子烟戒烟效果的研究。

（回复）FDA考虑过那些涉及ENDS戒烟效果和降低消费者吸烟量的前期研究。一些研究报道，评估ENDS对吸烟影响的小数量人群随机对照实验（参考文献137,148,184）和评估ENDS对吸烟量减少和戒烟影响的前期实验（参考文献182,183）表明，这些产品有可能会帮助一些消费者戒烟或减少他们对烟草制品的使用量。但其他证据却得出了相反的结果。除了V. B. 3.部分所讨论的荟萃分析外，对超过5000名20岁瑞士男性的一年期研究发现，尽管对烟碱的依赖度有所改变，与那些实验开始时抽烟及不使用电子烟的人相比，那些实验开始时抽烟但在实验结束后使用电子烟的人群持续吸烟的概率更大，其戒烟尝试的失败次数会多一次或更多（参考文献188）。最重要的原因是，ENDS不是FDA推荐的戒烟产品。如果一个ENDS制造商希望做一个产品戒烟声明或是将其产品按照治疗性药物销售，该公司必须提出申请，以将其ENDS产品按照药物销售。

（评论147）一些评论担忧，电子烟使用者在寻求戒烟的过程中会烟碱成瘾，管制措施的缺乏会使使用者难以知道他们戒烟时需要电子烟的烟碱水平。他们表示，对于那些想用电子烟代替卷烟的吸烟者来说，组成成分清单和其他要求对于确保消费者知道他们摄入多少烟碱具有极为重要的作用。

（回复）通过将ENDS纳入管制体系，FDA认为，这些产品现在应提交组成成分及HPHC报告等相关要求。此外，注册登记、提交清单及上市前申请将为FDA提供一些很重要的信息，如ENDS的使用情况，以及每天多少人在使用ENDS。

（评论148）一些评论认为，新一代的电子烟产品的致瘾性比卷烟低，并和NRT差不多（包括风险性）（参考文献76）。他们认为，电子烟所引起的严重负面效应不多，而且这些和NRT所引起的不良事件数量类似。一些评论还认为，FDA在对这些产品建立管制措施时，应考虑其优点（和NRT相比），如它们在视觉及触觉上有吸引力、使用方式和卷烟类似以及比NRT的烟碱递送效率更低等（参考文献189）。

（回复）正如我们在本书中所讲的那样，我们认识到，一些吸烟者认为，ENDS可能具有戒烟功效，随机对照试验的初步研究结果表明，ENDS可能会减少吸烟者的吸烟数量，并有戒烟效果。然而，该类产品的风险预期和NRT相比很可能是不同的，而且ENDS长时间使用的长期风险也未知。最后，在FDA的CDER对烟碱贴片及其他NRT在进入市场前其安全性及有效性实验数据的综合评估后发现，该类产品是安全及有效的。而ENDS还没有经CDER批准。

（评论149）支持对电子烟进行有限管制或不管制的评论认为，这些产品在人群水平上对公众健康是有益的。他们引用网络调查结果及便利店的信息，这些资料显示，大部分电子烟使用者不适用其他烟草制品（见VIII. H.部分），并认为FDA在NPRM中有选择性地挑选电子烟持续使用结果的证据。他们还声称，FDA没有充分评估电子烟使用量增长带来的吸烟量的减少，结果，FDA低估了在人群水平上电子烟对公众健康所带来的正面影响。

（回复）很多FD&C法案的规定要求对人群水平上公众健康影响进行评估时要重视整个人群，包括烟草制品的使用者和非使用者（FD&C法案906（d）节）。尽管一些产品比燃烧型烟草制品对个体的危害小，但是这些产品可能会加大对公众健康的危害，例如，这些产品鼓励非吸烟者开始使用烟草制品，这可能会使之一辈子都会对烟碱上瘾。

正如我们在本书通篇所讲到的那样，FDA对本规定所管制的所有种类的烟草制品相关的健康危害都进行了资料调研（包括ENDS，FDA认为该类产品可能会对某些吸烟者的戒烟有帮助）。FDA正根据该认识对这些产品进行管制，并将持续进行管制，因为我们越来越意识到这类产品可能会对健康造成危害。FDA知道，一些ENDS消费者宣称这种产品能够帮助个体消费者戒烟。但是，FDA的责任是评估ENDS对整个人群健康的影响，包括该类产品在年轻人中间不断增大的使用量，以及人们同时使用ENDS和燃烧型烟草制品的比例。FDA认为，来自长期人群水平上的研究数据，例如PATH研究，能够帮助提供ENDS在整个人群水平上对健康影响的信息。

（评论150）许多评论提供了个人案例及同行评议的研究来证实电子烟作为戒烟产品的好处，并要求FDA根据该类产品属于哪一种烟碱传输型产品，而对其区别对待。例如，他们建议，FDA应区别对待含有烟草的物质和来源于烟草的物质，以对每种产品进行分别管制。

一些评论也建议，FDA应根据电子烟装置的类别而采取不同的管制方法。例如，先进的可充液的个人雾化器（ARPV）或敞开式的雾化产品及“类似雪茄”的产品（那些在便利店销售的像传统卷烟的产品）。这些评论认为，FDA应该仅仅管制“类似雪茄”的那些用于消费的产品，应为这些产品能轻易吸引年轻人，并和那些质量控制事件有关（见VIII. D.部分）。他们注意到，ARPV和其他开放式产品比，类似雪茄的产品要贵得多，并只在电子烟店或专卖店中可以得到。他们将这和第1选项（管制所有雪茄烟）和第2选项（除了高价雪茄外的所有雪茄）进行了比较，并建议FDA应该针对不同的电子烟出台不同的管制政策。他们还建议对ARPV采取不同的管制方式，因为这类产品为使用者提供了戒烟的最好选择（参考文献190）。但是，其他评论所提供的焦点小组研究表明，使用“类似雪茄”电子烟产品的吸烟者比使用ARPV产品的吸烟者的满足性明显高很多，并要求对“类似雪茄”的电子烟产品进行最低限度的管制。

此外，还有一些评论认为，要管制ARPV是不大可能的。他们认为，电子烟零售店的烟液是多种多样的，而消费者也可以根据他们的喜好对电子烟器具进行调节，包括改变产品的电压/功率、抽吸持续时间、线圈电阻、烟弹/电池续航性能和设计美感等，这使得监督应用检查及其他管制措施难以开展。

其他评论认为，与其建立一套不同的监管模式，FDA应该禁止ARPV，因为这类产品的危险性更高，而且儿童可能会随意摆弄它们。他们建议FDA不要禁止这些产品，FDA应该要求在这类产品在使用之前及使用过程中对电子烟烟液及其他雾化型烟碱产品的所有组成成分进行披露。

（回复）一些评论主张，FDA不应该对ENDS进行管制，或用一定的条款来限制它们，FDA不同意这些主张，特别是考虑到ENDS在年轻人及青壮年之中的使用量呈现增长之势。

尽管近期关于青少年及成年人的研究表明ENDS使用者很可能是曾经的吸烟

者及那些曾经尝试戒烟的吸烟者（参考文献24），一些不使用烟草的成年人，特别是青壮年也在使用ENDS。此外，青少年中ENDS使用量的快速增长应该引起关注。此外，近期研究发现，新一代高电压的ENDS产品可能会让消费者的健康风险加大，而且ARPV可能会加大滥用的风险（参考文献109,132,171）。FDA将继续关注关于不同ENDS产品健康效应的研究报道，并可能相应的完善相关管制要求。

（评论151）一些评论考虑到，ENDS作为一种潜在的戒烟产品，FDA或取消对电子烟产品的管制或对电子烟产品的全部提案，并用一种他们认为的更科学的方法取而代之，或使用那些能够达到好的制造规范和消费者安全性的条例。

（回复）FDA同意。正如NPRM（79 FR，第23142~23148,23149页）所描述的那样，本规定是一种能够带来很多公众健康效益的基本条例，并将为FDA提供关于ENDS及其他新纳入管制产品的健康风险的关键资料，包括那些FD&C法案要求的提交组成成分清单及HPHC报告。此外，一旦本规定生效，新纳入管制的产品可能会从属于补充规定。例如，根据FD&C法案906（e）节，FDA有权出台建立烟草制品生产规范的条例，而且这种权力适用于纳入管制的产品。根据FD&C法案907节，FDA还有权对这些产品建立产品标准，其中包括对包装的要求。正如前文所述，FDA在该条例前发布ANPRM，以搜集评论、数据、研究成果或其他信息，这些信息可能影响FDA烟碱暴露警示及防儿童开启包装的管制措施。此外，在《联邦公报》中，针对此问题，FDA已经草拟了一份指导书，该指导书将描述FDA对新管制的ENDS产品市场准入的一些合适方式，包括暴露警示及防儿童开启包装等，这将会有助于支持我们的一个态度，即一种产品的上市应有利于保护公众健康。

（评论152）一些评论认为，FDA应该少管制或不管制电子烟，因为电子烟能够抑制减轻不成功的吸烟者的戒烟症状（参考文献191），并会使有哮喘病的吸烟者吸烟量减少或戒烟。

（回复）FDA不同意。尽管ENDS可能会有助于个体吸烟者戒烟，但还ENDS还没有被认定为一种有效的戒烟工具。如果ENDS制造商希望宣称电子烟可以戒烟，那么该公司必须提出申请，以将其ENDS产品按照药物销售。

G. 风险降低声明

在NPRM中，FDA注意到，本规定希望通过FD&C法案911节对新纳入管制的烟草制品进行管制，以有利于公众健康。依据以前的经验，特定消费群体会基于非法的减害声明和消费者的无根据判断来选择并持续消费某种烟草制品。应用911节将会禁止MRTP州际贸易的出现，除非FDA发布指令允许这些产品的销售。

（评论153）一些评论担心，实施FD&C法案911节会迫使电子烟制造商暗中欺骗消费者，因为该节不允许制造商告诉消费者他们的产品是比传统卷烟更安全的替代物，或做广告称不含烟草，以及宣称他们“不含烟气”。他们还提到，公众已经基本相信，电子烟是一种减害产品，因此，911节的要求是不相关的（参考文献178,192）。然而，其他评论认为，在没有提供科学证据来证明产品戒烟有效性的情况下，电子烟制造商应禁止发布戒烟声明。

（回复）相关评论担忧ENDS制造商不能够做出能够适当代表其产品的声明，FDA不赞同这种担忧。911节是相关法规的条款之一，将自动适用于新受管制的产品。FD&C法案致力于保护消费者免受制造商无效或无根据声明的影响，如很多厂商都将其卷烟标注为“清淡”、“低”或“温和”等。消费者误认为这种对“清单”及“低焦油”卷烟比其他卷烟更安全，所以许多消费者都转而抽吸这类卷烟，而不是选择戒烟。911节将通过禁止制造商做出这种没有根据的说明来防止消费者被误导。有证据证明其产品具有减害作用的制造商可提交一个MRTP申请，这样FDA就能判定该产品满足相关法律标准，并能够发布命令来授权该产品为MPTR。

正如国会认可的那样：

那些声称能够使烟草消费者所受危害风险降低的烟草制品，除非真的能够降低这种风险，否则，这些产品会对公众健康及个体造成重大伤害，这些人可能不使用烟草制品或降低烟草制品的使用量，但因为这些产品的减害声明，而继续使用该类产品。如果那些使用作为减害产品销售或流通的烟草制品的消费者没有戒烟或减少这些烟草制品的使用量，而使用的产品实际上不具有减害效果，那么这实际上会增大这些消费者的伤残及死亡风险。那些以减害产品销售及流通、但实际上并不减害或增加危害的产品的大量使用会给这个社会带来一系列代价，如成千上万不必要的死亡，以及为我们的保健医疗系统带来巨大负担。

（评论154）一些评论认为，电子烟应该只被授权为MRTP，而不是通过PMTA或SE渠道被授权为新型烟草制品，因为这样会使这些产品迎合消费者的主要期待。

（回复）FDA不同意。《烟草控制法案》要求所有的新型烟草制品，包括MRTP，进行进入市场前的评估，并通过PMTA，SE或SE豁免程序来获得市场授权。那些希望销售能够降低危害或减低烟草相关疾病风险产品的制造商如果能够按照FD&C法案提交申请，并且FDA发布相关命令之后，也可以获得MRTP进入市场的授权。

（评论155）一个评论建议，要处理非法的减害声明，我们在最终条例中添加了以下内容：没有一种雾化产品或烟碱替代产品仅仅因为该产品的标签、标识，或广告使用了以下词语来描述这列产品：“不通过吸烟来使用”、“不产生烟气”、“无烟的”、“没有烟气”、“没有烟”、“不是烟”等，可以被称作“可用来销售或流通、且与现有市售烟草制品相比能降低烟草相关危害或疾病风险的产品”。

（回复）FD&C法案911节要求FDA评估特定产品的MRTP声明。因此，如911节所指出的那样，FDA将会具体分析相关产品来确定这些产品是否为“可用来销售或流通、且与现有市售烟草制品相比能降低烟草相关危害或疾病风险的产品”。然而，我们注意到，电子烟和类似的ENDS产品不是“无烟气”产品，因为消费者在吸入多种成分（如《烟草控制法案》所定义的那样，这些不属于无烟烟草制品）。此外，FDA注意到，一些ENDS可能会将它们加热到很高的温度，而这个温度会导致燃烧。

（评论156）很多评论认为，NPPM可能会加大传统烟草的使用量，因为电子烟制造商将来不能够告知吸烟者他们的产品更安全及不含烟草。他们认为，电子烟行业可能会影响到烟草行业，而NPRM削弱了这种影响力。

（回复）FDA不同意。首先，如果ENDS制造商能够依照FD&C法案911节的要求，提供证据来满足FDA的要求并获得进入市场许可，那么本最终规定就不会禁止这些制造商发布ENDS产品比传统烟草制品安全性好的声明。第二，FDA认为ENDS能够作为燃烧型烟草制品的替代品。

H. 两种或多种烟草制品同时使用

在NPRM中，FDA注意到，除卷烟或其他烟草制品外，成年吸烟者可能使用一种或多种建议管制的产品。FDA也注意到一些非卷烟使用者可能会成为上瘾的卷烟使用者的研究（79 FR，第23142~23159页）。

FDA也注意到，一些同时使用ENDS和卷烟的消费者可能会放弃使用燃烧型烟草，而这个同时使用两种产品的过渡期与仅使用燃烧型烟草相比，可能不会增大健康风险。在一篇刚发表在《癌症预防研究》杂志上的同行评议的文章中，研究者对仅使用一种“类似雪茄”ENDS品牌的消费者进行评价，结果发现，那些转而使用经过评估的ENDS产品的吸烟者和那些同时使用ENDS和卷烟的吸烟者对一氧化碳和有毒的丙烯醛暴露量都显著下降（参考文献194）。

（评论157）很多评论担心，同时使用电子烟和燃烧型烟草制品的比例是较高的，特别是那些初高中学生（参考文献16）。他们认为，青少年不是通过电子烟来戒烟，相反，他们往往还是用卷烟（参考文献193,194）。他们还注意到一个事实，即与那些没有使用过电子烟的年轻人相比，使用过电子烟的年轻人成为固定吸烟者的可能性要高出7.7倍（参考文献116），这意味着电子烟会导致燃烧型烟草制品使用量的增多。但是，他们还认识到，我们还需要类似于FDA的PATH研究那样的长期研究来对这个论断进行验证。一些评论还认为，那些偶尔使用第二种烟草制品的吸烟者比持续使用烟草的风险更高（参考文献195）。

其他评论认为，基于一项对超过19 000名电子烟消费者的网络调查表明，该研究结束后，同时使用两种烟草制品的消费者的每天卷烟使用量从20支降到4支，所以，不应该引起对消费者同时使用两种烟草制品的担忧（参考文献109）。一些评论者还认为，因为临床研究表明，电子烟初学者仅仅摄入低浓度的烟碱（参考文献196），这种情况在非吸烟的年轻人和青壮年当中也存在，所以，这种情况下成瘾的可能性比较低。其他人认为，先进的电子烟产品能够有效地递送烟碱，所以成年消费者不太可能会同时使用两种产品或重新吸烟。此外，他们宣称，如果电子烟式卷烟的引路者，那么当前电子烟使用量的增长将会导致青少年吸烟者的相应增长（但这种情况没有发生）。事实上，他们认为，如果一个烟草消费者开始使用电子烟并放弃使用燃烧型烟草制品，那么消费者同时使用两种产品是必要的。

（回复）FDA知道ENDS和燃烧型烟草制品的同时使用，并也关心这种情况对烟碱成瘾和戒断的影响。FDA对其关心的另一个原因是两种或多种烟草制品的同时使用在年轻人和青壮年当中好像很普遍（参考文献197）。但是，当前CDC NCHS对青壮年及成年人电子烟使用方式的数据表明，与戒烟时间超过一年的戒烟者及那些非吸烟者相比，戒烟者和尝试戒烟的吸烟者使用电子烟的可能性要高（参考文献24）。这些研究结果表明，当吸烟者尝试戒烟时，在过渡期里同时使用两种烟草制品的情况也会存在，评论里的个人事例会对支持该结果。此外，欧盟迄今为止最大的研究发现，和那些非吸烟者相比，那些在过去的一年里曾经尝试戒烟的吸烟者更可能使用电子烟（参考文献109）。

其他研究表明，吸烟者或戒烟者尝试电子烟不是为了戒烟，相反，是因为电子烟“在我不能抽烟的时候可以用”（参考文献198）或是因为可以在那些不允许吸烟的场所使用（参考文献109）。FDA决心支持那些长期的人群水平的研究，如PATH研究，这有助于阐明美国市场上包括ENDS和传统卷烟的所有烟草制品中开始使用烟草、改变烟草使用形式及同时使用两种烟草制品的原因和模式。

（评论158）许多评论注意到，基本上所有的电子烟含有烟碱（参考文献158）。不同品牌及同一品牌不同型号的电子烟的烟碱递送情况都不同（参考文献200,201），而且使用者对这些产品使用的数量程度不同，也会导致烟碱递送情况都不同（参考文献202）。尽管很多评论基本不担心电子烟的滥用问题，并认为消费者最终将会仅使用电子烟，但其他评论认为，对电子烟的长期使用可能会导致青少年及青壮年烟碱成瘾。

（回复）对于年轻人可能通过ENDS使用烟草、上瘾然后同时使用两种产品，最后使用传统烟草制品这一情况，FDA也表达了同样的担忧。在NPRM中，FDA针对同时使用两种或多种烟草制品的相关资料进行了讨论，且并没有发现同时使用两种或多种烟草制品的消费者会最终只使用一种烟草制品的长期研究（79 FR 23142，第23159~23160页）。但是，一项对694名年龄为16~26岁的志愿者的近期研究发现，年轻的电子烟使用者会转而抽吸传统卷烟（参考文献203）。因此，FDA依然担忧，将来年轻人可能会使用一种ENDS或其他烟草制品等最新受管制的产品，并和其他烟草制品一起使用。

（评论159）一些评论建议FDA基于电子烟的科学益处及对公众健康所作的贡献来对其进行评估。至少一个评论认为，烟草领域的一些研究者由于他们和公众健康领域倡导者或那些“大的烟草公司”有关系而有失偏颇。一些评论认为，FDA仅仅参考那些期刊杂志，还需要考虑其他现有资料。

（回复） FDA利用来自于同行评议论文及其他信誉良好的渠道的最好的科学论据来支持本规定，并履行我们在公众健康方面的权力。在制定条例时，FDA遵从第12866和13563号行政命令的要求，其决议都是“基于最合理的可得到的科学、技术、经济及其他信息”。正如在NPRM中所提到的那样，我们将继续资助那些能够帮助我们辨别ENDS公众健康效应的研究。针对ENDS是否是一种经证实的戒烟产品，或电子烟对那些可能想要戒烟但却同时使用ENDS和其他烟草制品的消费者的影响，尚缺乏长期研究。

I. 901 节的适用性

在NPRM的序言中，FDA指出，本规定适用于所有满足FD&C法案201（rr）节中“烟草制品”定义的产品，以及那些任何满足定义的未来的产品。FDA指出，电子烟满足“烟草制品”的定义。

（评论160） 许多评论试图将电子烟产品排除在本规定所包括的管制范围之外，并指出，国会只要求FDA管制那些具有最大威胁的产品（如卷烟和无烟烟草制品）。他们声称，将所有烟草制品像卷烟那样进行严格管制是不值得的，且死板的执行烟草控制法案不符合保护公众健康的宗旨。

（回复） FDA不同意。国会赋予FDA管制特定烟草制品（如卷烟、无烟烟草制品、卷烟烟草及手工卷制的烟草等）及管制其他产品的权力（包括ENDS和其他满足“烟草制品”法律定义的产品）。不管烟草制品是哪一种，都会带来健康风险。此外，在此时，只有1140部分（在本规定之前，只针对卷烟和无烟烟草）的一些限制条件能够适用于这些新纳入管制的产品。需要特别指出的是，最小年龄限制、鉴定、机器及免费样品的提供适用于该本规定，但第1140部分的额外规定（包括最小包装规格、对自助式显示的限制、非烟草部分的销售和流通及赞助活动等）当前不适用于本规定。

（评论161） 许多评论担忧，国会并不希望有效禁止电子烟（正如他们声明中所提到的管制这些产品后将会发生的那样），因为该禁令违反FD&C法案907（d）（3）节。他们表示，如果国会想要禁止这些产品，他们将会在他们的药品权限范围内做这样的事情。

（回复） FDA并不会通过本规定禁止任何类型的烟草制品。

（评论162） 很多评论声称，国会不想让FDA根据《烟草控制法案》的要求严格管制所有的新受管制的产品，特别是那些不含烟叶的产品。他们认为，因为电子烟烟液不含烟叶，这类产品应该不同于卷烟和其他烟草制品的管制方法。

（回复） FDA会管制所有符合“烟草制品”定义的产品，包括电子烟烟液，因为根据FD&C法案第IX章，这些产品应隶属于烟草制品管理当局监管，以消除大众对这些产品健康问题的担忧。FD&C法案并不包含任何产品含有“烟叶”才能符合“烟草制品”定义的要求，才纳入该本规定的管理。如前所述，当前FDA不要求ENDS和其他新纳入管制的产品符合第1140部分所有的要求。

（评论163）一些评论认为，在901节中对电子烟进行管制之前，我们还需要更多的毒理学、流行病学及行为学的研究。其他评论认为，尽管还没有像大多数传统烟草制品那样多的科学证据，我们依旧必须管制电子烟。

（回复）FDA将继续研究，并将继续资助那些涉及ENDS开始使用、使用情况（包括转而使用其他烟草制品或同时使用多种烟草制品）、认知、致瘾性及毒性的研究（参考文献195）。此外，FDA正在指导一系列的公共机构，以获得电子烟的信息和它们对公众健康的影响（79 FR，第55815页）。这些公共机构不会影响本规定；但是它们可以影响FDA未来影响ENDS的规定的发展。任何涉及ENDS的额外管制措施将依据APA的要求开展。

（评论164）一些评论希望能搞清楚FDA对一些电子烟液的管制问题，这些电子烟烟液不含烟碱或其他来源于烟草的化合物，或这些烟液所含的烟碱来源于非烟草植物（如茄子或土豆等）。其他声明表示，FDA没有权力管制那些可充液及不含烟碱的电子烟，但可以对含有烟碱的电子烟烟液进行管制。然而，一些人认为，电子烟所用的烟液应该有一个全新的分类，因为在市场营销中使用“烟草制品”的字眼会使消费者感到很困惑。

（回复）如FD&C法案201（rr）节所说的那样，“烟草制品”的定义包括所有由烟草制成或来源于烟草的产品，包括烟草制品的任何成分、组件或配件。来源于烟草或由烟草制成的电子烟烟液符合该定义，因此，属于FDA第IX章职权范围内。如果电子烟烟液是有意或在合理推断下和一种烟草制品使用，或用来供人们使用烟草制品，但不符合配件的定义，那么，它们尽管不含烟碱或其他来源于烟草的成分，可能依然是烟草制品的成分或组件，因此依然在FDA烟草控制范围内。

（评论165）一些评论试图将烟枪、卷烟纸（用来吸烟）和电子烟（用来“雾化”电子烟烟液）进行比较，并认为，电子烟不应该受到管制。他们表示，不像卷烟纸那样“用以人们抽吸”，故而是烟草制品的一种组件，烟枪是“非燃烧型的”，因此不应当被看做是烟草制品的一种组件。他们认为，和烟枪类似，电子烟是“非燃烧型产品”，因而不是烟草制品的组件或配件，因而不应当受到管制。他们还提出，只有电子烟烟液是燃烧型的产品，应该是电子烟中唯一应受到管制的部分。

（回复）根据FD&C法案201（rr）节的定义，烟草制品包括烟草制品所有成分、组件或配件（不包括用于制造烟草制品成分、组件或配件的除烟草外的原材料）。FDA解释到，烟草制品的配件和组件包括那些有意或合理推断的任何组装材料：（1）用来改变烟草制品的性能、成分、组成或特征；（2）用来和烟草制品同时使用或为使用烟草制品服务。电子烟和烟枪都符合该定义。因此，这类产品应属于本规定中FDA第IX章管制范围内。

（评论166）很多评论认为，FDA缺乏管制电子烟的任何有意义的理由，因为电子烟比不上卷烟所带来的社会健康威胁。他们宣称，FDA难以对管制提出一个合理的理由，很少的数据显示，这些产品没有危害，这不能作为管制这些产品的理由。此外，一些评论认为，FDA不能因为一些产品含有烟碱就对其进行管制。他们将当局对另一种来源于作物的化合物——咖啡因的繁重的管制任务拿来作为对比。

（回复）FDA不同意。FDA管制这些产品来应对公共卫生领域的担忧（79 FR,第23142~23148,23149页）。ENDS属于烟草制品。正如本书通篇所讲到的那样，FDA将符合"烟草制品"法定定义的所有产品进行管制，将会对公众健康非常有益。我们还注意到，FDA仅仅将ENDS作为烟草制品来管制，但对其管制力度不会像当前对卷烟的管制力度那么大。例如，目前自助式显示的限制、非烟草部分的销售和流通及赞助活动等并不适用于该新条例。FDA在决定是否添加额外的管制措施时，将会考虑所有产品的健康效应。

（评论167）许多评论认为，NRPM事实上将会禁止所有的电子烟产品和高级雾化器（包括烟盒、大储液腔和开放式系统）及其他组件和配件，因为这类产品的制造商没有足够的资源来满足法律的要求。

（回复）FDA不同意。在本最终规定下，FDA不会禁止任何烟草制品。依照FD&C法案901节，FDA将会拓展自己管制这类产品的权力。ENDS产品制造商也知道，自《烟草控制法案》颁布及随后的Sottera决议发布以来，这些产品会被认定为FD管制的烟草制品。要知道其他的关于Sottera的讨论，可查看VIII. K.部分。因此，FDA不同意任何关于本规定要禁止任何类型的烟草制品的评论。

（评论168）一些评论称FDA无权管制电子烟烟液中的组成成分。

（回复）FDA声明，尽管当前并不会直接管制电子烟烟液中的单个组成成分，FD&C法案905和910节授权FDA在审定SE报告及PMTA时对组成成分进行审定和考虑（即FDA将检查特定电子烟烟液中的组成成分，以决定全部的烟草制品是否满足进入市场授权的法律标准）。此外，904节要求制造商提交一份制造商添加到每一种烟草制品之中烟草、纸张、滤嘴中的所有组成成分的清单，这包括每一种品牌及子品牌的烟草制品，FD&C法案的915节还授权FDA发布一项管制措施，并要求"烟草制品制造商、包装商或进口商应通过包装标识、广告或其他合适的方式对焦油及烟碱测试结果进行披露，还要求对其他成分的测试结果进行披露，包括烟气成分、组成成分或添加剂，此外，委员会的决议应该向社会披露，以维护公众健康，并防止消费者对烟草相关的疾病产生误解"（添加的重点）。

（评论169）一些评论注意到，与相对单一的燃烧型烟草制品相比，ENDS类产品之间具有差异性。考虑到ENDS产品的不同及该类产品快速的更新换代和发展，他们认为，FDA不能利用《烟草控制法案》框架来管制这些产品。

（回复）FDA同意，ENDS产品之间存在很多差异。然而，燃烧型烟草制品之间也有许多差异。例如，许多雪茄烟都由整个烟叶卷制而成，而卷烟不是。水烟的消费方式和燃烧型的卷烟和雪茄就存在很大不同。这些产品之间存在的不同不影响FDA根据《烟草控制法案》的要求对其进行管制的能力。

J. 定义

一些评论建议我们针对电子烟及其组分和配件添加专门定义。评论强调定义术语包括的范围应足够大，以确保所有最终产品或最终产品的成分和配件都包含在这些定义之中，这样做的重要性。

（评论170）一些评论建议FDA应该清晰定义ENDS产品的术语和组成，因为ENDS是一种比电子烟范围广得多的术语。同样地，一些评论认为，不对这些产品进行定义，将不能应对不断发展的电子烟市场，以及电子烟的零部件。他们还认为，对ENDS的定义还是必要的，这样国家和地方政府就能够使用一致性的术语。

（回复）FDA承认，满足FD&C法案中"烟草制品"定义的烟草制品市场在扩大。但是，FDA认为没有必要针对本规定而对每种烟草制品进行定义。事实上，通过将"烟草制品"普遍纳入管制，可确保新型烟草制品和未来烟草制品以正确和有效的方式进入市场。FDA如果确定这样做是对的，FDA可能在以后发布特定的定义。

（评论171）至少一个评论建议我们制定"雾化型产品"的定义，并将其定义为"任何来源于烟草的非燃烧型的含有烟碱的产品，并通过一个加热元件、电源、电路或其他电、化学或机械方式将溶液或其他形式中的烟碱变为蒸气，而不管其形状或大小，并包含任何组件"。该评论认为，一些州已经对该术语进行修改并接受，这将会对其进行必要性的澄清。

同样地，至少一条评论建议，我们应该建立一个"替代烟碱产品"的定义，这将定义为"任何来源于烟草的非燃烧型的含有烟碱的产品，供人们消费，通过任何其他方式咀嚼、吸收、溶解或吞咽"。该评论认为，一些州已经对该术语进行修改并接受，这将会对其进行必要性的澄清。

（回复）给予一些如前所述的原因，FDA认为，没有必要将这些定义加到本最终规定里面。

（评论172）一些评论建议，FDA应澄清"液体烟碱（liquid nicotine）"和"电子烟烟液（e-cigarette liquid或 e-liquid）"的区别。他们注意到，在NPRM中，FDA将电子烟的液体成分称为"电子烟烟液"，成分包括烟碱、香味成分及其他组成成分。但是，在一些例子中，FDA又称之为"烟碱溶液"或"烟碱液体"。他们要求我们阐明这些不同，以避免FD&C法案第IX章中的混淆和无意的范围覆盖。

（回复）FDA同意有必要做这些澄清。液体烟碱不含香味物质或其他添加组成成分。电子烟烟液是含有烟碱、香味成分和/或其他组成成分的液体。本最终规定管制由烟草制成或来源于烟草的电子烟烟液或液体烟碱。

（评论173）一些评论要去FDA将ENDS产品认定为雾化型产品，并使用能够区分燃烧型产品和雾化型产品的术语。他们认为，这种区分是有必要的，因为这些产品造成的潜在危害是不同的，消费者可能认为雾化型产品和燃烧型产品一样危险。一条评论举了一个例子说明如何根据这些产品的递送方法和燃烧情况对其进行重新分类。其他评论要求FDA在现有卷烟的定义中加入“燃烧”一词，以区分燃烧型和雾化型产品。

（回复）基于该管制措施的目的，FDA认为没有必要区分雾化型产品和燃烧型产品。“卷烟”法律上的定义由国会确定，用来形容燃烧型卷烟（FD&C法案第900（3）节）。为了将来的管制需要，如果FDA觉得区分雾化型产品和燃烧型产品有必要，FDA将会发布新的NPRM来提出这种定义。此外，FDA发现一些电子烟的加热温度足够高，以至于会导致电子烟烟液的燃烧。

（评论174）至少一个评论建议FDA通过在“卷烟”定义中加入第三部分来避免燃烧型卷烟和电子烟可能的混淆：“卷烟（1）是一种这样的产品：（i）是一种烟草制品；（ii）满足卷烟标识和广告法第3(1)节对术语‘卷烟’的定义；（2）包括在产品中有用的任何形式的烟草，因为它的外观，烟丝中使用的烟草的类型或包装标识，很可能被消费者以卷烟或手工卷制的烟草的形式提供和购买；（3）不包括那种来源于烟草但不含烟草的产品，如烟碱（或含有烟碱的产品）”。

（回复）FDA发现将此添加到卷烟定义中不能消除两种类别产品的混淆。本条例中1140.3中对“卷烟”的定义和FD&C法案第900（3）节的定义是符合的。

（评论175）一个评论要求FDA为所有雾化型产品建立一个通用名称，这样一来，这些产品的制造商、分销商、进口商及零售商能够遵守FD&C法案903（a）（4）节，该节要求制造商对产品标注一个确切的名字。

（回复）在当前，FDA尚未建立该组产品的通用术语。FDA在未来的管制措施是否合适时，将会考虑这些评论。

K. Sottera 决议

在NPRM中，FDA解释到，在前面所讲的Sottera决议中，FDA不能对那些“已经上市”的电子烟实施烟草制品的管制权力，除非FDA通过一项管制措施，并将其纳入FD&C法案第IX章的管制清单。

（评论176）一些评论分析了Sottera公司诉FDA案例中华盛顿特权巡回法庭的决议（627 F.3d 891（D.C. Cir. 2010））。他们对FDA对该事件关键点的描述有争议，表示FDA是误读了，依据Sottera案例得出结论，FDA将电子烟纳入烟草制品的管辖范围，因为此议题没有在该案例中出现。

（回复）FDA在所提议条例中对Sottera决议（79 FR 23142，第23149~23150页）

的分析是正确的。2010年12月7日，华盛顿特区巡回法庭判定，FDA有权对《烟草控制法案》下广泛销售的烟草制品及那些由烟草制成或来源于烟草的产品进行管制，这些产品在FD&C法案的医疗产品条款中被认定为医疗目的进行销售（见Sottera, Inc. v. Food & Drug Administration, 627 F.3d 891（D.C. Cir. 2010））在2011年1月24日，华盛顿特区巡回法庭驳回了政府重新审理和法院全体法官共同重审的请求（通过合议庭）。2011年4月25日，FDA向相关人员发布了一封信，表示FDA将其他包括电子烟的烟草制品纳入FD&C法案第IX章中FDA的管制权力范围内。

（评论177）一些评论声称，FDA曾经尝试禁止电子烟，Sottera决议建立了电子烟的合法性，FDA试图推行的禁令是非法的。

（回复）FDA不同意。在Sottera事件之前，FDA并没有寻求禁止电子烟。相反，FDA扣留了一些Smoking Everywhere公司和Sottera公司提供进口的电子烟货物及配件（产品是NJOY），并最终禁止Smoking Everywhere公司的两艘货运船进入美国，因为这些产品好像是未经批准的药品/器械组合产品。FDA并不是一定要禁止电子烟在美国的销售，而是想要在药品/器械官方对其进行管制。

（评论178）一些评论表示，制造商将电子烟作为戒烟产品销售，所以，它们应该作为戒烟产品被监管。

（回复）正如华盛顿特区巡回法庭对Sottera的判决那样，那些属于烟草制品销售的电子烟归FDA烟草制品当局管制。如果电子烟制造商想要使它的产品按照医疗产品进行销售，那么，该公司应该归FDA的药品/器械当局管理，并必须提交作为医疗产品销售的申请。

IX. 认定规定对作为雾化器零售商的制造商的影响

一些评论要求对销售电子烟的ENDS零售商（也叫雾化器零售商）的法规管理进行澄清。这些商店销售一系列产品，包括ENDS、更换配件、硬件、可混合电子烟烟液及其他相关配件。

如果零售商混合或制备电子烟烟液，或创建、修改了电子烟的雾化设备，而这些烟液及设备直接销售给消费者在ENDS中使用，那么，这些零售商就符合FD&C法案900（20）节中“烟草制品制造商”的定义，依据910（a）（1）节，这些混合和/或制备的装置就是一种新型烟草制品。对于本节所提出的遵从性政策没有涉及的要求中，符合制造商定义的ENDS零售商应适用于表2和表3的遵从性期限。正如影响分析所讨论的那样（参考文献204），FDA希望，大部分雾化器零售商能够停止混合电子烟烟液（并准备其他新型烟草制品），以避免在《烟草控制法案》之中成为“制造商”。

900（20）节中，“烟草制品制造商”的定义包括“制造、装配、组装、加工及标牌烟草制品的任何人，包括任何重新包装者、重新贴标签者”。此外，为达到905节的目的，FD&C法案定义的“制造、制备、组装、加工”包括“重新包装，或者改变来自原产地的烟草制品包装的容器、包装材料或标签的制造商到最终传递或销售给最终消费者或使用者的人”。910（a）（1）将“新型烟草制品”定义为“自2007年2月15日起在美国市场上没有销售的任何烟草制品（包括在测试市场上的那些产品）；或一种烟草制品的任何改变（包括设计、任何部件、任何零件或任何内在成分的改变，这种成分改变包括烟气内在成分的改变、烟碱递送行为或形态的改变、或任何其他添加剂或组成成分的改变），而这种改变后的烟草制品在2007年2月15日以后美国市场上没有销售”。因此，参与电子烟烟液混合或制造，或改变雾化装置并直接卖给消费者在ENDS中使用的商家都是烟草制品制造商，因此，应当接受所有适用于制造商的法律和管制要求的限制。

本规定授权FDA管制所有新型烟草制品的制造商，包括那些作为零售店的制造商。这对于FDA保护公众健康是很重要的，因为作为零售店的制造商会产生和上游制造商一样多的公众健康风险，而且在缺乏标准生产规范及控制的情况下，可能会产生额外风险。对这一传统上没有管制的市场进行管制和监督，将不可避免的引起一些市场改变及整合。FDA认识到，随着本最终规定的实施，符合烟草制品制造商定义的雾化器零售商可能会停止参与制造活动，而不是依照本最终规定中制造商的做法来做。但是，FDA注意到，这些实体店将可以继续只作为一个零售商而不是制造商，就像一些雾化器零售商现在所做的那样。此外，如前所述，FDA相信，该政策（包括本认定规定）不会扼杀创新，相反，还会鼓励创新。随着时间的流逝，FDA希望，产品进入市场前的产品评估部门将会激励创新，并帮助建立一个市场，在该市场中，产品对消费者及人群的危害性风险降低，产品在不同使用条件下的递送稳定性更好，产品导致人们使用烟草的概率降低，和/或易于戒除。近些年来，ENDS产品在缺少管制的情况下市场激增，在一些情况下，并导致产品缺乏质量控制和稳定性，消费者也比较困惑，甚至这些产品会变成具有严重危害的产品。基于此，我们期望，管制后的市场改变能够对公众健康带来明显的积极影响，并为全社会带来收益。

因为ENDS市场在不断发展，重要的是，FDA应行使它的权力，对所有参与到产品生产活动的公司进行监督，以保护消费者，达到《烟草控制法案》中维护公众健康的目的。

A. 入市要求（905和910节）

正如本书通篇所讲的那样，受新法律约束的新认定产品的制造商将被要求通过三种途径之一获取其产品准入市场的授权——PMTA，SE或SE豁免权（FD&C法案905和910节）。因此，参与电子烟烟液混合或制备，以及制造或修改雾化设备的ENDS零售商将被要求获得其受新法律约束、将会销售或分配给消费者的产品的准入市场授权。然而，按照第V. A.部分合规政策的要求，在特定的合规期内，FDA并不打算要求ENDS零售商进行产品进入市场前的综合审查，这些零售商包括在法规生效之前对他们已经制作和提供的电子烟烟液进行混合和制作的零售商，以及那些在法规生效之前对其做好的相同产品的雾化装置进行制造和改变的零售商。最初合规期的时间跨度取决于提交申请的类型，并打算提供额外的时间来准备和提交进入市场前的申请。此外，在最初的合规期的12个月之内，如果相关公司的申请还没有处理，FDA会继续执行合规政策，并不会强制执行进入市场前的综合审核要求。这意味着，在FDA进行的12个月持续的合规期审查时间内，FDA希望ENDS零售商只销售如下产品：（1）不受新法律约束的产品；（2）FDA授权的产品；（3）在最初合规期内ENDS零售商或其他（上游）的制造商已经提交销售申请的烟草制品（对PMTA，提交初始合规期是指最终规定有效期后的24小时）。

FDA希望，FDA的12月合规期审查将会使新认定产品的制造商和零售商受益，包括ENDS零售商，因为提交申请的上游制造商将会努力使零售商知道他们提交的申请。特别地，我们希望上游制造商能够通知ENDS零售商去销售他们的产品，而不管上游零售商是否在初始合规期内提交电子烟烟液和其他ENDS产品的入市前申请，这样一来，在FDA审查这些申请的时候，这些零售商就会从这段持续的合规期中受益。FDA希望，制造商能有动力让零售商知道哪些产品是申请对象，这样将会让零售商知道销售申请是否已经提交，FDA市售已经开始处理该申请。此外，零售商可以向供应商索取相关的产品信息。因此，生效期后的36个月后（初始合规期后再加上12个月的持续合规期），FDA希望所有的ENDS零售商仅销售那些法律允许销售的产品，或者那些零售商或上游供货商已经拿到入市前授权的产品。

表4　入市要求的合规政策——ENDS零售商

条例生效后的0~24个月	条例生效后的24~36个月	条例生效后的36个月后
如果在生效期之前最终的混合物和零售商出售或提供销售的产品一样，FDA不准备对零售商混合和销售的没有市场授权的电子烟产品进行强制入市前授权	当销售申请已经提交并等待最终结果的情况下，FDA不会对零售商混合和销售的电子烟产品采取强制措施	即使上市提交/申请的最终结果还没有出来，合规期也不复存在。所有上市提交/申请中的所有产品都应强制执行相关措施

如前所述，因为在零售店生产的产品可能会产生和那些上游制造商一样的许多问题及其他可能的风险，因此，强制执行所有新型产品的法定要求是很重要的，即使是那些由ENDS零售商制造的产品。

总之，FD&C法案为新产品提供了三种途径，制造商可以利用这些方法来寻求产品的入市授权：入市烟草制品申请途径、SE途径和SE豁免途径。FDA预计，大多数电子烟烟液及设备组件/完整递送系统的制造商将会通过PMTA途径寻求授权。要寻求PMTA途径下的授权，制造商需要做的事情之一是证明其产品有助于保护公众健康。要达到这个目标，制造商需要考虑新产品可能的使用方式，此外，FDA也会考虑。例如，这些产品的PMTA应含有以下信息，如该产品可能被单独使用或与其他合法市售烟草制品同时使用（如那些现有的递送系统），以及其他产品和其一起使用时的类型及范围。

当法定标准适用于申请PMTA的所有产品时，FDA预计，不同类型的产品由于其预期的使用情况不同，在申请过程中的成功率可能不同。如前所述，要达到法定标准，PMTA应含有以下信息，即该产品是否可能被单独使用或与其他合法市售烟草制品同时使用，以及这些产品使用时对公众健康的影响。FDA已经草拟了一份ENDS的PMTA申请指南，并与本最终规定同时发布，该指南完成后，将解释FDA对要求新认定电子烟烟液及硬件/设备成分进行入市前授权要求的适宜方式的思考。FDA将尽快处理所有新的申请，同时确保这些申请满足相关法定标准。

为降低研究负担，并提高ENDS零售商申请效率，FDA建议ENDS零售商尽量使用主文件。在得到主文件夹的许可后，制造商可以参考大量的组成成分清单及内在成分测定结果，否则，就要求他们执行自己的入市授权。为促进这个过程，针对这个问题的《联邦公报》中，FDA通知使用最终的指导来对TPMF的建立和参考提供信息。这些信息将有助于新认定产品的申请人准备入市前及其他管制申请，因为他们能够参考TPMF的资料，而不是自己寻找资料。

考虑到预计能够使用主文件（会与认定规定共同发表，并在一个单独的最终指导书中进行讨论），这些文件允许制造商依据通过单独渠道交到FDA的数据和分析，FDA期望制造商会在守法过程中从显著提高的效率和降低的成本中受益。该系统可防止和减少重复性劳动，并使制造商能够在保证保密性的同时，依赖机密或敏感的非公开的信息，因此，对于众多制造商来说，会节省时间和降低成本。由于ENDS产品，特别是电子烟烟液多种组分需上游供应的性质，FDA期望，会有足够的商业激励驱使制造商依赖主文件系统。我们还注意到，当前，FDA理解，基于FDA对当前发表文献资料的综述，如影响分析的III. C.部分所讨论的那样（参考文献204），参与液体烟碱上游生产及专门为电子烟烟液所开发的香味物质的实体店还很少，大约7~13家（见之前对评论34的回复中的讨论）。对于当前的市场来说，主文件系统很可能具有广泛的吸引力并被ENDS行业广泛使用，并显著降低成本。

此外，FDA打算开放那些可能在电子烟烟液中使用的特定化合物的公共信息资源，如丙二醇、丙三醇、烟碱、着色剂及香味成分等。FDA打算邀请利益相关方提交相关信息，其中涉及特定化合物，包括数据、研究或其他文件，如吸入暴露的非健康影响的数据，电子烟烟液中不同含量水平化合物对动物暴露影响的研究数据以及温度改变对气溶胶成分影响的测试结果等。这些信息能用以帮助产品的入市评估，例如，搜集ENDS产品中HPHC的信息，并作为PMTA的一部分上交。

B. 组成成分清单及 HPHC 要求（904 和 915 节）

自本规定有效期以来，FD&C法案904节对组成成分清单的要求将适用于新认定产品的制造商，包括混合或制备电子烟烟液或制造或修改雾化设备进行销售和流通的ENDS零售商。当前，FDA打算限制对已生产烟草制造品的强制措施。FDA当前不打算强制推进对那些新认定产品组件和配件制造商的要求，这些组件和配件仅销售或分配给那些最终烟草制品生产所用。这意味着，FDA一般想要强制要求那些直接销售或分配那些混合或制造的烟液以及制造或修改的雾化装置给消费者的ENDS零售商，而不是那些销售组件为产品制造的经销商。然而，如果上游经销商为一个特定产品提交了一个组成成分清单，FDA将不再要求该产品的对应ENDS经销商提供相应的组成成分清单。我们注意到，依据904（a）（3）节，FDA还准备发布一个关于HPHC报告的指导，并随后根据第915节的要求发布一个实验性的管制要求，这对于制造商来说，在这3年合规期内会有足够时间进行HPHC报告。904（a）（3）节要求提交包括所有成分的报告清单，包括被秘书处确定为有害或潜在有害成分（HPHC）的烟气成分。915节要求对秘书处要求的内在成分、组成成分及添加剂进行测试和报告，以保护公众健康。915节的测试及报告要求仅在FDA发布执行此节的指令的时候才会生效，而现在还没有发布。在这些测试和报告要求已经完成之后，新认定的烟草制品（和现在所管制的烟草制品）才会免于915节所要求的测试及报告规定。正如在本书其他地方所指出的那样，在3年期合规期结束之前，FDA不会依照904（a）（3）节对新认定产品强制进行报告要求，即使是HPHC指导及915节管制措施在该时间点之前提前发布。

C. 注册和产品清单（905节）

FD&C法案第905节要求，那些所有拥有或经营一个涉及“烟草制品生产、制造、配料或工艺”公司的个人，需要在FDA注册，并向FDA提交其烟草制品清单。如果一个ENDS零售店参与了这些活动，905节要求该店注册，并根据此节向FDA提供产品清单。这些要求依法适用于所有生产的不同的产品，并使FDA能够评估由这些公司所生产产品的特征。如果ENDS零售商混合或制造电子烟烟液，或修改雾化设备，并直接卖给消费者，他们将不得不列出所销售每种烟液的成分清单。作为一个制造商，ENDS实体店将有责任确定他们计划生产多少产品，以及生产哪种产品。对于那些生产很多种自定义组合产品，包括多种级别的香味物质，不同的烟碱浓度或其他特征，这将意味着要对大量的不同产品的组成成分进行识别，列出清单并报告。然而，在现实中，我们希望这样的实体店考没时间安排他们所售卖产品的组合数（如在烟碱浓度和香味成分方面的区别更少一些），因为较少的产品组合将使他们在能够继续提供定制产品，并有很多种选项。但是，因为将每种额外的混合物都列出清单所花费的时间及费用很低，所以，减少量也不会很明显。此外，任何组合的减少都可能反映出产品的减少，这些产品在清单上，但实际上没有销售。

D. 烟草健康文件的提交

FD&C法案904（a）（4）节要求每个烟草制品制造商、进口商或代理商提交现在或将来产品健康、毒性、行为或生理影响的所有文件，以及这些产品的成分（包括烟气内在成分）、组成成分、组件及添加剂。如IV. D.部分所讨论的那样（讨论小规模烟草制品制造商的合规政策），FDA在通常的合规期结束后的6个月里，不会强制这些小规模烟草制品制造商（包括ENDS零售商）提交所要求的资料。

E. 小企业援助部门

在FD&C法案901（f）节，FDA在《烟草控制法案》通过后，其最初的活动之一就是在CTP中建立OSBA，来帮助小型烟草制品制造商和零售商遵守相关法律。FDA意识到，本最终认定规定的颁布包括澄清ENDS零售商也是制造商，并服从本规定后，可能会使很多小的烟草制品公司向OSBA寻求帮助。因此，在任何可能的情况下，FDA将会雇用OSBA职员来为小型烟草制品公司提供帮助。

X. 对其他种类产品的管制

FDA正在完成本规定，以认定所有依照FD&C法案201（rr）节满足烟草制品定义的产品（新认定烟草制品的配件除外），并受到FDA烟草制品管理当局的管理。此外，如NPRM所指出的那样，将来任何烟草制品如果满足201（rr）节的定义（新认定烟草制品的配件除外），依照FD&C法案第IX章，也受到FDA烟草制品管理当局的管理。对这些新认定产品的管制将会解答人们对这些产品在公众健康方面的担忧。这些评论主要包括可溶性产品、凝胶产品、烟斗烟、水烟、其他替代产品及未来的烟草制品等，并将在下面进行讨论。下面还包括FDA对这些评论的回应。

A. 新认定产品中的烟碱

关于烟碱及其对成年烟草消费人群担忧的评论分为几个部分。

（评论179）许多评论认为，烟碱是有致瘾性的，所有含有烟碱的产品都会对青少年造成健康威胁。一些还认为，烟碱还可能损害心血管系统，并导致肺癌（参考文献15,205）。其他评论说明，受到广泛认可的是，烟碱和烟草相关死亡和疾病不直接相关（参考文献206），卫生总监宣称，是烟草制品中的有害物质（不是烟碱）导致几乎所有的烟草相关的死亡和疾病（参考文献9）。

（回复）FDA同意烟碱是烟草制品中的主要致瘾性物质，正如所提出认定规定所指出的那样（79 FR 23142，第23180页）。卫生总监一直认为，烟碱是烟草中的主要药理学成分，并会被血液吸收并导致成瘾（参考文献1，第6~9页）。此外，卫生总监认为，烟碱的致瘾性是“消费者持续使用烟草制品的首要原因，而正是这种对烟草制品的持续使用导致了许多种疾病”（参考文献2，第105页）。尽管烟碱不直接导致大部分吸烟相关的疾病，对烟草制品中烟碱的上瘾会让人一直使用烟草制品，并导致消费者摄入燃烧型烟草制品及烟草烟气之中的有害物质（参考文献14）。但是，低剂量的烟碱可以有多种用药途径，如NRP可以帮助消费者戒烟，这种方式已经得到批准。

吸入烟碱（不经过产品燃烧的烟碱）比通过燃烧型烟草制品的烟气吸入烟碱对公众健康造成的危害要小，有限数据表明，仅仅吸入烟碱与通过燃烧型烟草制品吸入的烟碱的药代动力学是类似的。因此，通过非燃烧型烟草制品吸入的烟碱的致瘾性与燃烧型烟草制品的致瘾性可能是一样强的。研究人员认识到，通过吸入烟碱造成的影响可能不是美国与烟草相关死亡和疾病的成因（参考文献10,11）。尽管烟碱没有导致烟草使用相关的慢性疾病，2014年的卫生总监报告表明，烟碱使用是有风险的（参考文献9，第111页）。例如，高剂量的烟碱具有急性毒性（同上文献）。生育期间的烟碱暴露会对大脑发育产生持续的有害影响（同上文献）。烟碱还会损害孕期妇女及其胎儿的健康，并导致多种有害解果，如早产和死产（同上文献）。此外，动物模型显示，青少年时期的烟碱暴露可能对大脑发育产生持续的有害影响（同上文献）。一些研究也发现，烟碱能对心血管系统造成有害影响，并可能破坏中枢神经系统（参考文献14,15）（还可以见VIII. C.部分对烟碱摄入中毒事件的描述。）

（评论180）FDA已收到大量关于烟碱致瘾性及烟碱对青少年影响的评论。一些评论认为，一些研究表明，与成年人的大脑相比，年轻人的大脑对烟碱的致瘾性更敏感。一些评论表示，研究人员发现，“可能是由于在不停地发育成长，与成年人的大脑相比，年轻人的大脑对烟碱的致瘾性更敏感”。与成年人相比，年轻人烟碱成瘾更快，烟碱的回馈效应更强，并低估了抽烟的风险，并在社会环境中更容易被吸烟行为影响（参考文献207,208）。一个评论注意到，动物研究表明，青春期大脑特别容易烟碱成瘾，对于精神刺激性药物，未成年人也更容易受到脱瘾症状的影响，并建立了精神兴奋剂使用的全奖赏、不自责系统（参考文献209~211）。其他评论表明，美国卫生总监发现，年轻人烟碱成瘾的关键特征的形成，如戒断症状，所需要的烟碱暴露量最低。此外，该评论表示，卫生总监的2012年报告引用的一项关于偶尔吸烟者的研究发现，很大部分的戒烟者经历了不止一个烟碱成瘾症状，即使是在戒烟的前4周（在两个月时间里至少2支烟）（参考文献49第24页；参考文献212）。

（回复）FDA认同，在发育阶段，青少年及青壮年的脑部发育会持续到20岁中期，该人群特别容易受到生理、社会及环境的影响而对烟草制品成瘾。如果个体到26岁的时候还不吸烟，那么他们以后也不太可能会吸烟（参考文献3）。研究表明，87%的成年吸烟者在18岁之前开始吸烟（参考文献9）。一项WHO对美国高中末届生的研究发现，那些认为他们会戒烟的低于五分之二的吸烟者成功戒烟。在高收入国家中，大约70%的成年吸烟者后悔以前开始吸烟并想要戒烟（参考文献213）。

此外，FDA认为，有研究表明，未成年人的大脑比成年人对烟碱成瘾更敏感，并有证据表明，他们大脑的吸烟后的改变是永久性的（参考文献49,214）。卫生总监报告说明：“大多数人在青少年时期开始吸烟，并在成年之前发展成为烟碱成瘾的特征”（参考文献3）。这些年轻人的身体已经产生依赖性，当他们想戒烟的时候，其身体已经产生戒断症状（id.）。结果，对烟碱的成瘾会持续一生的时间（参考文献4）。此外，青少年“当他们想吸烟的时候，一般会忽视烟碱成瘾的威力，并高估了他们戒烟的能力”（参考文献5）。例如，一项调查表明，“接近60%的年轻人认为他们可以吸几年烟然后戒掉”（参考文献7）。动物模型研究发现，对烟碱等物质的暴露会破坏未成年人大脑的发育，并可能对执行认知功能和物质滥用混乱及各种精神健康问题产生长期影响（参考文献8）。对烟碱的暴露还会对注意力的降低和冲动性的提高具有长期的影响，并反过来促进对烟碱的使用（同上文献）。

B. 可溶性烟草制品

FDA在NPRM中指出，建议推定一些可溶性产品（这些产品当前不符合FD&C法案900（18）节“无烟烟草”的定义，因为它们不含烟丝、碎烟末、粉末烟或烟叶，但含有来源于烟草的烟碱）。我们认为，与FDA推荐的烟碱替代疗法和其他烟草制品相比，极少研究证据能够阐明可溶性烟草制品的药理性质和危害性。我们还注意到，一些可溶性烟草制品有着类似于糖果的外观，这具有潜在的未知毒性。FDA将这些可溶性产品纳入该最终条例中。

（评论181）评论认为，FDA不应该仅仅依据一项香味烟草制品对青壮年影响的研究就断定可溶性产品对儿童更有吸引力。他们指出，该研究是不适用的，因为它仅仅研究了18岁及以上年龄段人们的行为。

（回复）我们所引用的研究（参考文献54）评估了香味烟草制品（包括可溶性产品）在18岁或更高年龄段人们中的使用情况，包括青少年。该研究发现，这种产品的包装类似于糖果的包装，并经常和糖果一起卖。FDA认为，考虑到这些新型烟草制品的安全性，这些因素会使成年人和儿童感到困惑（参考文献215）。此外，该研究还引用了另外一篇研究，此研究表明，青年人和青壮年更喜爱糖果（参考文献53）。相应地，FDA认为，依据该研究成果，FDA对一些可溶性烟草制品的担忧是合理的。

（评论182）一些评论表示，担忧可溶性烟草制品与糖果可能的混淆及其无意中可能带来的毒性。

（回复）FDA同意，一些外观类似于糖果的可溶性烟草制品可能会导致无意的中毒事件。正如FDA在NPRM中所讨论的那样，2010年以来，共发生了13 705起烟草制品吞咽事件，而其中70%以上涉及1岁以下的婴儿（参考文献215）。尽管不清楚这其中有多少事件涉及可溶性产品，无烟烟草制品（所有类型，包括可溶性产品）仅次于卷烟，占据第二多的儿童烟草吞咽事件（同上文献）。

（评论183）一些评论提到，可溶性烟草制品可能容易与NRT混淆，所以应该受到管制。

（回复）FDA发现，根据FD&C法案第IX章，FDA对所有的可溶性烟草制品进行管制，将有利于澄清人们对这些产品安全性及使用的误解。根据FD&C法案第IX章，含有来源于烟草的烟碱，用以人们消费但不作为医疗目的销售的产品都隶属于FDA烟草制品管制当局。

（评论184）一些评论提供了没有发表的资料（参考文献126），这些资料表明，可溶性烟草制品可递送足够多的烟碱以造成和维持成瘾。他们还指出，可溶性烟草制品的平均pH值比其他烟草制品的要高，这更有利于烟碱的吸收。

（回复）FDA承认，关于该类产品中有害和潜在有害成分的资料还很少，但研究表明，可溶性烟草制品中的烟碱含量水平可能与卷烟不同，并可能会导致烟碱成瘾（参考文献127）。这些研究表明，应管制所有的可溶性烟草制品，以维护公众健康。

（评论185）评论表明，可溶性烟草制品比其他烟草制品要更安全，其亚硝胺含量要比鼻烟和湿鼻烟的含量低，只比一些NRT的含量略高（参考文献218）。他们引用的研究包括血浆烟碱浓度、心率及吸烟渴望的降低，该研究表明，一些可溶性烟草制品以上指标水平和NRT类似（参考文献219）。

（回复）因为烟碱传输系统存在一致性，所以推定所有的烟草制品将使FDA能够搜集这些产品组成成分、健康及行为影响的资料。这些产品是“烟草制品”，并有可能使消费者上瘾，并危害儿童，特别是考虑到这些产品类似于糖果的外观，所以，在本最终规定生效之时，要将这类产品隶属于FDA烟草控制部门的管理。FDA也注意到，NRTs属于受管制产品，并受FDA入市前综合审查管理。

C. 烟碱凝胶

如所提到的那样，FDA将在本最终规定中将烟碱凝胶列入管制对象。

（评论186）一些评论认为，依据FD&C法案第IX章，烟碱凝胶应从属于FDA管制。为支持他们的观点，他们引用的一些研究表明，和成年人相比，儿童和青少年更容易通过皮肤受到烟碱的毒害（参考文献220）.

（回复）在该最终条例下，FDA意欲管制所有的“烟草制品”，包括烟碱凝胶，该类产品通过皮肤吸收。除了满足“烟草制品”定义外，烟碱凝胶可能有致瘾性，并使消费者开始使用其他烟草制品，而这些烟草制品能导致烟草相关死亡和疾病风险。除此之外，对这些产品的管制还会消除消费者对非卷烟烟草制品是卷烟安全替代品的误解。

D. 烟斗烟

FDA建议在本认定规定中加入烟斗烟。FDA认为，烟斗烟吸烟者患烟草相关疾病的风险和那些雪茄烟和卷烟的吸烟者风险类似（参考文献221）。卫生总监还发现，烟斗烟和雪茄烟吸烟者患口腔癌和喉癌的风险和卷烟吸烟者类似（参考文献222）。FDA将在本最终规定中将烟斗烟纳入管制。

（评论187）一些评论对FDA在该最终条例中应该如何定义烟斗烟以使之有别于自卷式烟草提供了一些建议。例如，一些评论建议，FDA定义烟斗烟时，应包括产品包装时的含水率、还原糖的含量，以及该产品在配方中不含有再造薄片和膨胀烟丝。其他人建议，FDA对其定义应基于“消费者对该产品合理的感觉”或包括这些语言：“适宜或可能提供或销售给那些在烟斗中抽吸的消费者”。评论还要求FDA应强制避免烟斗烟作为自卷式烟草使用，不管它是否定义为烟斗烟，因为贴错标签的烟斗烟已经符合卷烟烟草或自卷式烟草的定义。

（回复）FDA不同意。FDA认为没必要在本规定中定义烟斗烟。FDA还注意到，带有“烟斗烟”包装的产品具有警示性词汇，但是，就FD&C法案第IX章而言，因为其外观、烟丝烟草类型及包装标识，作为卷烟销售或流通的烟草适合及可能作为卷烟提供给消费者，且/或可能被那些想制作卷烟或在卷烟中使用的消费者购买。FDA会根据情况需要继续这么做。

（评论188）评论认为，当消费者想要使用烟斗烟时，这些产品和其他烟草制品产生的公众健康问题不一样。他们还表示，烟斗烟使用者占成年人的很小部分，而且仅有0.2%的未成年人表示他们在同时使用烟斗烟和卷烟（参考文献9）。他们表示，基于这些不同，一些自动推定建议不应该适用于烟斗烟。例如，他们认为入市前的评审要求不应该涵盖烟斗烟，因为制造商做出改变来保持较高龄人群一贯的口味，所以并不创造“新”产品。

其他评论不同意以上看法，并引用烟斗烟危险性的证据，如NRPM中所讨论的那样（23156和2316879中的FR 23142）。他们还担忧，使用烟斗烟会向环境中释放大量的二手烟气。

（回复）FDA不同意吸烟斗烟不是一个公众健康问题的说法。正如我们在NPRM中提到的那样，对烟斗烟吸烟者的研究发现，烟斗烟吸烟者患烟草相关疾病的风险和吸雪茄烟和卷烟的风险类似（参考文献221）。卫生总监以前也发现斗烟和雪茄吸烟者发生口腔和喉部癌症的风险与卷烟吸烟者相似（参考文献222）。尽管卫生总监报告确实表示，使用烟斗烟患心血管疾病的风险可能比卷烟低，但是烟斗烟消费者还存在患这些疾病的风险，并且，对于那些同时使用卷烟及烟斗烟的人群，由于他们的使用模式，其患病的风险反而更高（参考文献9，第428页）。此外，研究者发现，与那些从不吸烟的人群相比，烟斗烟使用者肺部、口咽、食道、直肠、结肠、胰腺、咽喉发生癌变并死亡的风险增大，且死于冠心病、脑血管病与慢性阻塞性肺病的风险也会增大（参考文献32，第221页）。

（评论189）一些评论担忧，混合烟斗烟的零售商将受到FD&C法案对制造商、加工商、配料商及加工商所有的要求，如入市前审核、注册及清单等。这些评论要求，那些每年混合3000~5000磅烟斗烟的零售商不应该受到那些法律对制造商的要求。

（回复）依照FD&C法案900（20）节，所有那些符合“烟草制品制造商”定义的实体单位包括那些混合烟斗烟的实体店，都应该而且必须适用于对烟草制品制造商的法律及管制要求。

E. 水烟

NPRM将水烟作为一种涵盖在本认定规定中的烟草制品。我们担忧水烟的安全性，因为水烟烟气中含有烟碱及致癌物，以及水烟中多种多样的香味物质会吸引年轻人和青壮年。FDA的最终规定将水烟列为FDA烟草控制范围内的一类烟草制品。

（评论190）一个评论要求FDA澄清术语“hookah”是否指水烟或水烟中使用的烟草。

（回复）在NPRM中，FDA一般使用术语“hookah”来表示水烟和水烟中使用的烟草“hookah烟”。抽吸水烟可能还有其他名字，如shisha或narghile。在本最终规定中，为避免任何混淆，FDA使用“水烟抽吸”和“水烟烟草”来指代所有使用水烟的烟草抽吸行为。

（评论191）至少一个评论对草药水烟的公众健康风险表示担忧，他们认为，这类产品含有同样浓度的有害成分，但不含烟碱。

（回复）依据FD&C法案第IX章，FDA烟草控制当局并不管制那些不是由烟草制成或含有来源于烟草的物质的产品，因为它们不符合FD&C法案201（rr）节中对“烟草制品”的定义。

1. 两种或两种以上烟草制品的同时使用

（评论192）许多评论担忧青少年及青壮年中两种或两种以上烟草制品的同时使用。例如，北卡罗莱纳市公共卫生协会提交了对2013年NCYTS的初步分析，该分析显示，19.1%的高中生同时使用两种或两种以上烟草制品，那些现在正在使用水烟的88.4%的高中生还是用至少一种其他类型的烟草制品。一些评论表示，同时使用水烟和卷烟的人数比仅使用水烟的人数多，而且使用水烟的人比那些不使用水烟的人吸的卷烟明显要多（参考文献222）。实际上，在介于18~24岁之间的青少年中间，同时使用水烟和卷烟是最常见的烟草消费方式之一（参考文献223）。

（回复）FDA依然担忧同时使用两种或多种烟草制品的可能性，特别是在青少年及青壮年之间。正如北卡罗莱纳市的研究显示，新的烟草使用者使用的第一种烟草制品可能是非卷烟产品（像水烟），我们担忧这些人群可能继续使用第一种产品，但也可能转而抽吸卷烟或其他烟草制品。我们还担忧现有的消费者可能会在以后同时使用两种烟草制品。因此，要对这些非卷烟类烟草制品进行管制，这有利于保护公众健康，包括年龄及身份的限制都会有利于防止年轻人使用这类产品。

2. 流行性

（评论193）很多评论担忧水烟消费量的不断增长，特别是在青壮年之中。例如，他们注意到，18~24岁的青少年使用水烟的比例（7.8%）比成年人使用水烟的比例（1.5%）明显要高。一些评论认为FDA对此趋势有所高估了。

（回复）FDA同意许多评论所支持的对于水烟的管制，并注意到水烟在青壮年人群中使用量的增长。水烟在变的越来越流行，特别是在大学生之中，调查发现，40%的大学生使用过水烟，一些大学校园里有20%的大学生使用过水烟（在过去的0天使用过）（参考文献25,26）。

3. 危害性

（评论194）在NPRM中增加了许多关于休息睡眠危害性的评论。例如，这些评论引用了一些研究表明，在水烟使用过程中，会吸入大量的烟碱、一氧化碳和其他致癌性物质（参考文献225~228）。此外，一些关于在医院研究病房中使用水烟的研究中，研究者发现，水烟使用者的一氧化碳含量水平更高，其致癌物暴露情况也不同（和卷烟吸烟者相比），并总结到，在睡眠使用过程中对烟草烟气的暴露在种类上与卷烟类似（不是量级上）（参考文献229,230）。评论总结到，水烟使用者患上吸烟相关疾病的风险很高，但这种风险的程度取决于使用程度。

（回复）FDA同意该评估，并支持确定该建议，并将水烟纳入本规定中。

（评论195）许多评论引用了一些关于抽吸水烟会导致癌症风险增加的研究数据。例如，研究者发现，使用水烟和食管鳞状细胞癌有显著相关性，并导致肺癌的患病风险提高6倍（参考文献231,232）。此外，水烟烟气中烟草相关有害物质的存在可能使消费者具有和卷烟吸烟者同样的患病风险，包括肺癌及呼吸系统疾病的风险（参考文献233~236）。尽管许多评论认为，许多水烟消费者在其一生中仅使用一次水烟，但这些产品在年轻人及青壮年人群中变得越来越流行，并会导致烟草相关的死亡和疾病。

其他评论反对FDA对管制水烟的提议，并声称，水烟的危险性还不确定，FDA还没有对现有研究结果进行充分讨论，并表示FDA忽略事实。他们还认为，使用可溶性的口腔贴片会降低使用水烟带来的蔓延性传染病风险。此外，他们还指出，FDA将抽吸水烟和抽吸一直卷烟进行比较在本质上是不对的，因为这些烟草制品的使用方式是不一样的。

（回复）尽管使用可溶性的口腔贴片会降低使用水烟带来的蔓延性传染病风险，但这些产品依然具有导致烟草相关疾病的重大风险。因此，FDA支持确定该建议，并将水烟纳入本条例中。此外，尽管这些产品拥有不同的使用方式，但是，FDA始终认为，比较一组水烟及卷烟烟气中的有害成分是有根据的，这能够说明水烟使用的危险性。事实上，WHO烟草控制工作组发现，抽吸一组水烟堪比抽吸超过100支卷烟（参考文献237）。此外，且不论那些使用水烟时间超过1天的水烟使用者的数量，该产品有重大健康风险，应该纳入到本规定中。

4. 致瘾性

（评论196）一些评论宣称，水烟吸烟者不会成瘾，所以，FDA没有必要管制水烟。其他意见不同意这种说法，并认为水烟是有致瘾性的。这些评论提供了大量关于水烟使用（如同时使用水烟及其他烟草制品）带来的重大健康影响（包括烟碱和有害物质暴露）及高致瘾性（参考文献233）。

（回复）水烟含有烟碱，这种物质是烟草制品中的首要致瘾性物质。研究人员注意到一些水烟使用者的烟碱致瘾性特征，包括一直对吸烟的渴望及焦虑（参考文献238~240），还有一项研究表明，水烟能像卷烟那样抑制戒断症状（参考文献240）。

5. 误导

（评论197）消费者认为，鉴于其对青少年的吸引力，以及未成年人认为水烟没有传统卷烟危害性大，水烟应该受到管制。他们同意，如果不对这些建议的推定产品进行管制，会加重消费者对这些产品的困惑和误传。但是，其他评论认为，关于FDA对年轻人对相关烟草制品安全性的担忧，不应该成为FDA在决定是否管制这些产品时应该考虑的问题。他们认为，一些年轻人根本不会理会这些安全性信息，而FDA的管制措施不会解决这个问题。评论认为，水烟的使用者认为这种产品比抽吸卷烟的危害要小得多（参考文献241），因为他们错误地认为，水会过滤掉烟气中的有害物质，并且水烟经常不在清洁室内空气法律的管辖范围内。

（回复）正如在NPRM中所讨论到的那样，尽管我们一直认为消除这种错误认识是重要的，但是，我们也认识到，消除年轻人对未管制烟草制品有害性的认知错误，仅仅是许多推定烟草制品带来公众健康益处的一种（79 FR 23142，第23148~23149页）。水烟烟气的健康风险和卷烟烟气类似，并含有和卷烟烟气类似的许多种致癌物和金重金属元素（79 FR 23142，第23156~23157页）。此外，考虑到抽吸一组水烟的时间要比抽吸一支卷烟的时间长很多，所以，抽吸卷烟可能比抽吸一支卷烟的危险性更强（79 FR 23142，第23156页）。因此，基于水烟对公众健康的多种影响，FDA认为，对水烟的管制是很重要的。

F. 其他新型或未来烟草制品

在NPRM，如果其他新型或未来烟草制品符合FD&C法案第201（rr）节对“烟草制品”的定义，FDA将会对其进行推定。FDA对其的最终建议如下。

（评论198）一些评论支持管制所有的未来烟草制品。一个评论要求未来管制的产品包括那些不是由口腔或皮肤吸收的产品。

（回复）未来那些符合FD&C法案201（rr）节对“烟草制品”定义的产品，包括满足“用以人们消费”要求的产品，依据该条例，将隶属于FDA第IX章管制。一个产品可能通过多种方式供人们使用，如通过肺部、口腔或皮肤吸收。但是，依据该条例，未来新推定产品的配件将不隶属于FDA第IX章管制。

（评论199）至少一个评论提醒FDA，未来产品应该不断降低危害性，以确保产品在减害方面能做出不断创新。

（回复）FDA认识到烟碱递送产品在不断发展，并将在管制未来烟草制品时，持续关注这种发展。

（评论202）一些评论认为，FDA不应该关注那些仅适用极少量来自烟草的烟碱产品，如化妆品、食品、动物饲料及其他产品，这些产品和传统烟草制品的使用目的不同（如蛋白质）。此外，他们认为，这些类型的产品不应该必须含有“该产品来源于烟草”的警示。

（回复）在本认定规定中，依据FD&C法案第IX章，除了那些新推定产品的配件，FDA将管制所有符合烟草制品定义的产品，并将隶属于FDA第IX章管制。至于一些特定产品是否符合定义，将会具体问题具体分析。但是，动物饲料是动物产品，不是供人们消费，所以不是一种烟草制品。那些符合FD&C法案中烟草制品定义的含有来源于烟草的烟碱的产品，应该在包装及广告上写有健康声明“注意：该产品含有烟碱。烟碱是一种致瘾性物质”。对于那些由烟草制成或含有来源于烟草的物质的产品（但不含烟碱），制造商可以向FDA提交一个证明，并在产品上注明：“该产品由烟草制成”。关于该证明，请见XVI. H.部分。

（评论203）一个评论宣称，其他烟碱产品，如烟碱牙签，对公众健康有益，因为与传统卷烟相比，这些产品健康及安全风险较低，并能够帮助那些上瘾的吸烟者转而使用低害烟草制品。该评论争论到，这些产品的管制负担应该相应减少。

（回复）FDA看到当前存在一系列烟碱递送产品，所有烟草制品都是有致瘾性的，并可能是危险的，因此应该受到FDA管制。因此，FDA意欲依照FD&C法案第IX章的要求管制所有烟草制品（不包括新推定烟草制品的配件），并要求一些对所管制烟草制品的附加条款（如最小年龄、身份识别、一起出售及健康警示等）。FDA将会继续考虑这些烟碱递送产品，因为这些产品将会使FDA继续思索对未来新推定产品的管制。

XI. 适用于新认定产品的附加自动条款

除了受法律管制的烟草制品要通过三种销售途径获得授权外，《烟草控制法案》及其执行的管制政策将对在本最终规定的有效期之前对新推定产品自动执行一些规定（23148和23149的79 FR 23142）。这些规定包括：

（1）掺假货及贴错标签的规定（FD&C法案902和903节）；

（2）组成成分清单及HPHC报告要求（FD&C法案904和915节）；

（3）注册及产品清单要求（FD&C法案905节）；

（4）禁止使用“清淡”、“低”及“淡味”等描述及其他非官方授权的减害声明（FD&C法案911节）；

（5）禁止免费发放建议推定产品（21 CFR 1140.16（d））。

涉及以上规定的评论及FDA对这些评论的回应如下。

（评论204）在本认定规定中，FDA注意到，该规定要消除民众对与烟草使用公众健康问题的担忧。一些评论认为，基于预防及阻止烟草使用的健康政策不足以保护公众健康。

（回复）FDA管制那些除新推定烟草制品配件之外的符合“烟草制品”定义的产品，以消除民众对这些产品公众健康问题的担忧。FDA想要增补本最终规定，并使管制政策有利于保护公众健康。

A. FD&C 法案 902 和 903 节——掺假及贴错标签

在本认定规定中，我们解释到，FD&C法案902和903节掺假货及贴错标签的规定的相关基本要求将适用于所有烟草制品。例如，这些产品的标签和广告不能错误或有误导性，这样会较少消费者的混淆和误解。对于那些不符合基本要求的烟草制品，FDA可采取强制措施。

（评论205）大量评论讨论了FD&C法案902和903节对新推定烟草制品的管制。大部分评论普遍支持对新推定烟草制品掺假货及贴错标签的管理。其他评论支持这些规定，他们担忧一些电子烟制造商可能是在不卫生的环境中生产的产品。一些评论警告，如果相关规定机械地应用到所有的产品种类中，新推定烟草制品之间的不同可能导致没有根据的限制。至少一项评论表示，掺假货及贴错标签的规定不应该适用于电子烟，因为没有证据表明掺假货及贴错标签的事件会发生在这些产品中间，这些时间也没有带来任何危害。

（回复）FD&C法案904和915节对掺假货及贴错标签的规定会自动适用于所有烟草制品，并使其遵守相关基本要求。例如，这些产品的标签和广告不能错误或有误导性，这样会较少消费者的混淆和误解。对于那些不符合基本要求的烟草制品，FDA可采取强制措施。例如，如果一个产品在不卫生或受污染的环境中生产，或者如果其标签有误导性，那么这些产品将受到强制措施处理，包括没收及颁布禁令。

B. FD&C 法案 904 和 915 节——组成成分清单及 HPHC 报告要求

正如在NPRM中所提到的那样，依据FD&C法案904和915节的要求，新推定产品将被要求提交组成成分清单及HPHC报告。关于HPHC报告，FDA打算颁布一项指导，随后将根据第905节的要求，发布一项测试及报告管制要求。正如在本书中其他地方所说的那样，在3年合规期结束前，FDA不会强制执行新推定产品的报告要求，即使在合规期前该指导已经发布。

（评论206）几个评论要求FDA不要要求新推定产品提交组成成分及HPHC清单。一个评论争论到，这种报告对于教育消费者是无用的，这些消费者将总是利用这些报告师徒指导每种产品的相对风险。其他的评论宣称，HPHC及组成成分清单报告应该取消，因为这些报告是无用的，且制作这些报告的花费将会对相关企业产生毁灭性影响。

（回复）FDA不同意这些评论。组成成分及HPHC报告清单将有助于FDA更好地了解这些受管制产品的成分。这些信息将帮助FDA评估潜在的健康风险和决定将来对这些健康风险应对管制措施是否是合适的。FD&C法案指导FDA向大众公开一定的HPHC信息，但是必须以一种能够被人理解且不误导外行人的方式。

（评论207）一些评论讨论了小型企业及特殊产品的组成成分及HPHC清单要求问题。一些评论督促FDA免除生产电子烟的小型企业HPHC报告的要求，因为这些测试会给这些企业带来沉重的经济负担，并可能会使其倒闭破产。一个评论反对这些建议，并督促FDA要求所有产品的制造商遵从组成成分和HPHC报告清单的要求，不要对小型企业法外开恩。该评论争论到，企业大小不会改变产品的潜在健康影响，且管制的健康益处会大于成本。

其他评论聚焦在特殊产品类别的组成成分和HPHC清单要求上。至少一个评论担忧，HPHC测试将特别影响高价雪茄行业，因为该行业有很多种低容量产品，并要求这些要求不要包括小批量生产或释放情况特殊的产品。一个评论声称，许多市场上新推定的烟草制品，如电子烟，除了香味物质和烟碱含量水平不同外，在本质上是相同的，所以建议FDA允许对这类产品做HPHC测试时进行分类。

（回复）对于相似产品的HPHC报告问题，FDA认为，一些新推定产品的制造商销售各种不同口味及烟碱浓度的产品。尽管这些产品是一样的，FDA也要求这些产品的制造商对每种产品进行HPHC测试。当下，我们对一些新推定烟草制品的了解还很少。HPHC测试将会使FDA能够追踪到具有不同类别香味物质和烟碱含量的产品的HPHC水平。FDA对于HPHC要求的合规政策在本书的其他地方予以介绍。

（评论208）一些评论认为，FDA在要求HPHC测试之前应该建立HPHC清单和测试方法。一个评论要求FDA对电子烟一个HPHC清单和测试方法，就像对当前管制的烟草制品那样，包括举办公共培训班，寻求和考虑烟草制品科学建议委员会的建议，出版《联邦公报》对公共评论的草拟和最终清单，及为电子烟制造商提供一个合理的合规期。一些评论认为，FDA应该为每一类新推定烟草制品建立各自的HPHC清单，且知道相关清单及对应的测试方法建立和验证之后，再要求HPHC报告。其他评论表示，因为只有部分推定产品可能与现有管制产品有相同的HPHC，因此，对所有成分进行测试是比较浪费的。

（回复）正如在本书其他地方所讨论的那样，HPHC报告及测试的合规期是本规定发布后的3年内。FDA将针对HPHC报告发布一个指导，并依照FD&C法案第915节的要求发布测试和报告管制要求，在此合规期内，有足够的时间让生产者进行报告。正如在本书其他地方所说的那样，在3年合规期结束前，FDA不会强制执行新推定产品的报告要求，即使在合规期前该指导已经发布。

（评论209）一些评论建议，依照FD&C法案第904节的要求，制造商在销售产品时，应该在他们的产品上标注组成成分和/或烟碱浓度说明。这些评论认为，消费者可以利用该信息来选择烟碱浓度不断降低的电子烟烟液，并作为烟碱替代疗法的一部分来戒烟。

（回复）FD&C法案905（b）节及《烟草控制法案》206节授权FDA要求通过标签和其他方式披露烟碱及一些其他信息。FDA还没有对当前的受管制烟草制品发布管制措施，并不会在拟建的推定条例中这么做。FDA将考虑将来是否应该这么做。至于关于ENDS作为戒烟工具来销售的评论，这样的产品将会归FDA药品/器械部门管理，而不归FDA烟草制品部门管理。

（评论210）一些评论建议，对于雪茄烟的任何HPHC要求应该适用于那些类似于手卷烟方式的烟草（而非烟气）的HPHC分析。他们认为，对于大部分雪茄烟来说，还不能开展或易于开展HPHC烟气分析。他们还认为，建议的搜集烟草烟气HPHC数据的抽吸模式是为卷烟所设计的，而雪茄烟在本质上比卷烟的抽吸模式变化更大。最后，他们表示，2015年，CORESTA所建议的雪茄烟烟气测试方法比使用类似方法测定卷烟的结果的变化性更大，这使得难以比较雪茄烟的一致性测试结果。

（回复）FDA不同意这些评论。为了确定每种雪茄烟的HPHC递送量，制造商上报雪茄烟烟气的HPHC数据是很重要的。雪茄烟草中的HPHC量不能够让我们了解每种雪茄烟的毒性。如本书所提到的那样，CORESTA在2015年发布了方法64来作为雪茄烟的一种抽吸模式。尚不清楚雪茄烟中HPHC含量的变化性是否会比卷烟的大。烟气中HPHC含量的变化性取决于抽吸模式、分析方法、不同批次样品之间成分的一致性等。因此，可以预见的是，一些卷烟中烟气HPHC含量的变化性将会超过雪茄烟。无论如何，对于雪茄烟来说，了解雪茄烟烟气中HPHC的含量是很重要的。

C. FD&C 法案 905 节——注册及产品清单要求

正如NPRM所提到的那样，新推定产品的制造商将被要求遵守FD&C法案第905（b）节，该节要求任何涉及烟草制品生产、制作或工艺的公司都要进行登记。此外，这些公司必须遵守FD&C法案905（i）节，该节要求登记者提交一个正在生产、制造、配料及加工为商业流通目的的所有烟草制品清单。FDA在国外公司被要求遵从这些要求之前，必须发布一项管制措施。

（评论211）一些评论认为，FDA应该对国外及本国的制造商提出同样的要求，包括新推定产品的制造商。他们担忧，FDA还没有发布一个建议登记及清单条例，也没有为最终条例提供一个要求国外公司的时间表。他们还提出，对国外公司登记及清单要求的缺失将鼓励新推定产品的制造商将其生产设施转移到国外。

（回复）如2015年春季统一议程（参考文献242）所指出的那样，FDA计划发布一项提议的管制措施和清单条例，国外烟草制品公司也遵守这些要求。此外，在本最终规定的有效期内，除其他要求外，国外及国内制造商将遵守：掺假货及贴错标签的规定（FD&C法案902和903节）；所有烟草制品的组成成分清单及HPHC报告要求（FD&C法案904节）及入市前授权要求（FD&C法案905节）。

D. FD&C 法案 911 节——禁止使用“清淡”、“低”及“淡味”等描述及其他非官方授权的减害声明

在本规定有效期内，FD&C法案911节是自动生效的法律条文之一，并将适用于新推定产品。本节的目的是用来禁止MRTP的州际贸易，包括那些标识或广告使用“清淡”、“低”及“淡味”等描述及其他减害声明的产品，除非FDA发布指令对这些产品的销售予以授权。这些要求将帮助消费者更好地了解这些新推定产品的健康风险。除了依据FD&C法案910节的要求进行的所有入市综合评审外，如

果一个制造商想要销售一款MPTR，该公司必须依据911节的要求提交一个MRTP申请，并得到一个FDA可以合法销售MRTP的命令。

（评论212）大量评论讨论到MRTP对新推定烟草制品的限制。一些评论争论道，作为一个普遍问题，向911节提交新推定产品违反宪法的言论自由，因为FDA和这种限制没有实际利害关系，不会因为这种限制而得到发展，再者，FDA也没有说明限制对这些产品的减害声明会有利于维护公众健康。有几个评论辩称只有在相关描述明确表达风险改良声明时才应禁止新认定产品的品牌名字中使用“低的”、“淡的”或“柔和的”等描述词语。这些评论称在“低的”、“淡的”或“柔和的”等词语用来描述风险改良之外的一些事物（如产品的味道）或被消费者充分了解的情况下，限制使用名称中包含这些词语的牌号是违宪的、武断的且任性的，因为政府不会因此而获得实际性利益。其他的评论支持将911节应用于所有新认定的烟草制品，同时一些评论指出，现在某些电子烟公司在销售产品时在使用未授权的风险改良声明。

（回复）有意见指出使新认定产品服从于911节规定是限制言论自由的违宪行为，FDA不同意这些意见。第六巡回法庭判定风险改良条款违反第一修正案，并挑战了折扣烟草公司起诉FDA案例（674 F.3d 509, 531-37）（6th Cir. 2012）声明的表面有效性。在II. B. 3. b.中对这个问题有深入讨论。FDA业已并将继续与第一修正案一致地应用FD&C 法案911节，并将以个案分析原则综合考虑所有相关事实。

FDA赞同那些支持将911节应用于所有新认定产品的评论。长期以来，基于未经授权的风险改良声明和未经证实的关于某些烟草制品相对安全性的看法，某些用户已开始并将继续使用这些产品。911节将阻止使用未经证实的风险改良声明，这些声明会误导消费者，并导致他们开始使用烟草制品或在本来可能会戒烟的情况下继续使用烟草。这将使消费者有更好的知情权，并防止针对青少年人群的误导性市场营销。

（评论213）许多评论指出电子烟公司在销售和促销时进行直接和间接的健康声明（例如，在网站上发布消费者评论和鉴定证书），通过一些电子烟广告暗示了他们的产品得到了FDA的批准或认可（例如，在标签或声明上使用FDA标志，如“用FDA许可的设备制造”）（参考文献151）。因此，一些评论建议采用多种行动来抑制这些未经证实或误导性的声明，包括：（1）除非有证据否则应禁止直接和暗示性治疗声明，即电子烟是有效的戒烟产品；（2）使用现有的强制授权来禁止有疗效的、健康的和有助戒烟声明，除非有安全性和有效性证据；（3）与联邦贸易委员会合作，禁止此类虚假广告声明，直到有安全性和有效性证据；（4）与联邦贸易委员会合作在互联网上推行或加强披露规则（即产品审查）来提高透明度；（5）禁止明确的或暗示性的关于电子烟被FDA授权或许可的声明。

（回复）根据FD&C法案第911节规定，如果没有依据911（g）节的有效命令，任何人不可引进或者为了引入州际贸易而传输任何MRTP产品。而且，如果某烟草制品任何特定的标签、标识或广告是虚假的或误导性的，那么该产品就是标识错误。因此，通过认定电子烟和其他烟草制品，FDA现已得以授权采取强制措施来针对那些销售并分送标签、标识或广告上有未经证实的MRTP声明、或虚假的或误导性声明的产品的制造商。此外，依据FD&C法案301（tt）节，任何明确的或暗示性声明某产品是“被批准的”或“被FDA许可”的，都是违反禁令的行为。电子烟，不管是作为烟碱替代疗法（NRT）还是作为一种有疗效的药物或者装置，都要服从于FDA对这些产品的法律规定。此外，FDA未来将会考虑这些评论，而且，如果FDA确定了其适用性，将发布其他规定。

E. FD&C 法案 919 节——用户费用

2014年，FDA对卷烟、鼻烟、嚼烟和手卷烟的用户费用发布了一项最终规定，包括提交计算和评估用户费用需要的信息（79 FR，第39302页，2014年7月10日）。在这份最终规定中FDA作出说明，如果认定为雪茄或者斗烟，FDA将根据雪茄和斗烟条款相关的用户费用对NPRM意见做出回复，并修改用户费用规定（79 FR，第39302~39305页）。相应地，FDA将在《联邦公报》上发布一项最终规定来修改现行的用户费用规定。

（评论214）一些评论支持《烟草控制法案》的用户费用规定适用于所有的烟草制品，认为用户费用条款适用于所有产品对于保障监管企业间一致性和公平性必不可少。他们也注意到FD&C法案919（b）（3）节规定任何烟草制品的制造商或进口商都不应被要求支付超过他们比例份额的用户费用。相应地，他们认为FDA不能基于烟碱递送产品的连续性来评估用户费用。

（回复）FDA将在《联邦公报》上发布一项关于雪茄和斗烟用户费用的最终规定，包括提交计算用户费用评估需要的信息。这些意见在那项规定中解决。

F.《烟草控制法案》102 节——反对免费样品禁令

在本最终规定中，FDA将不会修改现有的分发免费烟草制品的限制（21 CFR 1140.16（d））。因此，按照《烟草控制法案》102节的要求，这项限制将禁止分发新认定烟草制品的免费样品。见II. B. 3. a.中对关于免费样品禁令合法性的讨论。

FDA理解一些零售商对免费样品禁令影响他们推销新产品能力的担忧。FDA希望澄清：让潜在的成年购买者嗅闻或者手拿新认定产品不会被认为是分发免费样品，只要免费产品并没有实际被全部或部分消费，在零售网点潜在买家没有携带免费烟草制品离开。例如，给成年购买者手拿雪茄的机会让他们能感受到雪茄的结构阻力，也让他们能看见产品的颜色，产品颜色是表明烟草发酵期的一种指示。手拿着产品也能让他们获取雪茄和盒子的香味（如果是装盒出售的）。然而，如果潜在买家把雪茄点燃，或者抽吸雪茄使其燃烧，或者除此之外使用免费雪茄，或携带一支免费雪茄（部分使用的或完整的）离开零售设施，这就构成了一个“免费样品”，违反《烟草控制法案》102节限制免费样品的规定。我们相信，在大多数情况下，包括电子烟零售店在内的其他零售设施，能够允许客户触碰、拿和闻他们的产品，而不违反免费样品禁令。我们注意到在这项政策中没有对§1140.16部分免费样品禁令实施规定作出变更或修正的解释。

（评论215） 大量评论讨论了FDA是否应该继续允许分发新认定产品的免费样品。大部分评论一般支持免费样品禁令，提及担心这样的样品服务会启蒙青少年开始吸烟。一些评论反驳没有理由相信斗烟和价格昂贵的雪茄免费样品能够鼓励青少年吸烟，因为这些样品几乎只在成人专属零售业务中分发。一则评论声称因为流行病学数据显示大多数昂贵雪茄烟民疾病发生率与从不吸烟者相比没有显著差异，价格昂贵的雪茄免费样品禁令并没有相应的益处，即使它确实能减少青少年吸烟。评论还指出，它同样不能有助于阻止年轻人使用，因为他们声称：在美国物质滥用与心理卫生服务部（SAMHSA）最近一项调查中，没有证据显示青少年能获得价格昂贵的雪茄，更别说是零售商的免费样品。

一些评论特别提到斗烟、价格昂贵的雪茄和电子烟，指出：鉴于缺乏证据表明青少年能获得这些免费产品，禁止这些作为行业重要部分的样品，将只会影响销售和小型企业而不会产生相应的公众健康利益。关于价格昂贵的雪茄和斗烟的评论指出免费样品对吸引成年消费者购买独特且昂贵的产品是必要的。关于电子烟的评论认为：由于他们的产品是新型的，免费样品对于说服卷烟使用者转换到该产品是必要的。

一则评论认为：FDA提出的免费样品禁令限制了受第一次修正案保护的商业言论。该评论指出：虽然法院在折扣烟草城市&乐透等公司起诉美国政府案例中赞同《烟草控制法案》关于卷烟的样品禁令，法院用来维护这个禁令的证据还不能支持新认定烟草制品有相同的禁令。评论认为：FDA没有提出证据表明免费样品能够导致青少年开始吸烟，因此FDA用这个禁令将无法推进合法的政府利益。此外，评论建议：即使该禁令可以推进合法的政府利益，FDA可以通过较少的限制措施获得相同的结果，例如与FDA对无烟烟草所采取的措施一样，允许有资格的仅限于成人的设施提供免费样品。

（回复） FDA不赞同免费样品禁令会损害企业而没有相应的公众健康利益或者这个禁令限制了商业言论的断言。这项禁令将消除青少年获得烟草制品的途径，能帮助减少青少年开始吸烟和吸烟引起的短期及长期发病率和死亡率。美国医学研究院（IOM）声明：免费样品“使青少年通过无风险和免费的方式满足了他们的好奇心”（参考文献30）。尽管IOM是针对卷烟讲的，但FDA相信这一理论也同样适用于新认定产品。此外，美国上诉法院第六巡回审判厅认为与针对卷烟相同的免费样品禁令并不违反第一修正案。法院认为FDA提供了“广泛的”证据表明免费烟草样品给青少年提供了“便利的资源”（折扣烟草城市&乐透等公司起诉美国政府案例（674 F.3d 509, 541）（6th Cir. 2012）（citing 61 FR 44396 at 44460, August 28, 1996）（cert. denied sub nom. Am. Snuff Co., LLC v. United States, 133 S. Ct. 1966（2013））。而且，专家组一致认为禁令“在有关的危害性与使用限制之间体现了有限的符合性”（同上文献）。在II. B. 3. a.中对免费样品禁令的合法性有更多细节的讨论。

FDA理解一些零售商担忧免费样品禁令对他们推销新产品能力造成的影响。FDA希望澄清：让潜在的成年购买者闻或者拿着一支雪茄不会被认为是分发“免费样品”，只要免费样品没有在零售店被全部或部分消费，以及携带免费烟草制品离开零售店。给成年购买者手拿雪茄的机会让他们能感受到雪茄的结构阻力，也让他们能看见产品的颜色，这是表明烟草发酵期的一种指示。手拿着产品也能让他们获取雪茄和盒子的香味（如果是装盒出售的）。然而，如果潜在买家把雪茄点燃，或者抽吸雪茄使其燃烧，或者除此之外使用免费雪茄，或携带一支免费雪茄（部分使用的或完整的）离开零售设施，这就构成了一个“免费样品”，违反《烟草控制法案》102节限制免费样品的规定。我们相信，在大多数情况下，包括电子烟零售店在内的其他零售设施，能够允许客户触碰、拿和闻他们的产品，而没有违法免费样品禁令。

XII. 适用于新认定产品的附加规定要求

在NPRM中，FDA注意到某些规定将自动适用于新认定产品，并且提出可应用于涉烟烟草制品的附加限制。FDA也指出在最终规定生效后，FDA有权发布适用于新认定产品的附加规定，包括符合FD&C法案的产品标准。很多利益相关者提交了关于新认定产品的附加要求和限制的评论与数据。其中一些评论要求制定单独的NPRM，这将有助于在考虑新认定产品的其他规定时告知FDA。

A. 对加香的烟草制品的禁令

FDA收到了许多关于加香烟草制品的评论，包括香味对青少年和年轻人影响的担心，以及从使用燃烧型烟草转向使用加香电子烟的一些用户个体的初步数据。FDA关于加香烟草制品的评论和数据都在本书的V. B.部分。FDA对关于加香烟草制品可能采取禁令的评论做出了如下回复。

（评论216）许多评论建议FDA在最终规定中包括对加香烟草制品的禁令。其他评论建议FDA继续允许销售水果或糖果香味的电子烟，因为它们有助于抽吸卷烟者在戒烟时减少对卷烟的使用。这些评论一般依据的研究文献中称大多数电子烟使用者每天或一天当中在香味之间转换，曾吸烟者比现行吸烟者转换得更频繁，受访者表示在减少吸烟或戒烟时香味种类很重要（参考文献62）。这项调查也指出几乎半数受访者表示可获取的香味减少将“增加对卷烟的渴望，会使得减少或完全替代吸烟变得更不可能”（同上文献）。因此，他们认为FDA不能在试图防止孩子使用加香烟草制品时牺牲成年人对加香烟草制品的使用。这些评论还指出香味物质可用于FDA许可的烟碱替代疗法（NRT）等合法销售的产品中。

（回复）FDA在此份最终认定规定中没有禁止加香烟草制品。为了表示对于增长的加香雪茄市场以及它影响青少年开始使用烟草制品的关注，FDA在此声明未来将发布一份产品标准提案，禁止在所有雪茄中使用特征香味，包括小雪茄卷烟和小雪茄烟。

如在本书VIII. F.部分讨论的，我们注意到证据显示一些曾经吸烟者现在使用电子烟（参考文献24）。不过，评论中提到的研究（参考文献62）是通过一个电子烟网站招募自主选择的受试者。所有的受试者不是曾吸烟者（91.2%）就是现行吸烟者（8.8%）；两组人群在开始使用电子烟前已平均吸烟22年。该文章没有考虑受试者自主选择或人口统计学剖面是否会影响结果在更大规模人群中的适用性。而且，该研究没有解决关于研究参与者如果不能得到加香电子烟或电子烟加香的种类有限是否会增加卷烟使用的问题。如果出现表明加香电子烟更能使吸烟者完全转抽电子烟的其他证据，这些提交的证据加入入市产品申请，将有助于分析产品市场营销是否适合于保护公众健康。

此外，新数据显示青少年对加香烟草制品的使用不断增长。FDA关注了初步数据所显示的一些成年人可能从使用燃烧型烟草转向加香电子烟，在制定上市前审查遵从政策时已作出平衡。

（评论217）许多评论关注到FDA要求在确定是否某特别的烟草制品符合FD&C法案900（3）节的卷烟定义时应考虑的特性或因素有关的数据、研究和信息，从而，不管标识为小雪茄还是其他非卷烟类烟草制品均受制于反对特征香味的禁令。一些评论指出小雪茄像卷烟一样销售和使用，因此，FDA应指明这些产品服从于卷烟香味物质禁令。其他评论提供了有关卷烟和小雪茄或其他非卷烟类烟草制品之间差别的信息，并指出这些产品不应受制于卷烟香味物质禁令。

（回复）FDA理解和赞赏关于加香小雪茄或相似产品可能扮演引起使用或双重使用烟草制品角色的评论，FDA将继续依据FD&C法案确定某产品是不是“卷烟”，并以案例为依据使其服从于法定的香味物质禁令。

（评论218）一个评论称FD&C法案907（d）（3）节禁止FDA对列举的某些烟草制品做出禁令，表明议会不允许FDA以任何方式禁止任何烟草制品，包括颁布对新认定产品同等禁令的产品标准，特别是当这些产品中的一些比专门列举的产品具有更低的死亡和疾病风险时。一些评论也指出在制定加香新认定产品实施禁令中很难定义“特征香味”。

（回复）如果FDA决定发布产品标准，将会根据FD&C法案907节的规定。因为FDA在本最终认定规定中没有禁止加香烟草制品，不需要考虑是否或怎样定义“特征香味”

B. 附加的准入限制

（评论219）一些评论建议FDA要求烟草制品覆盖范围内所有产品进行面对面销售，像按照§1140.14（a）（3）对卷烟和无烟烟草所要求的那样。例如，他们建议FDA禁止对新认定烟草制品进行无人销售展示。他们表示担心其他烟草制品如果与卷烟和无烟烟草不同，会使零售商困惑而且使培训程序复杂。

（回复）FDA将继续监控这一议题，如果确定禁止无人销售展示新认定烟草制品有益于保护公众健康，FDA将依照APA发布新的NPRM。

（评论220）一些评论建议我们发布本最终规定时，搜集其他信息，对新认定烟草制品起草一份第1140部分适用的附加限制提案ANPRM（例如禁止无人销售展示、销售和分发无烟草物品、赞助活动）。

（回复）FDA将该评论纳入咨询意见。如果FDA决定发布这样一份提案，将遵从APA的要求。

（评论221）几个评论请求FDA采用与其他烟草制品一样的监管方式监管所有可溶的和其他新认定烟草制品，包括第1140部分中所有销售和广告的限制要求。

（回复）当前，FDA使新认定产品自动服从于各项要求以及在该份规定最终版中讨论的对所有烟草制品的附加条款（即年龄和身份要求、自动售货机限制和健康警语要求）。不过，如果FDA以后决定对适当的及符合906（b）节标准的新烟草制品扩展这些销售和广告限制，在实行这些限制时将遵从APA的要求。

C. 对烟碱暴露的警示

（评论222）许多评论表示担心意外摄入电子烟液引起的烟碱中毒的增加，建议关注以下问题：（1）设定电子烟液的烟碱含量最大值；（2）要求使用儿童防护容器；（3）要求在包装上和液体产品销售点设置毒性警示；（4）设置产品从容器冲流出的许可流速限制（例如，在容器口安装限速装置或要求使用硬质容器防止挤压容器使产品快速喷射出来）。

（回复）FDA在NPRM和VIII. D.部分表示了同样的对烟碱中毒增加的担忧。一旦本最终规定生效，FDA有权发布对此担忧的附加规定。而且，FDA已在此产品认定规定之前发布了一份法规制定预告（ANPRM），搜集对FDA可能采取的关于烟碱暴露警示和儿童保护包装的管制措施的意见、数据、研究及其他信息。而且，在《联邦公报》发布此文件时，FDA已经制定了草案指南，最后将表达FDA对新认定电子烟产品上市前授权要求的某些适当措施的现有观点，包括关于烟碱暴露警示和儿童保护包装的建议，有助于支持产品销售应保护公众健康的做法。

XIII. 可分割性原则

本规定最终完成时与NPRM有一些不同。对于编码语言提案的专门评论，FDA的回复包括在第VII章中。

依照《烟草控制法案》第5节，FDA考虑并打算扩大它的权限到所有烟草制品，依据本规定的各种要求和限制具有可分割性。FDA的说明和立场是本规定任何条款的失效不应影响其他部分的有效性。如果任何法院或者其他合法企业临时或永久地失效、阻止、禁止或者暂停本规定的任何条款，FDA将认定剩下部分继续有效。如在《烟草控制法案》第5节所声明的，如果本规定对个体或环境（如在前言及其他地方讨论的）的某些应用被认为是无效的，这些条款对其他个体或环境的应用将不受影响，并在尽可能的范围内继续执行。本规定的每个条款由前言描述或引用的数据和分析所独立支撑，当分别发布时，仍继续保持FDA权限的完全执行。

XIV. 最终规定的说明——第1100部分

在NPRM中，FDA对第1100部分说明FDA对烟草制品权限的范围做出了解释，适用于烟草制品的要求、定义和规定生效日期。我们考虑并打算扩大权限到所有烟草制品，并使得本规定确立的多种需求和禁令可分割。

A. 第1100.1节——范围

FDA在本最终规定中选择了方案1，法典第1100,1140和1143部分适用于所有认定的雪茄烟(而不是其中一部分)。因此，这个章节现在陈述的是除了FDA对卷烟、卷烟烟草、手卷烟和无烟烟草制品之外的权限，依据201（rr）节FDA认定所有符合“烟草制品”定义的其他产品，除了烟草制品的配件，服从于FD&C法案第IX章。配件的定义包含在第§1100.3节中（如在VI. A.部分讨论的）。

B. 第1100.2节——要求

因为FDA选择了认定规则范围的方案1，第1100.2节声明卷烟、卷烟烟草、手卷烟和无烟烟草制品服从FD&C法案的第IX章及其实施条例。而且，该节声明FDA已认定了所有其他的烟草制品，除了这些产品的配件，受制于FD&C法案的第IX章及其实施条例。

C. 第1100.3节——定义

FDA征求了关于雪茄、雪茄类产品和烟草制品定义的意见。因为我们在本最终规定中选择方案1来认定所有雪茄（而不是其中一部分），关于雪茄类产品定义的评论与本规定制定没有关联。此外，FDA收到了很多关于组成成分、部件和配件的评论，包括如何对其定义、如何将要求应用于这些物品。我们已经在本节增加了“组成成分或者部件”和“配件”的定义。相应的文字讨论包含在VI. A.部分。

XV. 最终规定的说明——第1140部分

当前，第1140部分一般适用于卷烟、卷烟烟草、手卷烟和无烟烟草。FDA提议附加条款适用于“所有的烟草制品”（即要求禁止销售和分发给18岁以下的未成年人和禁止自动售货机销售,成人专用设施除外）。如文中所述,“所有烟草制品”指的是依照FD&C法案第1100.2节认定的任何烟草制品，但不包括非源自烟草的组成成分或部件。FDA正在完善这些要求，不会有实质性改变。FDA打算更新民事罚款指导文件，和关于违反健康警示要求可能导致民事罚款的常见问答。我们考虑并打算扩大权限到所有烟草制品之上，通过本规定确立的多种需求和禁令是可分割的。

A. 第1140.1节——范围

为了适用现有的主要销售和分发限制，包括年龄、身份证明和自动售货机的规定，NPRM给第1140部分提供了一些修正案来限制青少年获得认定的烟草制品。如前所述，第1140部分适用于卷烟、卷烟烟草、手卷烟和无烟烟草。因此，FDA正在完善本规定，在第1140.1（a）和（b）中增加了“涉烟烟草制品”的词语来确保产品符合现有的主要限制和购买规定。我们已在1140.1（a）中增加了相关词语，来阐明1140.16（b）的范围。

B. 第1140.2节——目的

本最终规定增加“涉烟烟草制品”意味着这个规定的目的是建立除了对卷烟和无烟烟草的限制之外的涉烟烟草制品的销售、分发和购买的限制。因此，最终规定声明：零售商可以不对18岁以下的青少年销售新认定的涉烟烟草制品，且要求零售商通过查看购买者的证件照片核实购买者的出生日期。但是，如在

1140.14（b）（2）（ii）中提及的，零售商不需要核实26岁以上的购买者的身份。此外，§ 1140.14（b）（3）禁止通过自动售货机等电子或者机械设备来销售涉烟烟草制品，除非它是设置在确保没有18岁以下青少年出现或不允许其进入的环境中。FDA并不打算在1140.14（b）（3）节禁止通过互联网销售烟草制品，但是销售涉烟烟草制品的任何媒介，包括互联网，都必须只能卖给18岁以上的人。因此，通过互联网销售涉烟烟草制品必须遵从本规定中的最小年龄限和身份识别要求。

C. 第 1140.3 节——定义

在NPRM中，我们征求关于以下术语定义的意见：雪茄、卷烟、卷烟烟草、涉烟烟草制品、分销商、进口商、烟碱、包装、销售点、零售商、无烟烟草和烟草制品。FDA收到了很多关于电子烟油和成分、零件和配件是否为烟草制品的评论，也收到了很多关于需要给出它们定义的评论，并在第1140.3中最终给出附加定义。讨论的文字包含在VI. A.部分。此外，我们参阅“包或包装”修改了“包”的定义。我们还增加了“自卷烟”的定义来更好地区分“卷烟”。

D. 第 1140.10 节——制造商、批发商和零售商的一般责任

与方案1所选一样，现在，第1140.10中规定制造商、批发商、进口商和零售商对他们生产、贴标、广告、包装、销售或待售的所有烟草制品（除了卷烟和无烟烟草之外）负责保证遵照第1140部分的应用要求。1140.10和1140.14的修订阐明了最小年龄和身份要求以及自动售适用于新认定的烟草制品。

以前，1140.10声明了每个制造商、分销商、进口商和零售商都有责任确保他们的产品符合第1140部分的所有应用要求。FDA提议将“涉烟烟草制品”增加到该部分的现有文本中来阐明条款同样适用于1140.3定义的“涉烟烟草制品”。而且，FDA 提议1140.10增加进口商，因为《烟草控制法案》中定义的烟草制品制造商包括进口商（FD&C法案900（20）节），表示议会意图使烟草制品进口商服从1140.10中的规定要求。FDA在起草的NPRM中将最终确定该部分。

E. 第 1140.14 节——零售商的附加责任

FDA提议在该部分将卷烟和无烟烟草制品与其他涉烟烟草制品的零售商的责任区分开。FDA在起草的NPRM中将最终确定该部分。因此，在本最终规定生效日后，在 § 1140.14（a）（1）~（a）（5）节将规定零售商销售卷烟和无烟烟草的责任。在第1140.14（b）（1）~（b）（3）节将规定销售新认定产品的责任。

F. 关于最小年龄和身份确认要求的评论及回复

在NPRM中，FDA关于是否禁止向18岁以下未成年人销售新认定产品和对26岁及以下青年人要求照片身份确认（与目前应用于卷烟和无烟烟草的要求相同）征求意见。FDA讨论了统一最小年龄和身份确认的好处，包括：（1）在另一个不太严格要求的司法管辖范围减少青年人的烟草准入；（2）解决年轻人认为没有最小年龄或身份确认要求的烟草制品是更安全的误解；（3）所有烟草制品都遵照最小年龄和身份确认要求（79 FR 23142,第23160~23162页）可使零售商更易于执行。而且，我们表示打算运用一项积极的全国范围的强制计划增加合规性及阻止青年人的烟草制品消费（79 FR 23142，第23160页）。

几乎所有的评论都支持对新认定烟草制品执行最小年龄和身份确认要求。FDA最终将确认这些要求，不进行改变。FDA也打算更新现有民事罚款导则文件和反映违反这些条款可能造成征收民事罚款的常见问题。关于这些条款评论的汇总及FDA的回复包括在下述段落。

（评论223）基于新认定烟草制品易于获得的事实,许多评论支持FDA的提案。例如，他们注意到烟草企业文件提到自助销售烟草制品被偷盗的频率增加，一些提到的认定产品（例如雪茄）经常在自助展示中销售（参考文献243）。他们表示担心自助展示会增加未成年人获得烟草制品的可能性。

（回复）FDA同意新认定烟草制品易于被消费者获得。FDA发现在本最终规定所包括的年龄和身份确认限制（1140.14）有助于限制年轻人获得新认定烟草制品。如果FDA决定将禁止自助展示（1140.16（c））扩展到新认定产品适合并符合在906（d）节中的应用标准，FDA将发布一项新的NPRM并征求意见。

（评论224）基于年轻人使用新认定产品的增长和烟碱对他们的影响，许多评论支持对所有烟草制品采取最小烟龄和身份确认要求。他们注意到，根据CDC发布的178万高中和初中在校生曾使用电子烟的资料（参考文献108），从2011年到2012年使用电子烟的年轻人数量翻倍。其他人注意到，2012年卫生总监报告称年轻人比成年人更易于发展为烟碱依赖（参考文献49）。而且，其他评论称因为对所有烟草制品的最小年龄和身份确认在各州情况不同，统一的年龄要求有助于防止年轻人在要求不太严格的邻近州获得烟草制品。

（回复）FDA同意支持对所有烟草制品执行最小年龄和身份确认要求的评论。如我们在NPRM中提到的，最小年龄限制的目的是限制年轻人获得新认定烟草制品。FDA结论是在本最终规定包括该项限制适于保护公众健康，因为可减少年轻人获得从而可能限制他们使用烟草制品。

（评论225）一些评论建议FDA提高购买烟草制品的最小年龄到21岁。他们称提高最小年龄会限制年轻人获得烟草制品的社交资源，因为21岁比18岁的未成年人更少接触社交网络（参考文献244）。他们也建议在同一个州应参照购买酒精产品和大麻的最小年龄和身份确认要求。

（回复）FDA已决定最小年龄和身份确认限制，将应用于所有烟草制品，也有益于保护公众健康。FDA也将针对青少年继续开展预防和烟草制品风险认知运动。尽管在906（d）（3）（ii）节使FDA无法提高销售烟草制品的最小年龄，《烟草控制法案》的第104节要求FDA开展一项提高销售烟草制品最小年龄的公众健康意义的研究。此项研究已发表（参考文献245），见http://www.iom.edu/Reports/2015/TobaccoMinimumAgeReport.aspx。

（评论226）一些评论讨论了互联网销售烟草制品。一些评论欢迎禁止在互联网销售所有烟草制品，一些评论支持仅对某些烟草制品禁止销售，而其他人反对在互联网禁止销售任何一种烟草制品。

（回复）如上述解释，在该项规定中，零售商不能对18岁以下未成年人销售涉烟烟草制品（通过任何媒介，包括互联网）。FDA将继续积极执行互联网销售的最小年龄限制。未来FDA将考虑这些建议，继续评价附加准入限制是否适当。

（评论227）一些评论建议FDA对不遵守最小年龄和身份确认要求强制实行严格罚款，实行青少年烟草预防运动和其他行动有效减少青少年获得烟草制品。

（回复）如在NPRM中提到的，FDA相信在联邦层面及各州都全面地、统一地执行最小年龄和身份确认限制，将减少青少年开始吸烟的可能性（79 FR，第23142~23161页）。而且，FDA将继续投入大量公众教育活动帮助教育公众，特别是青少年，认识烟草制品的危险性。

（评论228）一些评论建议FDA在全国范围内一致对18岁以下未成年人禁止销售烟草制品成分、部件和配件（而不仅是涉烟烟草制品），包括电子烟。

（回复）FDA不同意。FDA结论是对涉烟烟草制品应用最小年龄要求和自助售货机要求，及其对新认定产品的成分和部件的管制，将保护公众免于烟草使用的危险性，不鼓励开始使用，以及鼓励停止使用这些产品。

（评论229）一些评论建议FDA禁止向18岁以下未成年人销售雪茄，不包括在美国军队服务的未成年人。他们辩称军事职务比使用烟草制品有更大危险性。

（回复）我们不同意关于许可军队中未成年人例外的建议。军人与公民面临同样的烟草相关死亡和疾病风险。如FDA在序言中所称，雪茄比卷烟的烟碱水平更高；抽吸雪茄与某些癌症有强相关性；在某些情况下，雪茄与卷烟对人体健康危害性一样（79 FR 23142，第23151~23156页）。

（评论230）一些评论建议零售商记录和保留每个购买者的有效驾照（如果文件包括照片）、军队身份证或有效护照的复印件，作为可接受的身份确认以核实购买者的最小年龄。其他评论建议FDA对于邮寄订单销售烟草制品实行注册要求，并要求在接受包裹运输前确保销售者送出的包裹已注册。

（回复）照片确认包括在1140.14（b）（2）中。零售商可遵照该条款选择核实身份确认的方法。FDA发现这些要求有益于保护公众健康，且当前拒绝采纳所建议的额外要求。但是，我们将继续评价这些关于身份确认的额外要求是否合适。

G. 关于自助售货机的评论及回复

与最小年龄和身份确认条款一致，FDA提议禁止在自助售货机中销售所有烟草制品（即要求在零售店面对面销售），除非自助售货机设置于零售店，零售商保证在任何时候都禁止18岁以下未成年人进入。FDA最终确定这项要求在1140.14中没有改动。因此，在本最终规定有效期内，所有烟草制品包括电子烟不能在电子或机械装置（如自动售货机）中销售，除非该装置位于仅对成人销售的商店。因为排除了青少年获得烟草制品的一个或多个方法，该项限制有益于保护公众健康。

关于这些条款评论的总结和FDA的回复包括在下述段落。

（评论231）多份评论支持在仅对成年人销售商店限制自助售货机。他们认为FDA关于该条的讨论表明自助售货机限制符合管制的公众健康目的。其他评论称FDA对卷烟和无烟烟草的限制原则也适用于新认定烟草制品。

（回复）FDA同意在仅对成人销售的商店限制自助售货机有益于公众健康。如我们在NPRM中的声明，研究显示青少年能在自助售货机获得烟草制品（79 FR 23142，第23162页）。因此，自助售货机限制对防止青少年获得这些产品很重要。

（评论232）一些评论建议FDA禁止所有自助售货机销售所有烟草制品。

（回复）FDA不同意禁止所有自助售货机销售所有烟草制品。第1140.14（a）（3）条和第1140.14（b）（3）条分别允许卷烟和无烟烟草制品及其他涉烟烟草制品涉烟烟草制品的销售，以机械装置辅助的非面对面交换方式进行，且零售商应保证任何时候没有18岁以下的青少年出现，或被许可进入。FDA允许仅对成人的商店在自助售货机上销售烟草制品，因为这些地点雇佣安保人员禁止18岁以下未成年人进入。FDA未试图禁止对禁止成年人进入的合法销售烟草制品地点。

（评论233）一些评论建议FDA将烟草制品成分、部件和配件（特别是电子烟）纳入提议的自助售货机限制。这些评论对烟弹爆炸及由于偶然电子烟油暴露引起的烟碱中毒表示担忧。

（回复）FDA同意这些产品成分和部件可引起公众健康担忧。目前，FDA已确定在自助售货机中禁止含有烟碱的成分和部件非个人销售模式有益于保护公众健康。但是，FDA已给出结论，目前没有授权对非烟草制造或衍生的成分或部件执行自助售货机限制，因为它们只有通过与受制于自助售货机的涉烟烟草制品（因此青少年不能获得）涉烟烟草制品才能向使用者传输烟碱。相应地，FDA相信为了防止青少年获得这些产品，对含有烟碱或烟草的成分的进行自助售货机限制有益于保护公众健康。

（评论234）一些评论建议认定规定包括互联网销售禁令。这些评论认为制造商和零售商不能有效地执行年龄核实，如青少年不亲自出现在销售点，他们却能购买到烟草制品。一些评论也建议FDA要求零售商核实新认定烟草制品购买者的年龄，使用与《防止所有卷烟买卖法案》（PCAT，2009）相同的方法（保证征收联邦、州和地方的通过互联网或邮寄订单销售卷烟和无烟烟草的烟草税）。其他评论认为不管是PACT法案或是州法律均未能有效防止青少年获得烟草制品。

（回复）依照这项规定，零售商不能向18岁以下青少年销售涉烟烟草制品涉烟烟草制品（通过任何媒介）。FDA将继续对邮寄订单销售和互联网销售积极实行最小年龄限制。FDA将继续评价附加准入限制是否是适当的。

（评论235）一些评论称因为新认定烟草制品一般不在自助售货机中销售，提议的自助售货机限制影响很小。

（回复）FDA不同意。如在NPRM中讨论的（79 FR 23142，第23162页），FDA期望自助售货机限制对防止青少年获得烟草制品有积极影响。因此，FDA断定这些限制适于保护公众健康。

（评论236）一些评论称FDA应许可在所有地点通过自助售货机销售烟草制品。他们称现在随着技术进步，能精确进行非面对面核实，包括年龄和身份核实（EAIV）电子技术，PACT法案已要求零售商在接受交货单前通过EAIV数据库核实烟草制品购买者的姓名、出生日期和地址。

（回复）FDA不同意。我们在NPRM中解释了其他类型的自助售货机限制，例如自助售货机上安装电子锁装置，不能完全地限制青少年获得烟草制品（79 FR，第23142~23162页）。而且，自助售货机不能安装在没有服从PACT法案的没经验的普通店家或互联网销售者的商店，或者没有资金更新具备EAIV技术的自动售货机的那些零售商处。因此，FDA结论是自助售货机限制适于保护公众健康。

XVI. 最终规定的说明——第1143部分

在提议的认定法规中，FDA提议增加第1143部分，对涉烟烟草制品涉烟烟草制品授权使用“警示声明要求”，与自卷烟和卷烟烟草一样，联邦法令或规定已不再要求健康警示。正如本书所述，FDA与本最终规定一起选择了方案1。因此，这些要求适用于所有新的认定为烟草制品所涵盖的产品，包括高价的和其他类型的雪茄烟。我们考虑并打算扩大权限到所有烟草制品，并使得本规定确立的多种需求和禁令可分割。

A. 章节 1143.1——定义

在NPRM中，FDA为以下术语的定义征求意见：雪茄、涉雪茄制品、涉烟烟草制品、包装、警示声明要求和自卷烟烟草。正如本书所述，FDA已选择方案1作为本规定的范围。因此，涉雪茄制品的定义是不必要的，并已从此节删除。我们还增加了对销售点、零售商和烟草制品的定义。这些术语在第1143部分使用，已包括在第1100和第1140部分。

FDA收到很多关于需要对成分、部件和配件进行定义的建议，这才增加了1140.3中“成分或部件”和“配件”的定义。文字讨论包括在VI. A.部分。另外，我们包括了“卷烟烟草”的定义，适用于涉烟烟草制品、自卷烟烟草和卷烟烟草的健康警示要求。我们还增加了一个“主展示板”的定义来解决认为有必要有个定义来遵照该部分的相关建议。“主展示板”被定义为很可能给消费者展示、呈现或检查的包装面板。

B. 第 1143.3 节——对烟碱致瘾性警示声明的要求

提案第1143.3节包括一项要求，任何人在美国生产、销售、批发、分销、零售或进口销售或进口分销，除了雪茄之外的卷烟烟草、自卷烟草和涉烟烟草制品必须在每个产品的包装上和广告中包括下列警示声明："警示：该产品含有来源于烟草的烟碱。烟碱是一种使人上瘾的化学物质"。NPRM允许制造商提交关于其产品不含烟碱的认证，并告知FDA打算使用可替换的警示说明："本品来源于烟草"。FDA还提案规定了此警示说明在包装和广告上的尺寸和位置。

经意见审查，FDA修正了警示文字为："警示：此产品含有烟碱。烟碱是一种使人上瘾的化学物质"。可选择的警示说明也修正为："此产品由烟草制成"。此警示尺寸要求必须超过包装两个主显示面积的30%、广告面积的20%。在1143.3（a）中，我们还规定此警示说明必须至少用12号字体印刷，使其清晰醒目。

此外，我们在1143.3（a）（3）（ii）中规定该节第（a）（1）和（2）段中包括的任何烟草制品的零售商不遵照这些要求均不视为违规。此最终法令规定零售商如果在其包装上：（1）包含一个健康警示；（2）由具备州、地方或TTB颁布执照或许可的烟草制品制造商、进口商或经销商，提供给零售商，如果适用（与1143.5（a）（4）（ii）文字一致）；（3）没有被零售商对该节的要求做重要改变，那么其就不会构成违规。

另外，对于广告中的警示字体最小尺寸的回复，我们修改了第1143.3（b）（2）（ii）节，规定广告警示至少要用12号字体。并指出此警示必须放在"设置规定文本的警示区域内最醒目的位置"。因此，印刷广告必须要求一个更大的尺寸来符合此规定。

鉴于评论对在1143.3（c）中如何进行自我证明的流程表示了疑问，我们也在这一节进一步阐述了此流程。现在这一节规定证明可以由烟草制品制造商提交给FDA。FDA建议用于支持自我认证，或数据备份的数据，保留在生产设备中或其他地点，制造商及被部长指派的官员或雇员（包括FDA雇员）可查阅。这些数据，以及未存储在被检查设备中的数据，应易于被部长指定的官员或雇员复制或检查。有意提交认证声明的制造商可打电话1-877-CTP-1373联系CTP，咨询更多的相关信息。

更进一步地，为回复评论，我们增加了1143.3（d）条规定，如果产品包装太小或没有足够位置粘贴这些信息，当警示位于包装箱外面、或其他货箱外面、或包装纸上、或标签上，要不然是永久性地粘在烟草制品包装上时，可不直接在产品包装上放置警示声明。根据这一规定，这些警示说明必须按1143.3（a）（1）和（a）（2）要求的规格印刷。在这些情况下，使用包装箱外面、货箱外面、包装纸或标签的主显示面位置。如果标签用作主显示面，两面标签必须都可被消费者看到。根据1143.3（a）（2）规定，警语必须在两面标签上都印刷。

我们也在1143.3中指出此规定适用于卷烟烟草、自卷烟烟草，和除了雪茄之外的其他涉烟烟草制品。在1143.1中给出了卷烟烟草和自卷烟烟草的定义。此警示要求不适用于无烟烟草制品。无烟烟草制品必须满足CSTHEA（15 U.S.C. 4401 et seq.）的警示要求。

C. 第 1143.5 节——对雪茄烟警示声明的要求

在1143.5中，FDA提出雪茄的警示也涵盖在在本最终规定中。除了致瘾性警示之外，FDA提议所有的雪茄（除了单独出售和不带包装的）都必须在包装和广告上包括以下警示：

- 警示：抽吸雪茄会导致口腔癌和咽喉癌，即使你不吸入。
- 警示：抽吸雪茄会导致肺癌和心脏病。
- 警示：雪茄不是卷烟的安全替代品。
- 警示：烟气增加患肺癌和心脏病的风险，即使是在非吸烟者中。

FDA还提出了包装和广告上警示说明尺寸和位置的要求。FDA正在最后确定按照方案1认定的所有雪茄（而不是某一小类）的警示要求。而且，正如XVI. H. 16.部分所讨论的，FDA附加的警示说明（警示：怀孕时使用雪茄伤害你和你的宝宝），还可选择的说明（卫生总监警示：吸烟会增加不孕不育、死胎、低出生体重的风险）。

因此，对雪茄包装和广告上的所有警示要求列举如下：

- 警示：本产品含有烟碱。烟碱是一种使人上瘾的化学物质。
- 警示：抽吸雪茄会导致口腔癌和咽喉癌，即使你不是吸第一手烟。
- 警示：抽吸雪茄会导致肺癌和心脏病；
- 警示：雪茄不比卷烟更安全。
- 警示：烟气增加患肺癌和心脏病的风险，即使你是非吸烟者。
- 警示：怀孕时使用雪茄伤害你和你的宝宝。（还可选择的说明：卫生总监警示：吸烟会增加不孕不育、死胎、低出生体重的风险。）

要求健康警示至少占包装的两个主显示面面积的30%，占印刷广告或其他可视广告面积的20%。如我们在§1143.3（a）（2）（ii）和（b）（2）（ii）中规定的，为了清晰明了，在1143.5（a）（2）（ii）和（b）（2）（ii）中增加了包装和广告上警示使用字体必须最小是12号字体。我们注意到警示也必须占“为文本所需而预留警示区域的最大位置”。因此，为符合这一要求印刷广告需更大字体。

对于包装，这6条雪茄烟警示（5条雪茄特别警示和1条致瘾性警示）必须在每年期限内随机地出现，尽可能在每个销售的雪茄牌号的产品包装上出现相同次数，且在美国所有区域随机分配。必须按照提交给FDA并获得其认可的警示计划实行警示随机显示和分配。对于广告，按照提交给FDA并被其许可的警示计划，每个牌号的雪茄的每个广告中，警示必须每季轮换。制造商、分销商、进口商和零售商有责任在本最终规定发布1年后把警示计划提交给FDA审查并获得许可（然而，第1143部分的其他部分要求是本最终规定发布后两年后生效）。

在NPRM中，FDA并没有给出独立章节（有生效日期）明确要求提交有生效日期的警示计划。相反，第1143部分章节规定随机显示和分配包装的警示声明，每季轮换广告的警示说明（FDA对其提出了2年的生效期），表明随机显示和分配及每季轮换是按照提交给FDA并被其批准的警示计划进行的。因此，这些条款明确要求向FDA提交警示计划并被其批准，在2年生效期之前，制造商必须遵守该计划。FDA增加1143.5（c）（3）条特别包含了对提交警示计划提案的要求。（关于警示计划要求和提交时间框架的其他信息见XVI. H. 17.部分）。

警示说明要求同样适用于单独销售的或不带包装的雪茄产品[15]。然而，不要求在这些产品包装上直接贴警示说明，必须要求零售商在销售点张贴招牌海报，列出6种警示（5个雪茄的专用警示和1个致瘾性警示），警示招牌尺寸最小为8.5英寸×11英寸。本规定要求警示招牌放置在每个收银机上或3英寸范围内，每个购买的消费者在付账时，警示招牌全部没被遮挡并易于看到。

D. 第 1143.7 节——对规定的警示声明的语言要求

与CSTHEA（15 U.S.C. 4402（b））第 3（b）条一致，FDA在1143.7中提出警示声明用英语表述，两处除外。第一，根据 § 1143.7（a），如果广告出现在非英语出版物中，警示声明应采用出版物主要语种（即非广告内容使用的主要语种）；第二，根据1143.7（b），如果广告在英语出版物中，但广告语非英语，则警示声明的语言应与广告语一致。FDA 关于这部分的规定与提案立法通知的一样，FDA已最终确定了在NPRM中该部分的提案，并进行了一处修改；FDA在本书中始终指出，健康警示要求适用于任何媒体的广告，我们已在该部分将“出版物”改为“媒体”。

E. 第 1143.9 节——不可移动或永久性的警示声明

FDA提出涉烟烟草制品的警示声明应被无法消除地印刷在或永久性地固定在包装和广告上。FDA最终确定对这个要求不做出改变。

F. 第 1143.11 节——对国外分销不适用

FDA提出健康警示要求的适用限制范围，用于销售或分销产品不在美国生产、包装、或进口的烟草制品制造商和分销商，该要求不适用。FDA最终确定了这项要求。

15　一般来说，根据国内收入法（26 U.S.C. 5751），烟草制品不能无包装进行零售，除非是在支付联邦消费税时，在工厂或海关被拆包。5751（a）（3）节和 TTB 法规（27 CFR 46.166（a））规定烟草制品可包装后进行零售或批发，由客户或当着客户的面去掉包装。

G. 第1143.13节——生效日期

在NPRM中，FDA针对健康警示要求的生效期征求意见。FDA提出最终规定在《联邦公报》上发布24个月后这些要求生效，所有在生效日期之后上市的产品必须在标签上包含规定的警示声明。这意味着：

• 生效期后，任何卷烟烟草、自卷烟烟草、雪茄，或其他涉烟烟草制品的制造商、包装商、进口商、分销商或零售商都不能做与此规定不符的广告。

• 生效期后，任何包装与此规定不符的产品不能在美国销售或分销。

• 生效期后的30天开始，任何包装与此规定不符的产品，制造商不可在国内销售，无论生产日期。

• 生效期后，分销商或零售商都不能在美国销售、分销、分发或用于销售或分销地进口任何包装与此规定不符的、除了在生效期前已经生产的涉烟烟草制品。

• 但是，生效期后，如果零售商证明涉烟烟草制品符合1143.3（a）（3）和1143.5（a）（4）描述的范围，零售商可销售包装没有警示说明的产品。

此外，我们参照1143.5（c）（3）在1143.13中提出增加（b）段，指明提交警示计划的要求，描述雪茄包装上的警示语的随机显示和分配，以及雪茄广告中警示说明的每季度轮换，在本最终规定公布之日起12个月后生效。依据1143部分（本规定最终版发布后的24个月）在规定的雪茄警示生效前12个月，FDA将确定生效日期，因为FDA预期对警示计划提交审查与提交者进行讨论。警示计划提交的最后期限也有助于FDA保证依据第1143节要求自本最终规定发布后24个月后的生效期开始，实行警示标签要求的符合性监督程序。FDA打算与制造商、进口商、分销商和零售商讨论通过一项被认可的适当的警示计划。雪茄企业也想与FDA联系讨论提交他们的警示计划以保证以后的批准流程更顺畅有效。对警示计划要求的其他信息见XVI. H. 17.部分。

H. 对规定的警示声明的评论与回复

1. 概述

（评论237）一些评论敦促FDA在本最终规定明确界定“广告”，因为还不清楚必须包含规定警示声明的广告的构成是什么。至少有一个意见建议，最终规定要包含文字解释，声明关于在商店内可获得烟草制品本身不构成广告。

（回复）FDA认为不必要在最终规定中包括“广告”的定义，但指出，为了本规定的使用，术语“广告”应被广义地解释，并应被解释为包括烟草制品的可获得性声明。

此外，服从于本最终规定的广告可出现在以下类别中或上，例如，宣传资料（销售点或非销售点）、广告牌、海报、招牌、出版物、报纸、杂志，其他期刊、目录、传单、宣传册、直邮广告、货架标识牌、陈列架、互联网网页、电视、电子邮件，也包括那些通过移动电话、智能手机、微博、社交媒体网站，或者其他通信工具；网站、应用程序，或允许用于音频、视频，或摄影文件共享的其他程序；视频和音频促销；以及不服从于1140.34的销售或分销禁令的物品。FDA打算提供有关如何遵守独特类型媒体的健康警示要求的指南。

（评论238）一些评论指出，提出的雪茄警示适用于保护公众健康。评论指出，本规定通过将标签要求扩展到目前要求使用其联邦贸易委员会同意判决书的七个厂商，通过要求在雪茄包装上随机显示和在广告中轮换，以及通过要求出售未包装的单支雪茄的销售点警示，将会增强公众健康。该评论还指出，每个警示的实质内容是由现有的科学证据强有力地支持的。然而，一些意见对优质雪茄警示提出了质疑，声称缺乏可靠的科学依据。

（回复）FDA认为要求在雪茄包装和广告（以及对未包装雪茄的标志）上标识健康警示具备有力的科学依据，在NPRM（79 FR 23142，第23167~23170页）中已广泛地讨论。

（评论239）一些评论指出，NPRM中有关对单支出售和无包装雪茄要求制定和提交警示标识轮换计划是不清楚的。一种意见指出，规定最终版应该明确这一义务由雪茄制造商承担，而不是出售雪茄的零售商承担。另一项评论指出，零售商应该负责制作和张贴销售点标志。

（回复）在此澄清，单支或无包装雪茄零售商而非制造商不要求提交有关包装的警示计划，因为在零售商销售点张贴的警示标志共包括六个适用于雪茄的警示，如上述我们对1143.5（c）（1）讨论的。雪茄零售商将负责根据1143.5（a）（3）（i）-（iv）制作和张贴这些标志。因此，没有必要轮换这些健康警示，也不需要提交轮换警示计划。但是，制造商必须提交一份广告的警示计划，如本规定要求所有雪茄的制造商在广告中包含警示，每个雪茄品牌的每个广告必须按交替顺序每季度轮换。同样，负责或指导他们的雪茄广告的零售商必须提交一份广告警示计划。

（评论240）一种评论建议FDA对不带包装的电子烟产品采用类似于优质雪茄的标签规则提案（即要求在电子烟销售点张贴标识，而不是在包装上贴标签）。

（回复）与单支出售或无包装的雪茄产品不同，电子烟和含烟碱的电子烟油是分开销售的，在某种类型包装上可以粘贴致瘾性警示。因此，目前不需要用在销售点张贴警示来代替。由于在消费者每次使用产品时都提供警示信息，最终规定中的警示要求适于保护公众健康。

2. 风险序列

（评论241）一些评论称，不同产品带给成年消费者相关的健康风险，不同的产品类别应带有不同健康警示。他们还认为，鉴于风险序列，对电子烟等非燃烧型产品致瘾性警示的尺寸过大，位置太突出。例如，一个评论建议FDA要求这些产品的警示小于无烟烟草制品（即，主显示面的20%），应该只在包装的一个主显示面中显示。另一个评论指出，由于其相对大小和位置，提议的电子烟警示可能会使得消费者误解吸烟与电子烟和非燃烧型产品的相对风险，阻止燃烧型卷烟吸烟者转抽非燃烧型产品。该评论认为，对电子烟警示不应比目前要求的卷烟警示更大或位置更显著。

（回复）FDA不同意。正如在第VIII章讨论的，虽然FDA承认烟碱传输产品存在风险序列，但所有的烟草制品都具有成瘾性和潜在的危险。警示消费者关于烟碱的致瘾性有公众健康益处，不管烟碱是如何递送的。大量研究表明，警示被看到和注意到的可能性取决于它们的大小和位置。（参考文献36~39；见II. B. 4.部分）。此外，在VIII. C.部分提到，有关电子烟碱传输系统产品对人群影响的研究结果尚无定论。目前，FDA认为没有足够的ENDS产品风险证据来证明可使用不同的警示尺寸，及确定每个类别产品的适当的尺寸。FDA会继续监控有关不同类型的ENDS对健康影响的研究。

如评论所说，电子烟警示不应该比目前要求卷烟的更大或更突出，规定最终版要求在包装的两个主显示面中显示警示，面积至少占30%，在广告中的面积至少占20%。这些是与国会在《烟草控制法案》15 U.S.C. § 4402（a）（2）（A）和（b）（2）（A）中为无烟烟草设立的相同的警示尺寸。在该法案中，国会为卷烟警示规定了更大的尺寸：卷烟包装前面和后面的50%（以及卷烟广告同样是20%的尺寸）（同上文献§ 1333（a）（2），（b）（2））。然而，对于卷烟要求更大的警示尺寸尚未实行，因为最终规定在法庭上受到挑战，并于2012年8月24日，哥伦比亚特区巡回法庭上诉美国联邦法院撤出本规定并退还给FDA。依据Am.肉类研究所上诉美国农业部案例（760F.3d18,25）（D.C. Cir. 2014）（en banc）的其他理由，R. J.雷诺烟草公司起诉FDA案例696 F.3d1205（D.C. Cir. 2012）被驳回。2012年12月5日，法院驳回了关于专家组重审和复审的FDA请愿书，FDA决定不寻求对法院裁决的进一步审查。FDA正在开展研究，旨在支持与《烟草控制法案》相一致的新的规则制定（见为烟草制品和传播（OMB控制编号0910-0796）和烟草传播预测（OMB控制编号0910 -0674）而收集定性数据的一般性审查）。对于无烟烟草包装，警示标签必须位于两个主要的显示面，占每个面的面积至少有30%（15 U.S.C. 4402（a）（2）（A）），与新认定烟草制品要求的警示标签一致。

（评论242）一些评论指出，通过粘贴致瘾性警示标签告知消费者烟草制品致瘾并不能达到有效的公众健康目标。评论认为描述所有含烟碱的产品上瘾而不描述产品的相对风险是一种误导。

（回复）FDA不同意。烟草制品的成瘾性已被充分证明。美国卫生总监早已认识到烟草制品的致瘾性是由于存在烟碱，烟碱可被吸收进入血液，它有很强的致瘾性（参考文献1）。国会还对这些“本身具有危险性的产品”的致瘾性表示担忧（《烟草控制法案》第2（2）节）。因为涉烟烟草制品是由烟草制成或源于烟草，大多数（即使不是全部）含有烟碱，它们很可能使人上瘾（参考文献14, 246~249）。对于不含烟碱的产品（即在可检测到的水平不含烟碱），本规定给出了一种可替代的警示声明，“本产品由烟草制造”。

消费者，尤其是青少年和年轻人，错误地认为本规定涵盖的许多烟草制品与卷烟相比不易使人上瘾；系统性地低估了他们对烟碱上瘾和使用烟草制品的脆弱性；并高估了当他们决定停止使用烟草制品时的能力（79 FR第23158-59页，第23166页）。致瘾性警示将有助于消费者了解和意识到使用烟草制品的后果。致瘾性警示将有助于保证青少年和年轻人（他们可能对烟碱的致瘾性更易感）在可能上瘾前，对这些产品中存在烟碱及其致瘾性有更多认识。

此外，一些制造商希望可向FDA提交MRTP申请，以显示他们的产品比其他烟草制品危害性小。当《烟草控制法案》获得通过时，国会判定除非声称降低公众风险的烟草制品实际降低了这种风险，否则这些产品均会对公众健康产生实质性危害（《烟草控制法案》第2（37）条）。此外，国会指出，实际上没有降低风险而作为MRTPs出售或分销的产品的危险性是很高的，FDA必须保证有关MRTP声明是完整的、准确的，并涉及产品的全部疾病风险(《烟草控制法案》第2(40)节)。因此，国会决定，在这些产品可以减少危害或与烟草相关疾病风险或减少对烟草制品相关有害物质暴露的产品在市场上销售前，制造商必须证明它们符合一系列严格的标准，而且将有益于整个人群健康（FD&C法案（21 U.S.C. 387k）第911节）。如果出现关于使用无烟烟草制品和ENDS相对风险的新的研究，FDA可考虑提议更改警示标签的要求。如果是这样，FDA将依照APA进行新的规则制定。

3. 其他媒体的警示要求

（评论243）一些评论指出，FDA应明确在电视和电台广告中，以及在产品目录、互联网网站和社交媒体中建议的警示的应用。一种评论建议，要求广告以清晰的、突出的和中立的方式，包含有关警示的响亮的画外音说明。另一个评论建议，FDA在法规最终版澄清§1143.3（b）只适用于印刷广告，而不适用于电台和广播广告。

（回复）FDA澄清§1143.3（b）（1）适用于除了雪茄之外的卷烟烟草、自卷烟烟草和涉烟烟草制品，在§1143.5（b）（1）中有雪茄的警示要求。如在1973年的小雪茄法案中所修改的（Pub. L. No. 93-109），FCLAA（15 U.S.C. 1331及以下）规定依据美国联邦通信委员会（15 U.S.C. 1333）的管辖权，在任何电子媒体上做“卷烟”和“小雪茄”的广告是违法的。1986年，国会颁布CSTHEA（15 U.S.C.4401及以下），将广播禁令扩大到无烟烟草制品广告。

FDA的进一步澄清，在§1143.3（b）（1）和§1143.5（b）（1）中的警示要求

适用于所有形式的广告，不管它出现在何种媒体，包括卷烟烟草、自卷烟烟草、涉烟烟草制品，以及雪茄。本最终规定适用于出现在以下类别的广告中，例如宣传资料（出售点和非销售点）、广告牌、海报、招牌、出版物、报纸、杂志、其他期刊、目录、传单、手册、直邮广告、货架标识牌、陈列架、互联网网页、电视、电子邮件信件，或者通过移动电话、智能手机、微博、社交媒体网站，或者其他通信工具进行通信；网站、应用程序、或允许用于音频、视频，或摄影文件共享的其他程序；视频和音频促销；和不服从于 § 1140.34的销售或分销禁令的物品。相应地，为澄清仅适用于印刷广告和其他可视组件广告的格式要求，对 § 1143.3（b）（2）和 § 1143.5（b）（2）的文本进行了更改。FDA打算给出有关如何遵守独特类型媒体的健康警示要求的指南。

4. 保护公众健康警示要求的适当性

（评论244） 为了回复FDA在NPRM中的要求，一些评论包括了关于健康警示效果研究的数据。他们提交的研究表明需要易读的、足够大的、准确的（参考文献3, 40），并引起消费者关注的（参考文献40）健康警示。评论提交的研究还表明警示标签影响和提高了烟草有关的健康风险意识（参考文献36, 37, 250），并阻止不吸烟的青少年开始吸烟（参考文献251）。一个评论引述了其他研究，发现了与戒烟信息和动机有更大相关性的、吸烟者所显示的新的信息（参考文献252）。

（回复） FDA同意，健康警示是一种有助于消费者了解和意识到使用烟草制品风险性的有效手段。

（评论245） 许多评论支持要求所有烟草制品包含健康警示。例如，一个评论援引了世界卫生组织2011年全球烟草流行报告，该报告指出，有效的警示标签增加吸烟者的健康风险意识，提高他们考虑减少烟草消费和戒烟的可能性（参考文献253）。评论还援引在英国开展的一项队列研究，他们在2003年加强警示以达到《烟草控制框架公约》的最低标准之前和之后的警示文本（参考文献37）。这项研究发现，实施加强的警示后，英国的吸烟者表现出更大的可能去考虑戒烟、考虑吸烟的健康风险，以及犹豫去买烟，与之相比的是澳大利亚和美国的吸烟者，后两者使用的是不符合《烟草控制框架公约》标准的更小的卷烟警示。另一项评论指出，关于包装和广告中要求的警示声明应以明显的、清楚的方式向消费者提供所需的信息。

（回复） FDA同意。在包装和广告上的健康警示有助于消费者了解并意识到使用烟草的健康风险，并具有许多优点。曝光频率高。此外，包装警示信息在烟草制品使用时和购买时都被传递。因此，消息在两个最重要的时间被传递给烟草使用者——当用户考虑使用或购买烟草制品时。在包装上的消息也有助于广大公众，包括潜在的烟草使用者，更好地了解和意识到使用产品的健康和成瘾风险（见In re Lorillard et al., 80 FTC 455（1972）; FCLAA; CSTHEA.）。

5. 警示的陈旧

（评论246）一些评论指出，对于一些新认定烟草制品仅要求一个健康警示，不允许轮换，警示将可能变得令人厌倦，从而导致对消费者几乎没有影响。他们认为，FDA应该要求对新认定产品有多种警示，允许轮换以保持其有效性。此外，评论认为，当与烟草制品健康风险有关的新证据出现时，FDA应修改该条警示和其他要求的健康警示。

（回复）FDA承认，对某些新认定烟草制品使用单一的健康警示，随着时间的推移可能让这些警示变得使人厌倦。虽然FDA拒绝在目前增加其他警示，FDA在本认定规则之前发出了一份ANPRM，以征求意见、数据、研究，或可能告知FDA针对烟碱暴露警示采取监管行动的信息。FDA 还打算对有关最终版健康警示的有效性和改进的方式进行研究并及时了解最新的科学发展。FDA将在未来的规则制定中，利用监测和研究成果，以帮助确定是否应修订哪个警示声明，或应该添加哪种其他的警示声明。

6. 其他的格式问题

（评论247）对健康警示的一般格式有一些评论意见。一种意见指出，警示条款应该要求在明亮的黄色背景上使用黑色文本。根据该意见，研究人员已发现，黄色引人关注，是最显著的，是眼睛最快察觉的，也是常见警示或危险信号的颜色（参考文献254, 255）。另一个评论建议包装的正面应包括足够大可很容易地看到和读到的简短明确的警示声明，包装的背面应包含足够大的、更充分地说明正面警示声明依据的警示。该评论指出，包装正面简短突出的健康声明与背面更充分地说明健康信息相结合，会消费者产生更好的认识和了解，并使消费者心目中对健康声明有更大的可信度。最后，一些评论指出，新认定产品应要求显示大型图形警示。

（回复）FDA拒绝在目前做出这些建议中的更改。在本最终规定包含的格式要求与2001年欧盟指令相似，已被证明能增加健康警示的有效性。欧盟指令2001/37 / EC要求，所有欧盟成员国的烟草警示满足某些最低标准，与FDA在这里最终确定的相类似（即欧盟要求的健康警示包括包装正面面积的30%和包装背面的40%；在白色背景上使用黑色的加粗黑体字体；占用为警示预留区域中最大可能的面积比例；信息在警示预留区域中心，由3~4 mm宽的黑色边框包围）。

在2001年指令之前，大多数欧盟国家的警示很小或是常规大小。在欧盟委员会进行的一项研究中，大多数受访者表示，该指令新的警示格式比以前的格式更有效、更可信（参考文献256）。一项对西班牙大学生的研究也认为，该指令的文字警示显著增加烟草制品的风险认知（参考文献257）。此外，研究表明，这些警示以白色背景上的黑色字体或黑色背景上的白色字体出现提高了警示的可识别性和显著性（参考文献7, 38）。

FDA认为，健康警示规定的格式将能有效地帮助消费者更好地了解和意识到这些产品的风险。但是，FDA 还打算对有关最终版健康警示的有效性和改进的方式进行研究并及时了解最新的科学发展。如果FDA确定的格式要求修改是合适的，我们会考虑在将来的规则制定变化的这些要求。如果FDA认为修改格式要求是适当的，将会在未来规则制定时考虑这些要求。

（评论248）FDA收到关于健康警示尺寸的大量评论。一些评论同意本规定提出的格式要求。一个评论引述的一项研究结论认为，青少年和成人更容易回忆起尺寸更大的警示，评估较大尺寸的警示具有较大的影响，而且往往将警示尺寸与风险程度等同（参考文献36）。评论还指出，要求覆盖卷烟包装的前面和背面的至少30%面积的健康警示与FCTC一致。

一些评论认为，要求的健康警示太大。一个评论指出，如果警示太大，可能有意想不到的效果，消费者会对警示信息感到麻木，或者令消费者忽略了警示。另一个评论指出，FDA提议的成瘾警示的尺寸，应在已出现的非燃烧型烟草制品包装上其他信息进行评估。该评论称，某些新认定产品的包装包含详细的警示和其他重要信息，以减少不恰当使用或操作产品的风险，而这种信息的可能不适合在包装上占据主显示面的30%，如提出的健康警示要求的。

一些评论指出，提议的警示声明不应对单独出售或无包装的雪茄进行要求。一个雪茄零售商表示，需要在主显示面占30%的警示太过分了。该评论认为，当有多个包装箱时，健康警示覆盖每个雪茄盒的30%太过分了，特别是已要求在销售点设置警示信息时。另一种意见称，所提出的健康警示尺寸与第一修正案不一致。

其他意见对FDA要求尺寸更大的健康警示进行辩论。一种意见指出，大量研究表明，青年和成人更容易回忆起尺寸较大的警示消息，并具有较大作用（Ref. 37）。另一项评论指出，FCTC建议警示应占包装正面的50%以上，很多国家采用这一标准。

（回复）FDA认为，规定健康警示的尺寸适于保护公众健康。美国医学研究院、国会和FCTC第11条认识到警示覆盖主显示面30%以上的重要性，使用者更有可能记起更大尺寸的、并且出现在烟草包装前面/主要表面上的警示（参考文献7）。产品包装30%的警示标签面积要求，也与无烟烟草类似的纯文字警示尺寸要求相一致，后者由国会在CSTHEA（15 U.S.C. 4402（a）（2）（A））中授权。FDA不认为30%的警示标签面积要求会令消费者对警示消息产生麻木的感觉。相反，FDA认为警示尺寸将有效地帮助消费者更好地了解和意识到健康警示提供的重要信息。

FDA也认为，30%的警示标签面积要求是和第一修正案一致的（见II. B.部分讨论）。虽然警示将占据包装的30%以上，会为其他警示、制造商说明和商标保留足够位置。但是，FDA打算对本最终规定健康警示的有效性，以及提高有效性的方法进行研究并关注科学发展。如果FDA认为更大尺寸警示对这些新认定烟草制品更有效，将依照APA发布一项新的NPRM。

（评论249）评论指出，FDA不应该要求制造商使用最大比例占据该警示区域的字体大小，因为将会不留下什么空白，可能证明这样是难以辨认的。这些意见建议，FDA减小字体大小要求与无烟烟草警示保持一致，即要求占警示面积的60%到70%。

（回复）FDA不同意。新认定烟草制品以各种包装尺寸出售。通过要求的字体大小至少为12号字体，FDA将确保所要求的警示声明能被消费者注意到，无论包装尺寸大小。此外，FDA认为，这种要求会留下足够的空间背景，从而使警示是清晰可辨的。格式要求类似于2001年欧盟指令中的要求（要求警示占据为要求的文本预留的警示区域内尽可能大的部分），已被证明能增加健康警示的有效性，正如在本节进一步讨论的。FDA并不了解欧盟健康警示的易读性问题，不希望在本规定最终版中出现健康警示的易读性问题。

警示尺寸显然是重要的，因为随着字体变大记忆力显著增加（参考文献25）。在一项关于无烟烟草广告健康警示记忆力的研究中，调查了895名年轻男性，63%的参与者回忆起10号字体的高对比度警示；当警示的字体增加一倍达到20号时，记忆比例提高到76%（同上文献）。卷烟包装警示研究证实，较大的警示能被更好地注意到，并更可能被记起（参考文献7，App. C-3; 参考文献38, 49）。这些研究支持FDA的结论，即要求警示至少以12号字体呈现，将更加引人注目。

（评论250）还有一个意见认为，要求警示在占据广告面积的20%以上，将使得警示声明虽然很明显，但更可能被忽略。这一评论建议，以更小的字号呈现警示声明是适当的（例如，不小于11号字体）。

（回复）FDA没有看到任何证据表明，健康警示在占据广告面积的20%以上是有可能被忽略的。不过，为了确保声明是明显的，可有效地传递信息，FDA最终在§1143.3（b）（2）（ii）和§1143.5（b）（2）（ii）中要求在广告上的健康警示至少为12号字体。而且，要求警示声明占据广告面积的20%以上，与CSTHEA（15美国法典 4402（b）（2）（B））中的无烟烟草制品的媒体和广告海报（第3（b）（2）（B）节）的法定要求是一样的。

（评论251）还有一个评论表示关注标签规定的字体要求，因为需要企业购买包括规定字体（Helvetica和Arial）中的一个或两个的软件，而这些都是有专利权的字体。

（回复）FDA不同意。常用的打印软件中都包括Helvetica和Arial字体。因此，制造商使用Helvetica或Arial字体的要求不应该给他们带来任何额外费用。但是，我们在整个1143部分已包括了下述语句，即允许制造商使用其他类似的sans serif体，以便增加更多的灵活性，同时确保这些警示对于消费者是明显的、易读的。

（评论252）许多评论争论了健康警示的不同格式要求。一些建议是应该与当前美国联邦贸易委员会许可法令一致，要求健康警示相对于包装上的其他信息清楚明了，以一个黑框的形式呈现，以吸引消费者的关注。一个评论指出，FDA应该同意对于不同包装尺寸和外形，可选择警示尺寸、位置和尺寸和字体大小，只要警示清晰明显。这一评论强烈要求FDA对认定产品的警示的尺寸和位置有灵活性，其中一些产品在包装尺寸和外形上与卷烟和无烟烟草的包装非常不同。此评论还指出它可以是难以确定两个主显示面的。

（回复）FDA不同意。FDA的结论是对健康警示的格式要求，类似于无烟烟草制品，并类似于FCTC提出的要求，是适于保护公众健康的。此外，我们还在本规定最终版增加了一些文字，承认如果一个产品包装太小，无法支持所要求的警示声明，该产品的制造商可以在外包装上或连接的吊牌上来包含警示声明。

为了阐明如何确定主显示面，FDA将给出产品包装"主显示面"的定义，即，最有可能为消费者显示、呈现、展示或查看的包装表面。此外，主显示板应足够大，以清楚明显的方式容纳所有强制标签信息。对于装电子烟油的小瓶，主显示面可能是外包装箱。

7. 水烟

（评论253）有评论认为，要求的警示不应适用于hookah（或水烟），因为缺乏该产品致瘾的重要科学证据。该评论表示相信，美国大多数水烟消费者使用该产品每周一次或更少。另一项评论断言，非卷烟类产品研究，包括水烟，显示这些产品被认为存在危害性和致瘾性的风险更小，从而鼓励在年轻人中使用。该评论还说，对所有烟草制品的致瘾性做出强烈警示，可能会减少易感人群的尝试和使用。（参考文献259）。

（回复）FDA不同意致瘾性警示不应适用于水烟。水烟含有烟碱，是烟草制品中主要的致瘾性化学物质。研究人员已在某些用户中观察到烟碱依赖特征（参考文献238~240），研究表明水烟使用抑制戒断症状，正如吸烟抑制戒断症状（参考文献240）。由于水烟抽吸持续时间比卷烟长、抽吸容量比卷烟高，抽吸水烟的每个单元（一般持续20~80分钟）可能会给使用者带来与抽吸卷烟相比（通常需要5~7分钟）更多的烟碱暴露。事实上，关于水烟使用的荟萃分析研究表明，水烟使用每个单元的烟碱暴露量是抽吸单支卷烟的1.7倍。

FDA同意有消费者对于水烟成瘾存在困惑。尽管研究表明卷烟和水烟传递的烟碱水平相似，但一项研究显示，46.3%的高中生的误认为水烟比卷烟更不易上瘾或危害小，而且三分之一的学生错误地认为，水烟产品有较少的烟碱、无烟碱，或一般比卷烟致瘾性小（参考文献260）。水烟"比卷烟更安全或更不易上瘾"的错误信念在那些曾使用者（78.2%）中相比未使用者（31.6%）更为普遍（参考文献260）。一项近2000大学生参与的研究发现，他们认为水烟比电子烟、大麻、雪茄产品、无烟烟草和卷烟更不易上瘾（参考文献261）。研究发现，在过去30天内曾使用水烟的大学生与从未使用者相比更认为水烟不易上瘾、危害较小（参考文献26）。同样地，另一项研究发现，“曾用过水烟和雪茄的大一新生认为它们比普通卷烟危害小”（参考文献262）。此外，有研究表明，对产品风险的错误观念可以作为后续的使用行为一个重要的预测（参考文献263,264）。例如，对吸烟相关的短期风险认知最低的青少年可能开始吸烟率是2.68倍（参考文献264）。我们注意到，美国卫生总监2014年的报告提供了一份烟碱和成瘾的客观讨论，其中认为“烟碱成瘾的发展是慢性烟碱暴露的神经生理性适应。但是，在建立或维持烟碱成瘾时，所有形式的烟碱传输不产生同等风险”（参考文献9，第112页）。因此，使用方式是成瘾的一个促进因素。

（评论254）一种意见指出，FDA应要求在使用水烟的所有组件上粘贴成瘾警示，包括不含烟碱或烟草的产品。

（回复）FDA不同意。FDA认为，仅在烟草制品涵盖的其他产品（而不是非烟草所制造或衍生的成分和部件）上要求的健康警示是适于保护公众健康的，因为青少年和年轻人不能使用这些成分和部件，及可能产生的使用烟草的后果，也不能使用涉烟烟草制品。如果以后，FDA决定将警示要求扩展都非烟草所制造或衍生的成分和部件适合于保护公众健康，将按照APA要求开始制定新的规则。

8. 可溶性产品

（评论255）有评论建议，FDA将所有可溶性烟草制品当做无烟烟草，为了警示标签监管目的，相应地，将所有可溶性烟草服从于《烟草控制法案》第204节的无烟烟草警示要求。

（回复）为了用于CSTHEA中的警示要求（作为《烟草控制法》的修正案），在FD＆C法案第900（18）中定义了“无烟烟草制品”，即“放置于口腔或鼻腔使用的，由烟丝、碎片、粉末或烟叶组成的所有烟草制品”。一些可溶解烟草制品不符合的“无烟烟草制品”的定义，因为它们不包含烟丝、碎片、粉末或烟叶；而是含有从烟草萃取的烟碱。在本规定最终版中这些产品属于可溶性产品。因为它们不符合无烟烟草制品的法律定义，FDA不承认意见中所说的。如果FDA决定对任何类型的可溶性产品的警示声明予以修订，或增加其他的任何警示声明，将按照APA要求开始制定新的规则。

（评论256）有意见指出，使用致瘾性警示会让人们更清楚地识别可溶性产品作为致瘾性的烟草制品与糖果的区别，以保护公众健康。

（回复）FDA同意。某些烟草制品拥有糖果般的外观，通常放在糖果旁边一起销售，它们的包装使孩子们看上去更有吸引力，这可能误导消费者认为它们是糖果（参考文献54, 215）。致瘾性警示将清楚地确定这些产品是烟草制品，并帮助人们与从糖果区分开。

9. 优质雪茄和无包装雪茄

（评论257）一些评论指出，不要求对优质雪茄和那些单独出售、没有包装的雪茄产品使用警示将大大削弱雪茄警示的有效性。一个评论说，在很多情况下购买雪茄作为礼品，这时，接受人不会看这些警示。有评论也指出，如果一个买家收到优质雪茄连同着任何包装纸、容器、包或袋，那么FDA应该要求包括健康警示。这将确保并没有看到销售点警示的优质雪茄使用的庆祝场合，或者未成年人从成人那里获得优质雪茄时，使用者将会被健康风险所警示。另一项评论指出，警示标签应该被永久固定在雪茄销售的玻璃纸包装之上或之内，对潜在的购买者清楚可见。

（回复）FDA理解人们的这些担忧。然而，对于那些单独出售、无包装的雪茄产品，在销售点警示足以传播所需要的健康信息，是适合于保护公众健康的。对于在玻璃纸包装销售的雪茄，被认为是有包装，在本规定最终版，必须包括所要求的雪茄警示。此外，FDA指出，凡是不符合本规定最终版最低年龄要求的青少年试图购买雪茄将被禁止。

（评论258）有意见表示担心，该NPRM没有提供针对优质雪茄、单独出售的雪茄及在网上销售的无产品包装雪茄的警示标志。意见建议这些雪茄要么不允许被单独出售要么就在单独出售的雪茄上贴上警示标志。

（回复）根据《国内税收法典》和TTB规定，雪茄从工厂运出或从海关处清关后是税后的，被传递到最终消费者时它们必须是有包装的（带有《国内税收法典》和TTB规定的标记和通知）。除了当着消费者的面，从包装中移出税后的雪茄，是违反《国内税收法典》的。雪茄尽管可以被单独出售，但为其提供包装符合IRC和TTB规定的要求。网络雪茄零售商寄送单支网购产品时，可遵照FDA的要求，在其包装箱或容器中放置警示声明。此外，FDA明确了警示要求适用于所有形式的广告，无论它们出现在哪种媒体上。如前所述，本规定最终版适用于出现在其中或其上的广告，例如宣传资料（出售点和非销售点）、广告牌、海报、招牌、出版期刊、报纸、杂志、其他期刊、目录、传单、手册、直邮广告、货架标识牌、陈列架、互联网网页、电视、电子邮件信件，或者通过移动电话、智能手机、微博、社交媒体网站，或者其他通信工具进行通信；网站、应用程序、或允许用于音频、视频，或摄影文件共享的其他程序；视频和音频促销；和不服从于§1140.34的销售或分销禁令的物品。相应地，为澄清仅适用于印刷广告和其他可视组件广告的格式要求，对§1143.3（b）（2）和§1143.5（b）（2）的文本进行了更改。FDA打算给出有关如何遵守独特类型媒体的健康警示要求的指南。FDA打算提供有关如何遵守独特类型的媒体健康警示要求的指导。

（评论259）有评论指出，如果适用，单独出售的优质雪茄应在雪茄烟管上包含健康警示，或FDA应要求零售商向购买者提供一份纸质警示或在装雪茄的袋子上印上警示标志。

（回复）目前还不十分清楚这条评论是打算如何在优质雪茄上贴警示。如果此评论是指在雪茄烟管上贴附警示，这可能会损坏雪茄，因此是不切实际的。如果此评论意欲寻求在单支雪茄包装上添加警示，FDA不认为这是合适的。有产品包装的单支销售雪茄，包括装在管子中出售的雪茄，必须符合包装的警示声明要求。对单支销售无产品包装的雪茄，所需的警示声明必须改为在零售商的销售点张贴。FDA认为，对销售点的警示要求将确保优质雪茄购买者，以及其他个人雪茄采购，接收到要求的健康警示，同时允许销售或批发雪茄者维持现有的商业活动。

（评论260）有评论表示担心，零售商不得不放弃放置单支销售和无包装雪茄健康警示的柜台空间。该评论指出，警示保留空间对于便利店是最有利于销售的。该评论还指出，美国哥伦比亚特区巡回上诉法庭驳回了一起相似的、判决实施警示要求的案例，是要求零售商留出宝贵的零售空间来展示销售点标志。（美国政府诉菲利普莫里斯美国公司（566 F.3d 1095（D.C. Cir. 2009））

（回复）FDA认为销售点的警示对保护公众健康是必要的和适当的。FDA指出，只适用于单独销售和无包装雪茄的要求，将保证这些产品的消费者同其他雪茄产品消费者都面临同样的健康警示。FDA还认为，销售点的警示是必要的，以防止制造商和雪茄零售商销售不带包装的产品时规避警示要求。

此外，在评论中引用的美国政府诉菲利普·莫里斯公司案例没有借鉴价值，在任何情况下都不适用于此。这一案例涉及在起诉美国几大烟草公司的民事诈骗腐败组织集团犯罪法（RICO）案例中授权的更正声明。在判决被告负有诈骗和欺骗罪后，下级法院发出一份禁制令，要求被告发布公开声明，以预防今后的欺诈行为。被要求的声明出现在各类媒体上，包括在参与被告的零售商收银台的大幅销售点标志。在上诉中指出，没有参与的RICO诉讼的零售商，但被禁止令造成负面影响，在下级法院裁定前并没有提出论据反对销售点设置的机会，上诉法院按正当程序撤出销售点要求，由下级法院发回做进一步审议（Philip Morris USA Inc., 566 F.3d at 1141-42）。上诉法院没有裁定是否在宝贵的零售空间强制性点销售的更正声明是RICO法规所容许，但只是裁定前，地方法院可以执行这样的要求，RICO法规要求“考虑到第三方的权利和现有合同”（同上文献，第1145页）。相比之下，这些警示要求在《烟草控制法案》中，而不是RICO法规中颁布；是通告和评论制定规则的产物。

10. 卷烟和自卷烟

（评论261）一些评论指出，FDA所提出的卷烟烟草和自卷烟烟草的健康警示应符合FCLAA第4（s）节中联邦政府要求的健康警示，及FDA在今后对卷烟授权的健康警示。

（回复）FDA不同意。卷烟烟草和自卷烟烟草不符合在FCLAA第3（1）节中的“卷烟”一词的定义。因为卷烟烟草和自卷烟烟草不是由FCLAA定义的卷烟，它们并不需要遵从FCLAA的第4节规定的卷烟警示，因此，不包含任何警示以提醒消费者这些产品的健康影响。相反,《烟草控制法案》分别在第900（4）节和第900（15）节定义了卷烟烟草和自卷烟烟草。由于缺乏对这些烟草制品的警示可能会导致消费者认为它们是安全的产品。因此，本规定最终版中，FDA要求，此类产品的制造商遵照 § 1143.3中的成瘾警示，以及今后FDA对这些产品授权的适合的健康警示。

（评论262）有些评论对应用于斗烟烟草制品的下列警示表示担忧：“警示：本产品含有源自烟草的烟碱。烟碱是一种上瘾的化学物质。”他们说，该条警示不适用于这些产品，因为警示的第一句话表明，它是针对烟碱来源于烟草的电子烟的，而不是烟草本身。其他意见表示关切，“衍生”这个词无法被广大消费者很好理解，并引起不必要的复杂性。他们还指出，声明烟碱从烟草中产生不向使用者提供与健康相关的信息。有评论建议，对提议的成瘾警示做出很多修改，包括这种易于理解的替换说法：“警示：本产品含有烟碱。烟碱是一种使人上瘾的化学物质。”

（回复）FDA同意对“衍生”一词的意见。FDA认为该建议的警示“警示：本产品含有烟碱。烟碱是一种使人上瘾的化学品”是一个更合适的警示标签，因为它为包含烟叶和包含烟草衍生的烟碱这两种产品提供了更准确的警示。它也更清晰，不产生不必要的复杂术语，后者可能使消费者很难理解和认识成瘾的风险。同样，FDA正在修订声明其他说法，改为“本产品由烟草制造”。不使用可能不容易理解的“衍生”这个词。然而，FDA不同意认为此警示不应用在斗烟烟草包装上的意见，因为斗烟含有烟碱，是在烟草制品主要的上瘾成分。

因此，FDA已经修改了§1143.3（a）（1）中，对卷烟烟草、自卷烟烟草、除了雪茄的其他涉烟烟草制品的要求，任何在美国境内制造、包装、销售、分销、批发，或用于销售或分销的进口的烟草制品，必须在每个产品包装标签上有以下要求的警示声明：“警示：本产品含有烟碱。烟碱是一种使人上瘾的化学物质。”，否则是非法的。

11. 致瘾性警示

（评论263）有评论认为，需要告知消费者有关烟碱的致瘾性，这已被许多电子烟制造商含蓄地承认。该评论指出，由11位美国参众议员调查9个最大的电子烟制造商的做法，调查显示，虽然他们的产品警示标签“缺乏统一性和可能混淆消费者”，但9家企业中的6家在其包装或使用说明书中包括了某种形式的烟碱警示，而且这些公司包括的烟碱警示满足加利福尼亚65号提案（参考文献31）。虽然警示在大小和突出性方面不像FDA健康警示要求的全面，但它们反映了这些公司认为自己的产品是上瘾的，应告知消费者产品的致瘾性。

（回复）所有新认定烟草制品上要求的健康警示将帮助消费者更好地了解和意识到这些产品的成瘾性。

（评论264）有些评论质疑大雪茄，特别是优质雪茄是否应按规定带有上瘾警示，因为使用者不吸入雪茄烟雾。

（回复）不管雪茄烟民是否吸入，他们都通过烟碱吸收而引起上瘾作用（参考文献32,34）。即使烟气未被吸入，雪茄烟雾也会溶解于唾液，使吸烟者吸收足够的烟碱来产生依赖（参考文献34,35）。因此，消费者使用优质的或其他雪茄会对造成烟碱吸收的雪茄上瘾。因此，FDA要求所有雪茄贴上警示以适合于保护公众健康。

12. 不含烟碱产品的备用声明/证明："该产品源自烟草。"

（评论265）一些意见表示担心，要求不含烟碱的烟草制品带有如下备用健康警示："该产品源自烟草。"这些评论指出，今后如果产品不是源自烟草，将不属于FDA的管辖范围，因此，在产品包装上将不需要包括该条声明。

（回复）FDA同意。如果某产品不是由烟草制造或源自烟草，它不必贴备用警示。然而，如果产品是由烟草制造或源自烟草，但不包含烟碱，该产品要求贴该条备用警示。如第XVI.B中讨论的，FDA 正在修订这一说法，改为"本产品由烟草制造"。

（评论266）一些评论指出，FDA不应该允许使用备用声明"本产品源自烟草"，因为有研究显示有例子，标记为零烟碱的电子烟产品实际包含烟碱（参考文献20,170）。

（回复）FDA不同意。如果烟草制品制造商在产品上错贴标签表明不含烟碱但实际上含烟碱，制造商将受到对于错误标签执行的惩罚，产品将被要求贴上成瘾警示（而不是备用警示）。

（评论267）一些意见认为备用警示会引起消费者困扰，因为大多数人认为烟碱引发癌症，备用声明表明仅存在烟碱时的健康风险有差异。其他意见指出，对不含烟草的电子烟备用声明不应该使用"烟草制品"。这些意见还指出，"烟草制品"这一词语也会产生困扰，因为消费者不认为电子烟是烟草制品。

（回复）FDA不同意在备用声明中的语言会使消费者产生疑惑。备用声明不使用术语"烟草制品"，并没有称任何电子烟碱传送系统产品含有烟草。相反，本规定最终版包含的另一种说法是："本产品是由烟草制造"。

FDA不认为目前市售烟草制品不含有烟碱。如果今后这种产品上市，FDA认为消费者和零售商均被告知是很重要的，尽管不含有烟碱，仍是烟草制品。为了保护公众健康，FDA认为向消费者传递真实信息很重要，因为烟草制品（即烟草制造或源自烟草的产品）包含其他上隐性物质（像假木贼碱或降烟碱）和/或危险性有毒物质，也能产生心理上的成瘾。例如，去除烟碱卷烟的使用者一致被报告有显著的主观满足感（参考文献265~267）。鉴于近来与传统烟草制品不同的新烟草制品（如像糖果一样的可溶性产品）的激增，备用警示声明尤其重要，因此，消费者可能不知道它们是由烟草制造的。正如评论所指出的，一些消费者甚至不知道电子烟是烟草制品。

FDA认为由烟草制造却不含烟碱产品的事实是需要传递给消费者和零售商的重要事实信息。而且声明告知消费者能影响其健康的重要信息，将有助于保证零售商知道该类产品必须按烟草制品对待。这会使零售商更加遵守最小年龄和照片身份确认要求，以及其他应用要求。FDA认为这条事实性备选声明是最简单的，造成的负担最小，对于告知消费者和零售商也是有效方式，尽管不存在烟碱，该类产品仍是烟草制品，就像其他烟草制品，不能购买或售给18岁以下未成年人，并要求出示和检查照片身份确认卡。

13. 警示：雪茄不是比卷烟更安全的选择

（评论268）一些评论指出，证据显示存在广泛认知，特别是在年轻人中，认为雪茄比卷烟危害性小，这种认知可能会增加抽吸雪茄的流行率。根据这种意见，一项研究发现，认为雪茄是比卷烟更安全的选择的成年雪茄烟民通常是那些不吸雪茄者的三倍（参考文献268）。他们还引述了一项在线调查，针对在美国东南部的6所大学的大学生，当与非使用者相比时，发现小雪茄和雪茄型卷烟的烟民“更可能被报告是认为小雪茄、雪茄型卷烟和雪茄比卷烟的危害性少”（参考文献269）。另外一项在马萨诸塞州中学和高中生中开展的研究发现，34.9%的青少年雪茄烟民同意“雪茄和卷烟一样对你有害”，尽管在参与研究的总学生人数中仅有12.2%同意该声明（参考文献270）。评论还引述了另一项类似的研究，包括230名中学生、高中生和大学生为目标人群，研究发现30%的青少年雪茄烟民认为与卷烟相比雪茄风险性较低,且仅10%无吸食雪茄经验的青少年有这种认识（参考文献271）。

（回复）FDA同意有一种未被证实的看法，特别是在年轻人中，雪茄比卷烟危害性少（79 FR，第23158页）。这条警示要求将帮助消费者了解和意识到雪茄的风险性。

14. 警示：烟气增加患肺癌和心脏病的风险，即使是对非吸烟者

（评论269）评论对“警示：烟气增加患肺癌和心脏病的风险，即使是对非吸烟者。”是否合适看法不同。一些评论认为这条健康警示是合适的。至少有一条评论指出在二手烟暴露和非吸烟者患肺癌之间有相关性，与吸烟者生活在一起的个体从二手烟暴露发展为肺癌的风险增加20%~30%（参考文献272，第445页）。他们指出，因为雪茄产生的有害物质水平高于卷烟烟气，科学依据显然可支持该

警示。

但是，其他一些评论指出，科学证据不支持"二手烟使不吸烟的青少年和成年人过早死亡和患病"的声明。还有一个评论指出"嫁给吸烟者"与增加患病率之间的流行病学联系很脆弱。尽管这些评论同意以每支计的雪茄比卷烟产生更多的环境烟气，他们指出烟气暴露给家庭成员引起很多无意间的健康风险的结论不是很准确。

（回复）FDA同意评论所指出的该评论适合于保护公众健康。二手烟在不吸烟的青少年和成年人中引起过早死亡和疾病是已被确认的（参考文献272，第445，532页）。成年人暴露于二手烟对心血管系统有直接的不良影响、引起肺癌和冠状动脉心脏病（同上文献）。烟气包含超过7000种物质，雪茄产生的侧流烟气和主流烟气中有70种致癌物（参考文献9，70，273）。雪茄的主流烟气从雪茄两端被抽吸进入吸烟者嘴中，雪茄侧流烟气是在抽吸间隔从雪茄燃烧锥释放的烟气（参考文献69，第65页）。雪茄烟"焦油"至少呈现与卷烟烟气"焦油"一样的致癌性（参考文献272）。美国卫生部最近重申，雪茄烟气包含与卷烟烟气一样的有毒物质，在不同类型和尺寸的雪茄中发现的这些成分的浓度不同（参考文献69，第17~18页；参考文献272，第362页）。

在肺癌和二手烟之间存在因果关系。暴露于二手烟的非吸烟者也显示出尿液中烟草特有亚硝胺水平显著增加，烟草特有亚硝胺是引起二手烟暴露者肺癌风险增加的一类致癌物（参考文献69，第 65页）。所有雪茄的每克主流烟气中致癌物烟草特有亚硝胺水平比卷烟主流烟气中的高（同上文献，第75~76页）。雪茄烟气还产生出可测量到出铅和镉（同上文献，第75~76页）。带滤嘴的小雪茄和常规雪茄的侧流烟气中某些亚硝胺水平比滤嘴卷烟的更高（参考文献69，第 81页）。

美国卫生部已重申某些亚硝胺是引起肺癌的主要因素有很多证据（参考文献272，第30页）。根据美国卫生部所说的，在非吸烟者的二手烟暴露和肺癌之间的因果关系有充分证据（参考文献272，第434页）。与吸烟者生活在一起的个体由于二手烟暴露引起肺癌的风险增加20%~30%（同上文献，第445页）。尽管没有获得针对雪茄烟的数据，FDA认为有理由认为雪茄烟能产生与卷烟烟气相似的作用，来自美国国家癌症研究所（NCI）雪茄专题文章的数据表明一些引起肺癌的重要致癌物在雪茄烟气中比卷烟烟气中水平高，与肺癌相关的其他致癌物处于相当的水平（参考文献69，第76~93页）。

在二手烟和心脏病之间也存在因果关系。健康警示声明指明烟气能引起心脏病由卫生部重申的证据所完全地支持。FDA认为有理由给这一发现做出结论，基于雪茄和卷烟抽吸轮廓图相似，二手雪茄烟气暴露将产生相同影响，主动抽吸雪茄烟以及低水平的有害物质暴露与冠状动脉心脏病风险有相关性（参考文献272）。

在2006年，美国卫生部关于二手烟暴露的健康影响的报告，证据表明暴露于二手烟的成年人对心血管系统和引发冠状动脉心脏病有直接的不良影响（同上文献，第11页）。二手烟增加冠状动脉心脏病的风险与主动吸烟很接近。事实上，评估二手烟暴露对冠状动脉心脏病风险的增加比未暴露者高出25%~30%（同上文献，第519页；参考文献273，第532页）。基于这些数据，卫生部结论是“有足够证据推断，暴露于二手烟的男性和女性吸烟者冠状动脉心脏病的发病率和死亡率都增加，二者存在因果关系”（参考文献272，第15页）。美国医学研究院同意并给出结论，二手烟暴露和心血管病之间有因果关系，以及二手烟暴露和心肌梗死之间有因果关系（参考文献275，第219页）。

如一些研究证明的，即使是相对较短期地暴露于二手烟就能引发心脏病。美国医学研究院发现有令人信服的间接证据，相对较短期的暴露于二手烟就能引发急性冠状动脉症状（同上文献，第220页）。

二手烟对冠状动脉心脏病的影响是与烟草自身燃烧相关联的，FDA结论是暴露于二手雪茄烟气与暴露于二手卷烟烟气引起相同和相似的危险影响。因此，FDA相信警示说明“烟气增加引发肺癌和心脏病的风险，即使是对非吸烟者。”适合于保护公众健康。

15. 警示：吸雪茄烟能引发口腔癌和喉癌，即使你不吸入

（评论270）一些评论不同意FDA设置警示：“警示：吸雪茄烟能引发口腔癌和喉癌，即使你不吸入。”的基本理由。这些评论指出FDA的基本理由几乎仅仅依据美国国家癌症研究所的第9期专刊，其中没有区分雪茄烟类型，因此对优质雪茄不适用。他们还称如果使用者不吸入雪茄烟是更安全的，如实验数据所显示的，雪茄烟民不吸入显示毒性最小（参考文献32, 74）。

（回复）FDA不同意。第9期专刊没有区分雪茄类型不意味着它仅适用于某种类型的雪茄。事实上，在专刊中的声明适用于所有类型的雪茄。使用任何雪茄烟气都对口腔和喉部暴露，能引发几种不同类型的癌症，即使没有吸入（参考文献69, 104）。例如，一项研究发现一些没有抽吸卷烟但以前抽吸雪茄的人头颈癌的风险增加了（参考文献104）。

当吸入雪茄烟气比不吸入产生更高的风险率，不吸入者仍存在很大的风险。而且，大多数雪茄烟民不吸入部分烟气，但没意识到他们这样做，包括那些不打算吸入的（参考文献33）。

16. 雪茄的生殖健康警示

在提议的认定规则中，FDA提出要求使用5条警示中的4条，已包含在大多数雪茄包装和大多数雪茄广告中，作为FTC和七大美国雪茄制造商之间达成的协议的结果（见 e.g., In re Swisher International, Inc., Docket No. C-3964.）。FDA提出不要求第5条警示（卫生部警示：使用烟草增加不孕不育、死胎和低出生重量的风

险），因为尽管卷烟烟气引起这些健康影响（且雪茄烟气与卷烟烟气是相似的），FDA称没有了解到专门针对雪茄对三种生殖影响的研究。FDA对要求使用当前FTC的5条雪茄警示中的4条的提案征求意见。

在征求意见期间，FDA收到了一些评论鼓励FDA重新考虑提案并在本规定最终版中包含全部的5条警示。回复这些评论，FDA重新考虑是否要求使用FTC生殖健康警示。尽管FDA同意FTC的一般警示声明“使用烟草增加不孕不育、死胎和低出生重量的风险”，实际上改正声明并认识到雪茄烟气与卷烟烟气的化学成分和作用都是相似的，总之，FDA要求雪茄专用的警示。因此，FDA重新考虑这一问题，包括了第5条警示声明如下“警示：怀孕时使用雪茄危害你和你的宝宝”，是由直接的证据很好支持的，适于保护公众健康。但是，FDA也允许制造商使用FTC的警示，它是适于保护公众健康的，作为新的生殖健康声明的一个备选。

FTC警示通常是关于烟气的，有科学证据可很好地支持。研究者已确认吸烟对吸烟的妇女造成生殖、妊娠及出生的婴幼儿的不利影响。例如，抽吸卷烟增加早产、缩短孕期及肛裂发生率，研究表明吸烟妇女比不吸烟妇女生产低出生体重婴儿的可能性高两倍（参考文献9，第499页;参考文献275，第569, 576页）。而且，科学证据支持吸烟妇女增加不孕和死胎的风险（参考文献276）。在妊娠之中或之后吸烟的母亲增加婴儿猝死综合征的风险（参考文献275，第587,601页）。而且，科学证据支持雪茄烟气有相似的毒性作用的结论。美国国家癌症研究所的第9期专刊称：

没有理由预期雪茄烟气对母亲和胎儿的毒性小。抽吸常规的雪茄，特别是吸入的情况下，可推测出对怀孕的吸烟者产生与抽吸卷烟相似的风险（参考文献69，第10页）。

总之，FDA要求雪茄专用的警示，因此，FDA在本规定最终版中，使用了不同的雪茄相关的警示语言，FDA给出结论适于保护公众健康。但是，鉴于FTC原来的警示表述的准确性，鉴于雪茄烟气包含并传递与卷烟烟气相同的有害成分，鉴于大量证据雪茄烟气对人体具有相似的生理作用，FDA允许使用原来的备选生殖健康警示（卫生部警示：使用烟草增加不孕不育、死胎和低出生重量的风险。），也是适于保护公众健康的。

FDA选择新的警示语言基于几条理由。首先，FDA发现这条警示有关于烟碱对母亲和胎儿健康不利影响的直接的科学根据所支持（参考文献9）。第二，这条警示使用了词语“使用雪茄”而不是“使用烟草”，因为警示仅在雪茄上出现。第三，FDA发现这样措辞有力并全面，对广大受众是易懂的。不过，FDA承认许多雪茄制造商目前使用FTC的直白的卷烟烟气生殖风险警示。因此，FDA也允许生殖健康警示的一条备选警示（卫生部警示：使用烟草增加不孕不育、死胎和低出生重量的风险。），是符合雪茄的警示要求的。FDA预期允许备选警示有益于FTC许可法令约束的企业。

（评论271）雪茄制造者的评论称，由于NPRM和FTC许可法令都规定了5条警示，但并不相同，制造商不能采用一套警示满足两种监管。如有评论说："例如，在包括随机显示FTC要求的生殖影响警示时，制造商不能按NPRM要求的保证'尽可能相同数量'随机显示FDA的5条警示"。该评论还称雪茄生殖警示也被加利福尼亚第65号法案所要求，加上回复FTC许可法令的调查，加利福尼亚司法部长同意"遵守FTC许可法令也将遵守第65号法案"（Altria Client Services Inc.公司代表John Middleton Co.公司的评论, FDA-2014-N-0189-79814.）。

其他评论称对于要求的雪茄生殖警示有科学性支撑。例如，有评论称这条警示基于卷烟烟气相关数据，并且鉴于卷烟烟气与雪茄烟气很相似，在很多情况下，雪茄烟气比卷烟烟气危险性更大，这条警示适于雪茄是符合逻辑的结论。另一条评论称2014年美国卫生部烟草使用报告有一章篇幅关于烟碱的健康影响，证明烟碱突破胎盘并富集在胎儿上（参考文献9）。评论还称烟碱使血管收缩，因此限制了营养物质和氧气传输到胎儿。

（回复）尽管FDA没了解关于雪茄烟气对这些生殖问题的直接和间接的联系，FDA认为在卷烟烟气和雪茄烟气之间存在相似性。总之，FDA期望有雪茄专用的经验。因此，如前所述，FDA允许符合雪茄警示要求的关于生殖健康的备选警示（卫生部警示：使用烟草增加不孕不育、死胎和低出生重量的风险。）FDA预期允许备选警示有益于受FTC许可法令约束的企业。

（评论272）有评论对于在本规定最终版中不包括生殖影响警示（即FTC警示，"警示：使用烟草增加不孕不育、死胎和低出生重量的风险。"）表示担心，以及以后没有警示的雪茄包装的广告和销售，会造成违反FTC许可法令的要求。评论要求FDA保证在本规定最终版中不包括这些警示不会引起违反FTC许可法令的要求。

（回复）在NPRM中，FDA指出它计划咨询FTC"协调雪茄产品包装和广告的健康警示的全国性要求"（79 FR 23142，第23163页）。如前所述，FDA对关于这一问题的评论和科学证据进行慎重考虑，并决定要求雪茄的生殖健康警示，FDA已与FTC讨论了这一证据和决定。当前，FDA不了解来自FTC的本规定最终版包括的关于雪茄警示的任何担心。

17. 广告警示的轮换

（评论273）一些评论称，轮换警示要求应简单、简化并易于操作，特别是对于一些小企业。有评论称依赖于市场分销模式的随机性使包含所有6条警示的标签印刷相同数量是足够的，向FDA提交的书面轮换计划应没有管理负担，在以后的检查中，FDA可决定在12个月中每个不同的警示相同地展示给每个消费者。

（回复）尽管FDA承认，随机显示和分配雪茄产品包装上的警示声明、轮换广告声明会使雪茄制造商产生管理和财务成本，FDA不认为依赖市场分销模式是足够的。依赖随机分销不能保证不同健康警示信息使个体接触到尽可能多的数量，而且如果健康警示对同一个体重复太多次会使人厌倦。因此，FDA要求在每个12个月周期内，每个雪茄牌号的包装上要求的警示声明尽可能随机地显示相同次数。要求的警示声明也要求在产品销售的美国各个地区随机显示。随机显示和分配雪茄包装要求的警示声明必须按照雪茄制造商、进口商、分销商或零售商向FDA提交的并获得批准的警示计划实行。

FDA还要求按照每个雪茄牌号在每个广告上交替的顺序，每季度轮换所要求的警示声明，不管雪茄是否在产品包装中销售。在雪茄广告中的警示声明的轮换还必须按照雪茄制造商、进口商、分销商或零售商向FDA提交的并获得批准的警示计划实行。如本规定最终版的§1143.5（c）（3）指出的，被要求随机显示或分销或警示轮换的每个人，按照FDA批准的计划，依据此项要求必须不迟于[本规定最终版发布日期]后12个月，或在产品进行广告或上市前12个月服从此项要求，以较后日期为准。向FDA提交警示计划的12个月时间期限为雪茄企业提供了制定计划的时间。FDA鼓励企业在12个月时间期限内的任何时间提交警示计划，FDA在收到警示计划后开始安排对其审查。FDA在第1143部分要求的雪茄警示生效日期（在本规定最终版发布24个月后）前的12个月设置生效日期，因为FDA预期在审查提交的警示计划期间与提交者有沟通的必要。该提交计划生效日期也有助于FDA保证自本规定最终版发布后24个月起执行§ 1143的警示标签要求的服从情况的监督程序。

FDA打算与制造商、进口商、批发商或零售商一起制定适当的被认可的警示计划。为了使核准过程更顺利有效，雪茄企业也期望与FDA进行联系以讨论他们提交的警示计划。FDA对警示计划的审查和核准使FDA能更有效地进行监督和检查，一旦§1143的警示标签要求生效，通过发布关于按本规定要求预期的对轮换各种警示的指南，保证对该规定的遵守。此外，审查和核准过程有助于制造商、进口商、批发商和零售商了解本部分的要求；有助于雪茄企业最小化由于在市场上不合格产品的商业流通而造成的潜在的经济损失。

另外，FDA相信在要求的雪茄警示生效日期前能完成对提交的警示计划的审查。以FDA审查无烟烟草制品警示计划的经验，没有无烟烟草制品的制造商、进口商、批发商或零售商由于FDA审查警示计划造成延迟或妨碍无烟烟草制品的广告或分销，FDA认为在此不会与预期的不同。FDA打算在本规定最终版公布后12个月内发布一份指南文件，以帮助雪茄烟企业按要求提交警示计划。此外，如果FDA收到高出预期很多的警示计划，并认为不能在生效期前24个月审查和核准提交的警示计划，FDA也会考虑执行一项合规性政策以保证由于FDA审查警示计划不对雪茄烟企业造成广告和分销的延迟和妨碍。

这些要求与国会在《烟草控制法案》中对烟草制品的现行管制措施相一致。CSTHEA的第3节（按《烟草控制法案》第204节所修订的）要求随机显示和轮换无烟烟草制品的警示。此外，轮换雪茄警示声明已存在于FTC许可法令中。WHO也已认为需要对烟草制品的健康警示进行轮换。WHO/FCTC，是基于全世界范围的强烈共识，为解决烟草制品严重消极影响的一项管制策略，要求警示是“轮换的”、“大的、清楚的、明显的和易读的”（WHO/FCTC第11.1（b）条）。

（评论274）有评论称所提要求规定警示声明为永久性的或不可移除的说法是含糊的，没有专门说明是否标签由制造商（制造商不打算标签被移除但技术上是可移除的）加上的做法符合本规定。

（回复）第1143.9节要求健康警示被不可消除地印在或永久性地粘贴在包装和广告上。如果警示声明能被移除，那么它不是永久性的，不符合第1143.9节的要求。在包装或广告中可移除的或不是永久性的警示与包装或广告分离，因此不符合它们在包装或广告中是易见的要求。可移除的警示与FDA有效向消费者传递风险信息的目的相矛盾。

18. 电子烟油的警示

（评论275）一些评论建议FDA要求在所有含有烟碱的电子烟油上有多种的并轮换的警示。他们称烟碱使用的潜在后果需要被清楚地列出，因为清楚的警示比模糊或一般性警示与潜在危险性的认知关联性更大（参考文献277）。建议的电子烟警示标签内容有：（1）烟碱的毒性和潜在致死性；（2）对皮肤和眼睛的危险性；（3）摄入烟碱液体的危险性；（4）其他潜在的健康危害，包括在ENDS中使用时的燃烧和爆炸；（5）避免儿童接触；（6）关于加热机制（线圈）和能量来源（电池）的信息；（7）关于过热或过度使用的信息，包括着火的风险（如果适用）；（8）在水中或靠近水以及电击时使用的警示或预防措施；（9）更换成分和部件的警示和操作说明。

另一个评论认为FDA应考虑要求电子烟制造商在包装上为消费者提供其他信息，参照为其他新认定烟草制品提供的合适的信息。该评论建议，这一信息可以使用类似于那些用于非处方药的“药物事实”的信息原则，并应包括像烟碱成瘾警示、年龄限制、对儿童和宠物危险警示、怀孕和哺乳期使用等信息。

（回复）当前，FDA认为在ENDS上要求关于烟碱致瘾性警示是适于保护公众健康的。但是，如前所述，本认定规则是一项基本规定，给予FDA发布必要的、合适的保护公众健康的其他规定的能力。FDA仍会关注在这条评论中列出的健康风险和危害性，并将在今后加强工作和资源来防止对于使用者和非使用者的烟碱中毒。因此，FDA在本认定规则之前发布了一份ANPRM，征求意见、数据、研究或其他信息，这些可使FDA了解关于烟碱暴露警示和儿童防护包装的应采取的管制措施信息。此外，FDA在《联邦公报》上发布了公众评论的草案指南，其最终版会表达FDA当前关于一些处理新认定ENDS产品上市前授权要求的适当方式的见解，包括暴露警示和儿童防护包装的建议，有助于支持产品营销展示是适于保护公众健康的。

（评论276）一些评论认为，FDA应为小包装（如电子烟）烟草制品健康警示提供可选择的方法。有评论认为FDA已对小的食品包装和小的药品柜台包装制定了专门规定，其尺寸使制造商不能满足某些强制标签要求。该评论建议FDA对小的电子烟包装实行相似的警示显示替代方案，在广告材料上的警示不应超过广告面积的10%。另一条评论称许多电子烟油包装是相对较小的10毫升瓶子，FDA在要求健康警示时应考虑包装的尺寸和设计。

（回复）为了解决小包装烟草制品的问题，我们在本规定最终版增加了§ 1143.3（d）条，说明烟草制品如果太小或没有容纳标签的足够空间免于遵从§ 1143.3（a）（1）和（a）（2）中规定的信息和说明，即，如果纸盒、外层容器或包装纸有足够空间容纳这些信息，在纸盒或其他外部容器或包装纸上显示，或在标签上显示，不然就永久性地粘贴到烟草制品包装上。在这些情况下，纸盒、外部容器、包装纸或标签作为主显示区域。例如，FDA了解到电子烟油经常在小容器中销售，没有容纳健康警示标签的空间。此外，更换烟弹的小盒子要求带有警示，如果它们含有烟碱或烟草或是烟草制造或源自烟草的，因此属于烟草制品涵盖产品范围。这些产品也可能没有容纳健康警示的足够空间。在这种情况下，制造商可将这些信息包含在纸箱或其他外部容器或包装纸上，如果纸箱、其他外部容器或包装纸上有足够空间容纳这些信息，或在永久性地粘贴到烟草制品包装上的标签中显示。关于该评论中其他内容，关于在广告材料上的健康警示不能超过广告面积10%的部分，见NPRM（79 FR 23142，第23164页）对于重要的健康警示的其他讨论。

XVII. 美国国家环境政策法案

FDA已审慎考虑认定产品服从于FD&C法案以及年龄和身份确认限制的潜在的环境影响。FDA 的结论是，这些行为不会对人类环境产生显著的影响，而且不需要环境影响声明。FDA关于这些行为无显著影响的调查发现和支持证据（包含在一份环境评估中）可能会于周一至周五上午9时至下午4时在卷宗管理部门（见地址）看到。

FDA回复关于所提环境评估的评论包括在以下段落。

（评论277）一评论指出，FDA错误地依据《美国国家环境政策法》（NEPA）对环境影响的分析，建议FDA应审查和分析本规定全部的环境影响。

（回复）FDA不同意。对规定对环境影响的分析由国家环保局（NEPA）管辖，要求FDA进行评估，作为决策过程的一个组成部分，任何联邦法案提案对环境的影响，应查明法案对人类环境质量造成的环境后果，并确保适当地告知有利害关系的和受影响的公众。FDA准备的环境评估提案和最终环境评估满足这些要求。（Ref. 278）

（评论278）由于“不可替代的文化历史资源的损失，直接关系到美国佛罗里达州坦帕市[Ybor城国家历史地标]地区的遗产”，有评论要求FDA发布一份新的环境评估

（回复）FDA拒绝了这一请求。FDA按照《美国联邦法规》第21章第25部分准备了环境评估报告。FDA适当考虑了所有本法案对人类环境质量的潜在环境后果。因此，没有必要编写一份新的环境评估报告，这违背了国家环保总局的要求（参考文献279）。

XVIII. 影响分析

我们已依据行政命令12866和13563《监管灵活性法案》（5 U.S.C. 601-612），以及1995年的《无附带资金委任改革法》（公共法104-4）调查了本规定最终版的影响。行政命令12866和13563指导我们评估监管方案及需要监管时的所有成本和好处，以选择净利益最大化的管制方法（包括潜在的经济、环境、公众健康和安全，以及其他好处、分配效果和公平性）。我们已进行了评估本规定最终版影响的全面性的经济影响分析。我们认为本规定最 终版是一份如行政命令12866所定义一般的重大的管制行动。

《监管灵活性法案》要求我们分析管制方案，以最小化本规定对小企业有重大影响。我们发现本规定最终版会对很多小企业产生重大的经济影响。

1995年的《无附带资金委任改革法》（第202（a）节）要求我们在发布“任何可能导致在任何一年中国家、地方和保留区政府等总计，或私营部门100 000 000美元或以上（每年根据通货膨胀调整）支出的任何规定”之前，应准备一份书面说明，其中应包括预期成本和好处的评估。使用目前最大的国民生产总值综合价格换算系数（2014），经通胀调整后的当前阈值是1亿4400万美元。本规定最终版将导致在一年内的支出，达到或超过这个数额。

本规定最终版最后确定了NPRM的方案1，认定所有符合“烟草制品”法定定义的产品，除了新认定产品的配件，服从于FD&C法案的第IX章。本规定最终版还确定了其他条款，应用于某些新认定产品以及其他某些烟草制品。一旦认定，烟草制品将服从于FD&C法案及其实施条例。FD&C法案中将应用于新认定产品的要求包括建立注册和产品清单、组成成分清单、优先提交新产品说明，以及标签要求。新认定产品的免费样品将被禁止。本规定最终版的其他条款包括最小年龄和身份确认要求、自动售货机限制，以及包装和广告要求的警示声明。

尽管目前依据FD&C法案第IX章，FDA已被授权管制卷烟、卷烟烟草、自卷烟烟草和无烟烟草，根据本规定最终版，其他符合法定定义的所有烟草制品，除了新认定烟草制品的配件，将服从FD&C法案第IX章及其实施条例[16]。这些产品包括雪茄、斗烟、水烟、ENDS（包括电子烟），以及其他新型烟草制品，如某些水溶性产品和胶基产品。今后这些产品包括新认定产品的成分和部件，包括烟斗、电子烟油、雾化器、电池、二合一烟弹（雾化器加上可替换加液烟弹）、储液腔、电子烟油用的香味物质、电子烟油瓶、程序软件、水烟增香剂、水烟冷却配件、水基过滤添加剂、加香水烟炭以及水烟碗、阀、软管和头。

认定规则作用与大多的公众健康规定不同，是一份赋予权力的规定。而且直接适用于FD&C法案第IX章的实质要求，及其对新认定烟草制品的执行条例，它使FDA能进一步发布适于保护公众健康的这类产品的相关规定。我们期待主张我们对这些产品的权限将使我们今后尽可能提出更多的管制行动，这些行动将会产生一定成本和好处。如果不认定这些产品服从于FD&C法案，FDA将缺乏权限去要求制造商提供，例如，这些产品重要的组成成分和健康信息。我们还会缺乏权限采取与之相关的、我们认为是适当的管制行动。

使每种新认定烟草制品服从于FD&C法案第IX章要求的直接好处是很难量化的，我们当前不能预测这些好处有多少。其他影响还有，新产品在上市前应有评估途径，标签不能包含误导性声明，保证它们符合适当的公众健康标准，FDA将对新认定烟草制品中的组成成分进行了解。如果没有该规定，新认定产品可能会产生比市场上已有的产品更大的健康风险，本规定生效后对产品上市前的要求将使这些产品不能出现在市场上恶化烟草制品使用的健康影响。本最终规定要求的警示声明将有助于消费者更好地了解和认识到烟制品的风险和特性。

本最终规定的全部规定将以注册、提交和标签要求的形式强制产生成本。新认定产品的制造商，以及现有常规产品的制造商，将需要遵守警示标签条款，将产生其他成本，包括无包装单独销售的雪茄在销售点设置警示招牌的成本。对于移除不符合规定的销售点广告及不遵守自动售货机限制的，将可能产生成本。

在今后20年，总量化成本以当前价值基本估算，以3%的折扣率计，为9.88亿美元，以7%的折扣率计，为8.17亿美元。本最终规定的量化成本也能以年度计的数值表示，如表1所示。本最终规定无法量化的成本包括：由于产品品种消失或价格更高，对新认定产品使用者产生的一些消费成本；认定烟草制品出口商保存记录的成本；除了完整的烟斗、水烟管、ENDS传输系统之外的成分和部件的合规性成本；测试和报告有害及潜在有害性成分的成本；为支持SE报告可能开展的临床测试成本；市场调整（冲突）成本及产品整合造成生产盈余丧失，制造商退

16　如《联邦食品、药品和化妆品法案》第201节（rr）相关内容所述，烟草制品：（1）是指由烟草制造或源自烟草的、用于人类消费的产品，包括烟草制品的组成成分、部件或配件（除了用在制造烟草制品的组成部分、部件和配件中的、烟草之外的原材料）；（2）而不是指《联邦食品、药品和化妆品法案》（21 U.S.C. 321（h））中第201（g）（1）节的药品，或《联邦食品、药品和化妆品法案》（21 U.S.C. 321（g）（1））中第201（h）节的装置，或《联邦食品、药品和化妆品法案》（21 U.S.C. 353（g））中第503（g）节的组合产品。

出，及目前从事生产的电子烟商店零售商转向单纯零售业务。

表5　20年中的量化成本小结

	下限（3%）	基本值（3%）	上限（3%）	下限（7%）	基本值（7%）	上限（7%）
个体行业成本现值	517.7	783.7	1,109.8	450.4	670.9	939.8
政府成本现值[1]	204.6	204.6	204.6	145.7	145.7	145.7
总成本现值	722.3	988.2	1,314.4	596.1	816.5	1,085.4
个体行业成本年度值	34.8	52.7	74.6	42.5	63.3	88.7
政府成本年度值[1]	13.8	13.8	13.8	13.8	13.8	13.8
总成本年度值	48.5	66.4	88.3	56.3	77.1	102.5

1 FDA的成本代表一个机会成本，但本规定不会导致总的FDA会计成本、联邦预算的规模，或烟草行业用户费用总额的变化。

因为当收益不能量化时不能直接比较收益和成本，我们采用了损益平衡方法。如在序言和影响分析中给出的理由，FDA结论是本规定收益与成本相当。

对于本规定其他的收益和成本，我们用四种不同的方法进行评估。这些方法包括管制备选方案（即本规定的备选方案），以及实施选项（即FDA不打算实施某些要求期间）。首先，我们评估优质雪茄免于管制的管制备选方案。第二，我们评估备选方案/实施选项两者混合情况，给出36个月或12个月的标签更改合法期限。最后，我们评估对新型加香烟草制品（烟草味产品除外）不扩展上市前合法审查政策的实施选项[17]。为了简单起见，我们将这四种方法称为“规定的替代方案”。

除了上述的可选方案，评论讨论的改变豁免日期作为一个可选方案。FDA决定不把这项方案纳入可选方案分许，因为我们认为FDA没有改变豁免日期的权限。

管制可选方案成本的初步评估以现值和年度值列于表6中。

表6　管制可选方案量化成本初步评估（现值和年度值，以百万美元计）[1]

可选方案	现值（3%）	现值（7%）	年度值（3%）	年度值（7%）
1 – 从规定中免除优质雪茄	959	794	64	75
2a—标签更改36个月合法期	968	797	65	75
最终规定与合法期	988	817	66	77
2b—标签更改12个月合法期	1,043	871	70	82
3 –对新型加香烟草制品不扩展上市前合法审查政策	1,141	961	77	91

1　在文中描述的非量化收益。

17　在整个最终版 RIA 中，任何提及“加香的烟草制品”都是指除了烟草味以外的加香的产品。

另外本书所述社会成本，最终规定将造成分配性影响：在公司受影响部门降低收入，支付使用者费用，潜在的税收变化。

国内烟草制品制造商和进口商、电子烟店是主要受本规定影响的企业；这些企业大部分较小。我们关注生产和进口雪茄盒ENDS产品的小企业的量化分析。我们注意到大部分斗烟和水烟制造商和进口商也较小，我们预期对他们的影响与对雪茄制造商和进口商相近。即使用户费用是转移支付，不是社会成本，是立足于雪茄和斗烟制造商立场的成本，他们依据本规定支付给用户，已被包括在雪茄制造商和进口商负担评估中。每个雪茄制造商或进口商的评估成本，在第一年是278 000美元到397 000美元，在第二年是292 000美元到411 000美元，在第三年是235 000美元到257 000美元。（用户费用包括在这些评估中，会使当前也制造被管制产品的制造商和进口商的成本被夸大。而且，用户费基于市场份额，成本由于公司大小而不同。）每个ENDS制造商或进口商的评估成本，第一年是827 000美元到1 210 000美元，第二年是832 000美元到1 210 000美元，以后每年是22 000美元到64 000美元。尽管我们没有对电子烟店的财务影响量化考察，在提交和FDA接受入市产品申请的最初政策合法期，我们预计有电子烟油的电子烟店的比例可能降低。在最初政策合法期之后，我们预计大多数电子烟店将继续运营，只有那些到现在还没有转为单纯零售的店可能会这样做。可能成本低的管制可选方案被分析作为小企业可能减轻管制的方案。

本最终规定依据行政命令12866和13563、《监管灵活性法案》和《无附带资金委任改革法》执行的经济影响分析见http://www.regulations.gov中本最终规定的备案号下（参考文献204），以及http://www.fda.gov/AboutFDA/ReportsManualsForms/Reports/EconomicAnalyses/default.htm。

XIX. 1995年《文件资料削减法案》

本最终规定包含信息搜集条款，服从于1995年《文件资料削减法案》（PRA）（44U.S.C. 3501-3520）之下的管理和预算办公室（OMB）审查。关于信息搜集条款中的标题、描述和受访者描述，与年度报告和记录保存成本评估见下文。包括在评估时那些审查中的说明资料、搜查的现有数据源、收集和保存需要的数据、并完成和审查每份收集的信息。

标题：认定烟草制品受制于《联邦食品、药品和化妆品法》，作为《家庭吸烟预防和烟草控制法》的修正案；对烟草制品销售及分销的限制及所需警示声明。

描述：2009年6月22日，总统签署烟草控制法案使其成为法律。在FD&C法案中扩展FDA对“烟草制品”的权限到所有其他类别的符合FD&C法案201（rr）节“烟草制品”法定定义的产品，但不包含认定烟草制品的配件。（在NPRM中提出了两种方案。方案一，认定所有满足“烟草制品”定义的产品，除了新认定烟草制品的配件。方案二和方案一相同，除了不包括被视为“优质雪茄”的一部分雪茄。在完全审查各种评论和科学证据后，FDA 得出结论：方案一在保护公众健康方面更为有效，因此被视为最终规定的范围。）该规定也禁止向18岁以下的青少年出售烟草制品，禁止使用任何电子或机械零售设备（如自动售货机）辅助销售涉烟烟草制品，除非保证任何时候该设备处无18岁以下的青少年出现或被许可进入。对于烟草制品的零售商要求只允许面对面的直接销售方式，没有电子或机械设备的辅助，并不意味着禁止烟草制品通过网络销售，但是不论通过任何媒介（包括互联网）销售烟草制品，其销售对象必须是18岁及以上的成年人。

该规定还要求，制造商、分销商、进口商和零售商有负责保证烟草制品涵盖产品（除了卷烟和无烟烟草）的制造、标签、广告、包装、分销，进口、销售或待售符合所有适用规定。

此外，在《联邦公报》上FDA发布了一份最终指南，为如何建立和查阅烟草制品文件档案（TPMF）提供了信息。TPMF预期可减少申请者在上市前准备和提交其他监管文件的负担，因为他们可以参照TPMF而不是完全自建信息。目前，

FDA允许通过查阅被其他FDA监管的产品相似的文件档案程序，提交和使用被纳入的信息。

A. 关于信息收集提案的评论的回复

1. 信息收集提案对恰当的执行FDA职能是否是必要的，包括信息是否有实用价值

（评论279）我们收到了一些关于依据提案由FDA收集信息的实用价值的评论。在这些评论中大家最担心的是提案中的一些要求会产生很大的行政负担却得不到有用的信息。同时，评论相信正如FDA预测的那样，文件资料负担会迫使几乎所有的电子烟产品因为制造商将倒闭而离开市场。

（回复）FDA对新认定产品的规定和寻求的信息将有益于公众健康。就像FDA在NPRM中讨论的一样，认定所有的烟草制品服从于FD&C法案第IX章，将会向FDA提供有关产品健康风险的重要信息。FDA并没有收到任何数据表明监管“将会毁掉市场上的几乎所有的电子烟产品。”我们也注意到，FDA宣布了一项合规政策，为小规模的烟草制品制造商提供有针对性的减压措施，来处理关于小型制造商可能需要额外的时间来达到认定规则要求的问题，正如IV. D.部分讨论的那样。这个合规政策将为小规模烟草制品制造商（即那些拥有150名或更少的雇员，以及年收入低于500万美元的制造商）给出额外的时间来提供组成成分清单信息（在904（a）（1）节）和健康文件（在904（a）（4）节）。该政策也规定，在规则生效日后30个月内，小规模的烟草制品制造商可能会获得延长期限，来提交对SE警示信的回应。

（评论280）有评论称，FDA提出的监管是不必要的，并没有解决任何有效的社会需要。还表示，PRA应对不能给美国人民提供明显回报的监管设定范围。另一个评论要求FDA不要扼杀广告，也不要因为不必要的测试和报告准则给企业造成负担，扼杀创新和增加成本。

（回复）FDA不同意评论所述的FDA的规定将对该行业或国家有这样的影响。

FDA发现认定烟草制品并依据本规定自动将其适用于FD&C法案会给公众健康带来很大的好处，而且本规定要求的其他限制也适合于保护公众健康。比如，认定ENDS会带来益处，包括按照FD&C法案的第905和910节，FDA审查新烟草制品在美国上市前的提交/申请资料，这可增加产品的一致性。FDA期望收到来自ENDS制造商的上市前的提交/申请资料，这将允许该企业确定每个新产品是否实质等同于一个有效的参考产品，免于SE，或者对保护公众健康有利。

2. FDA预估信息收集负担的准确性，包括使用方法和假设的有效性

（评论281）许多意见认为，他们的产品会因为这些文件报告要求和FDA的授权程序而被驱逐出市场。这些评论称，很多企业（尤其是电子烟公司）缺乏适合于遵守NPRM以及上市前要求的经验或系统，将会阻碍新产品的开发。他们还说，在这种监管环境下，对于缺乏经验的小型制造商难以实施这种标签及注册的要求。

（回复）FDA 预计上市前审查产生的更大监管确定性，将帮助企业投资创造新颖的产品，有利于整个人群的健康，坚信改进他们投资的产品，在进入市场时，将不需要与不符合这些基本要求的其他新产品竞争。我们还注意到FDA宣布了一个符合小规模烟草制品制造商的合规性政策，在某些方面为他们提供有针对性的减负，以解决担心小型制造商可能需要更多的时间来遵守FD&C法案的某些要求，如在IV. D.部分讨论的。这项合规性政策中将为小规模的烟草制品制造商（即那些员工人数为150名以下，年收入为500万美元以下的制造商）提供更多的时间来提交的组成成分清单信息（根据第904（a）（1）节）和健康文件（根据第904（a）（4）节）。该政策还规定，在本规定生效期前30个月内，小规模烟草制品制造商可能会得到延长期限提交对SE 警示信的回应。

（评论282）一些评论指出入市产品申请过程给制造商造成了很多负担，最麻烦的负担是关于科学性调查的要求。

（回复）在NPRM（79 FR，第23142~23176页）中，FDA包括了讨论旨在补充和澄清科学性调查的要求。我们注意到，在某些情况下，FDA预期申请者可能会得到入市产品申请销售指令，在产品的公众健康影响已有证据的情况下，不用进行新的非临床或临床研究。因此，FDA认为某些类别的入市产品申请可能不需要与临床研究相关的很多的财政和行政资源。FDA将在《联邦公报》上发布指南草案，最终提供关于处理新认定ENDS产品上市前授权要求的合适方式的FDA目前的见解，包括为准备ENDS的入市产品申请需要的“临床研究”。此外，在《联邦公报》上，FDA对如何建立和参考烟草制品文件档案已提供了一份最终指南。TPMF预计会减少申请者准备上市前资料和提交其他监管资料的负担。

我们也注意到，FDA将宣布一项针对小型烟草制造商的实施政策，在某些方面为他们提供有针对性的减负，以解决小型制造商可能有的顾虑，如在IV.D.节讨论的。这项合规性政策中将为小规模的烟草制品制造商（即那些员工人数为150名以下，年收入为500万美元以下的制造商）提供更多的时间来提交的组成成分清单信息（根据第904（a）（1）节）和健康文件（根据第904（a）（4）节）。该政策还规定，在本规定生效期前30个月内，小规模烟草制品制造商可能会得到延长期限提交对SE警示信的回应。

（评论283）一些意见表示担心，FDA未能提供关于目前在美国运营的电子烟企业的数量或类型的数据。评论称，至少有1250家企业。其他评论估计在美国有

14 000~16 000家电子烟零售网点。他们指出，这些小型生产企业将无法参与入市产品申请程序，大多数会停业。

（回复）在NPRM中，FDA没有精确评估ENDS产品。现在我们有更多数据，FDA在PRA中将估算ENDS烟油和装置的数量。如前所述，FDA认为该TPMF程序将帮助企业，因为他们可以参考TPMF信息，而不是自己准备资料。此外，针对于小型烟草制造商的实施政策将帮助他们。这项合规性政策中将为小规模的烟草制品制造商（即那些员工人数为150名以下，年收入为500万美元以下的制造商）提供更多的时间来提交的组成成分清单信息（根据第904（a）（1）节）和健康文件（根据第904（a）（4）节）。该政策还规定，在本规定生效期前30个月内，小规模烟草制品制造商可能会得到延长期限提交对SE 警示信的回应。

（评论284）一些评论指出，NPRM显示，FDA将不允许提交任何电子烟产品的SE报告，因为在2007年2月（豁免日期）前，只有6个第一代电子烟产品的产品在美国销售，这些产品不实质等同于任何现有产品。评论指出，申请者则需要提交入市产品申请，估计每个入市产品申请 将最终花费300万~2000万美元。

（回复）FD＆C法案提供了三种获得FDA授权向市场推出新烟草制品的途径。当一个新产品不符合905（j）（3）节的SE豁免要求，不合适905（j）（1）（A）（i）节的豁免期，或者不能显示支持SE裁决，新产品的制造商必须提交入市产品申请。如FDA在NPRM中所述，并预计一些申请者可能不需要从事资源密集型的临床研究，并提供长期的数据来准备和提交一份完整的入市产品申请。此外，FDA已在《联邦公报》发布了指南草案，最终提供关于处理新认定ENDS产品上市前授权要求的合适方式的FDA目前的见解，包括为准备ENDS的入市产品申请需要的“临床研究”。

（评论285）一些评论认为，FDA大大低估了市场上的电子烟油产品的总量。按照一项评论所说，有近1700家记录在案的电子烟和电子烟油企业，其中不包括许多用于ARPV中的硬件组件的制造商。有评论指出，最近的一项研究发现，超过34 000不同的电子烟油产品在互联网上出售（即7 764种风味独特的品牌，每个品牌平均有4.4个不同的烟碱水平），不包括不同的植物甘油/丙二醇水平，或在不同的电子烟品牌中鉴定出的466种成分。一些评论估计，在美国有5 000~15 000个电子烟油制造商和电子烟零售店。其他评论预计目前在市场上至少有100 000种电子烟产品销售。

同样，一些评论者认为，FDA严重低估了关于信息收集提案反馈意见的数量。例如，他们指出，NPRM称FDA仅期望电子烟制造商申请25款新产品。他们声称，FDA错误地估计了市场上不同品牌和类型电子烟的数量，或FDA期望多数厂家退出市场，而不是提交产品申请。

（回复）我们修正了我们的预测，以反映在起草此份最终分析时所获得的最新信息。PDA估计满足制造商定义的电子烟店铺的平均数量是4,250。FDA同时也估计有186个其他制造商和14个ENDS产品进口商。

（评论286）许多评论称，FDA低估了信息收集规则强加的负担。具体来说，他们指出FDA估计的“其他烟草、电子烟和烟碱产品制造商”等的反馈意见数量，以及这些制造商的市售产品数量，都有数量级的偏差。

（回复）基于评论和其他证据，FDA估计会有186个ENDS产品制造商。关于产品的数量，取决于提交给FDA的类别。在此部分中的数据图详细给出了目前FDA比较准确的估计。

（评论287）一些评论指出，FDA等同了准备入市产品申请与SE申请的时间和财务负担，但入市产品申请要求明显比SE的要求更难以负担，对成功完成一项入市产品申请和一项SE申请需要的工时分配相同的数量，是完全不合理的。

（回复）FDA已修正了答复每个入市产品申请预计的负担，平均为1500小时完成一个入市产品申请。为达到这一平均水平，FDA对完成效率考虑了通过制造商的经验、申请时间重叠、经济规模，通过参考引用合并证据，还包括可用SE常见问题解答指南等方式。基于这些信息，FDA认为提交一个SE需要相当少的时间和金钱。如果制造商无法证明其产品实质等同于一个作为依据的产品或其产品可免除SE，那么制造商必须提交入市产品申请。基于产品的类型和复杂性入市产品申请可能有不同的要求。

（评论288）有评论称，FDA通过信息收集提案强加的内部成本负担的估计是错误的。评论称当评估一项信息收集的负担时，如果这样的成本是关于“通常的和习惯性的”活动，内部成本只能排除。在这种情况下，评论认为FDA没有考虑企业为遵守信息收集而导致的内部成本的类型。

（回复）FDA不同意这条评论。FDA完全确认了通常的和习惯性的活动。FDA使用了各种现有的数据源并考虑了所有相关信息收集的成本。为达到这一平均水平，FDA对完成效率考虑了通过制造商的经验、申请时间重叠、经济规模，通过参考引用合并证据，还包括其他一些方式。

（评论289）一些评论指出文件档案要求产生的大部分成本负担将落在消费者身上，如同成千上万的美国消费者，将无法获得评论所称的让消费者戒烟的“低风险产品”的机会。他们说，FDA应该考虑小企业和消费者利益相关者建议的可选方案，来最小化NPRM的潜在影响。

（回复）FDA不同意这些评论。本最终规定将禁止不适于保护公众健康的新产品进入市场，像那些不是实质等同于一个有效的作为依据的产品，或者不是免于SE的产品。我们还注意到FDA宣布了一个符合小规模烟草制品制造商的合规性政策，在某些方面为他们提供有针对性的减负，以解决担心小型制造商可能需要更多的时间来遵守FD&C法案的某些要求，如在IV. D.部分讨论的。这项合规性政策中将为小规模的烟草制品制造商（即那些员工人数为150名以下，年收入为500万美元以下的制造商）提供更多的时间来提交的组成成分清单信息（根据第904（a）

（1）节）和健康文件（根据第904（a）（4）节）。该政策还规定，在本规定生效期前30个月内，小规模烟草制品制造商可能会得到延长期限提交对SE警示信的回应。

（评论290）一些评论指出FDA极大地低估了烟草企业的负担。FDA估计将有13 745个产品会受到NPRM的影响，而且其中将近90%的产品是雪茄和斗烟。他们指出，FDA估计在本规定最终完成后的前24个月将有多达7 869个产品将提交SE报告，评论者认为这是非常低的估计，尤其是考虑到2007年2月15日的豁免日期。

（回复）FDA使用可用的公开信息来估计烟草企业的负担，评论没有提供受影响产品数量不同的经验性证据。然而，根据目前监管产品的经验及企业的变化情况，我们相应调整了负担。FDA还发现，这些意见没有提供证据为什么“豁免日期”将导致申请者提交比FDA估计的更多的SE申请。

（评论291）有评论认为，FDA已大大低估了将服从上市前审查的优质雪茄产品的数量。根据该意见，优质雪茄制造商在市售产品的数量和生产线的容量不同于其他烟草制品制造商。此评论指出，在一年中，任何给定的雪茄产品的平均产量是32 655，是报道的年产量的33.6%，相当或低于10 000个数量单位。

其他一些意见认为，典型的优质雪茄制造商可能有超过100个库存单位（SKU），通常在任何一年中会转出其中的大约15%。他们的数据显示，在美国至少有10 000可能多达2万个独特的SKU，这会增加FDA评估新产品申请的工作量。他们还估计，仅高档手卷雪茄类别就可产生超过10 000个新产品申请。

其他评论指出，对于雪茄供应商来讲上市前申请过程将是花费多的和耗时的，很可能导致许多不同种类的新认定烟草制品从市场上消失。制造优质雪茄的雪茄烟草不断变化，使雪茄制造商不断地递交上市前申请，将产生很大的监管负担和成本。评论指出，雪茄制造商是无法承受的申请的成本，将不再向市场推出新产品。

评论对电子烟表示同样的担忧，指出每个电子烟制造商将需要为目前正在销售及将上市的新电子烟产品的每个品牌提交入市产品申请。小制造商可能没有足够的财力来提交入市产品申请，这将导致其电子烟从市场上淘汰。入市产品申请程序的最终结果将对小企业产生很大的负面影响。

（回复）FD＆C法案为新烟草制品提供了三种入市途径：实质等同（SE）于一个有效的对照产品，SE豁免和入市产品申请。如果制造商无法证明其产品实质等同于一个有效的对照产品或它的产品是SE豁免的，那么企业必须提交入市产品申请。入市产品申请的成本基于产品的类型和复杂程度。例如，如果一个产品对公众健康的潜在影响认识有限，可能需要上市授权要求的几个非临床和临床研究。在这种情况下，入市产品申请的要求和成本可能会比已有潜在公众健康影响的实质性科学数据的产品更高。

（评论292）许多评论指出，在FDA的电子烟产品的分析中包括了一小部分的入市产品申请。一些评论说，如果是这种情况，FDA的估计大概仅包括被认为可用于停止抽吸卷烟的一小部分产品。他们评论称，文件资料要求造成的成本负担对消费者来讲将产生不必要的价格上涨，而且入市产品申请要求会限制试图戒烟的上瘾烟民对电子烟的可用性。他们关注的是文件资料的负担会落在商家和消费者身上。

（回复）FDA不同意这些评论。FDA的目的不是为了给消费者增加额外的成本，相反，是为了防止不适合保护公众健康的、不实质等同于一个有效的对照产品、或者不是SE豁免的新产品进入市场。依据FDA的经验和企业的更新，FDA已更新了估计将提交入市产品申请的ENDS产品的数量。

（评论293）有些评论不同意FDA的估计，预期只有一个“其他烟草，电子烟和烟碱产品制造商”申请者提交年度卫生和毒理学报告，及估计只会有一个受访者的自我证明其产品不含有烟碱。他们指出，可能有数百个电子烟烟油厂家自我认证使用替代性声明，因为提供0 mg烟碱的瓶装香味物质是常见的行业惯例。

（回复）目前我们没有足够的证据恰当地修改负担的评估。

（评论294）许多评论指出，FDA的评估没有反应市场的现状，FDA的估计假设了由于NPRM的合规性和文件资料产生的高额负担，这些小企业中的大多数将被迫退出。然而，其他人认为随着市场的发展，许多企业会继续运营并遵从FDA的规定。

此外，许多其他意见指出，根据现有的证据，FDA预估至多只有140~188潜在的调查对象属于“其他烟草、电子香烟、烟碱产品制造商”的类别是“严重脱离目标”的。

（回复）ENDS制造商的数量存在高度的不确定性。FDA需要预估相关负担，作为PRA分析的一部分。正如许多评论指出，该行业在不断变化；在NPRM审查期间，自NPRM公布后，ENDS产业不断壮大。关于ENDS制造商数量的评论提供的是产业估计，而不是具体的数据源。在非零售制造商的情况下，评论并不总能指出所引用的数字是否包括国内和国外制造商，还是仅有国内制造商。因此，国内非零售制造商的数量仍然存在相当的不确定性。相似的，评论未能指出非零售进口商的数量。因此，本最终规定的管制影响分析（RIA）基于贸易协会网站和FDA听证会上的商标数，估计有168~204家正规的ENDS制造商（不包括符合制造商定义的ENDS零售公司）。我们经过平均采取了共186家制造商用于PRA分析。我们也估计有14个ENDS产品的进口商。

（评论295）很多评论指出,它将不可能在最终规则生效日期后的24个月内完成一个PMTA,该时间不足以让制造商开展任何所需的临床研究以支持PMTA。

（回复）正如本文件所述，FDA为制造商提供24个月的合规期限来（向FDA）提交PMTA。如果制造商在规定的合规期限内提交相应的申请，则在一定时期内，FDA不会反对制造商在没有得到FDA授权的情况下继续推销他们的产品。对于正在使用PMTA通道的产品，合规期限为最终规定实施后的36个月后关闭。一旦延续的合规期限结束，FDA计划对市场上没有授权的产品积极监督并执行上市前的批准要求，即使各自的申请仍在审查中。正如之前提到的，FDA预计，在某些情况下，一份申请可能不需要进行任何新的非临床或临床研究也能获得PMTA批准，如果该产品对公众健康的影响已经有明确的证据。因此，FDA认为，许多PMTA可能不需要大量的行政资源和相关临床研究。

（评论296）一些评论指出，如果FDA要求新认定烟草制品的制造商和进口商提供相关健康文件，该机构应建立一个与监管当前管制产品（如卷烟、卷烟烟丝、无烟烟草、自制卷烟）类似的生产线，只要求在规定生效日期后6个月期间产生的健康文件。

（回复）如合规期限表格所述，对于目前已在市场上销售的产品的制造商，其合规期限为最终规则生效日期后的6个月。对于在最终规则的生效日期后进入市场后的产品，其制造商必须在递送产品进入州际贸易前的90天内满足要求。在最终规则中，FDA还宣布将自生效之日起延长合规期限6个月，以允许小规模的烟草制品制造商有时间组织，汇编和数字化文件。此外，如其他地方所述，FDA一般不打算对在这段时间内提交所有这些文件采取强制行动，只要在生效日期后6个月之前提交一系列指定的文件即可。FDA将发布额外的指南，以明确这些文件的范围，为制造商和进口商有足够的时间准备提交材料。

（评论297）一些评论指出，FDA低估了将提交所需健康文件的其他烟草制品制造商的数量。

（回复）FDA根据现有的收集做出的负担预估适用于烟草制品目前受FD&C法案和FDA的经验。

这些评论并没有提供一个基础或其他烟草制品制造商在其审查中使用的其他烟草制品制造商的预估，该机构是不知道的任何信息。我们注意到，在这个时候，美国食品药品管理局打算限制强制执行的烟草制品。成品烟草制品是指一种烟草制品，包括所有的零部件、密封供消费者使用的最终包装（例如，过滤器、过滤管、电子香烟，或电子液体单独出售给消费者或作为套件）。美国食品药品管理局不在这个时候就要执行这个要求的组件和新被视为产品的部分，出售或单独分发到成品烟草制品的新产品。然而，任何组件或部分新认为烟草制品，直接销售给消费者的是一个“成品烟”将被要求遵守在本文档中讨论的入市审查要求。

（评论298）有评论指出，电子烟液应该允许公司修改其组成成分列表，如果他们添加或删除组成成分或增加他们的任何产品的任何现有组成成分的最高浓度，而不是提交给新产品组成成分表。

（回复）组成成分列表中包含的重要数据,使FDA更好地了解监管产品的内容。此信息将协助美国食品药品管理局评估潜在的健康风险，并确定未来的规定，以解决这些健康风险是必要的。此外，当烟液制造商添加或去除从产品中的组成成分成分，它就变成了一个“新的烟草制品”。

（评论299）一些评论不同意FDA提出的烟斗烟草制品的制造商在产品上市前要审查burdens。至少一个评论表明，FDA估计对烟斗烟草制品一共仅将接收一个新产品的申请，其远低于自2007年进入市场的烟斗烟草制品的品牌数。或者表明该机构希望除了一家之外的所有制造商都自愿停止生产没有提交SE报告或PMTA的申请的新的烟斗烟草制品。此外，评论指出，如果要求烟斗烟草制品的制造商对所生产的每一个新的烟斗烟草都提交PMTA，那他们将承担成本和时间的负担，包括每年需花费数以百万计的美元开展研究以准备PMTA。

（回复）此时FDA认为没有充足的证据需要增加负担预期。FDA认为烟斗烟草制品的制造商将利用SE 和SE 豁免的方式。我们认为它们的制造非常类似，即使有，也仅有一点点改变，并且许多组成成分及其供应商都与早些年使用的相同。

（评论300）一些评论指出，PRA和NPRM中分析影响的部分不一致。他们指出，影响分析明确描述了FDA没有关于将要向FDA登记注册的电子烟实体的预期数量。如果在影响分析中FDA无法估计受影响的实体的数量，他们认为这也应该体现在PRA部分。此外，他们还认为在PRA部分中预估的PMTA（25）的数量与影响分析中预估的PMTA的数量有冲突。

（回复）进行RIA和PRA分析是出于不同的目的，且必须遵守不同的要求。因此，这两个分析极少有相似之处，如果有的话。例如，对于分析的时间范围是显著不同的。信息收集自批准以来已有长达3年的时间，并且随着每次时间的延伸都进行了重新分析，而有前瞻性的RIA是在规定发布前开始的，选择了能捕捉规则带来的最重要影响的时间范围（一般为20年）。如果每年的评估都不同，RIA往往会明确指示出评估是如何变化的，而PRA分析将最常使用本年度的平均值或估计值。管制影响分析也趋向于更加频繁地利用范围而不是点的预估。

如前面所述，ENDS制造商的数量有很高的不确定性。在本最后规则的RIA中，基于行业协会网站的商标数量和FDA听取意见的会议，估计有168~204个ENDS产品的正规制造商。为PRA分析，我们采取了168和204的平均数总共186厂家。我们也估计有14个ENDS产品的进口商。

（评论301）一些评论也指出，FDA应该评估和报告当制造商们无法承担PMTA的费用，从而在市场上消除了他们认为的有益产品对全社会造成的损失。

（回复）FDA没有发现任何证据指示将产生此类社会费用。然而，这些评估在PRA分析的范围之外。

3. 关于加强待收集信息的质量、效用和透明度的方式

（评论302）一种意见指出，FDA没有进行行业咨询也没有机构审计行业的保

存记录，以支持其认为制造商有足够的信息来准备SE报告的假设。

（回复）FDA提出的预估负担是基于在准备NPRM期间的可用信息。如果相关方有足够的证据证明预估负担需要修改，他们需要在评论征集期间提供这一证据，供FDA在准备最终负担评估时考虑。

（评论303）一种意见建议，信息办公室和监管事务（OIRA）应作废拟议的规定，因为它们涉及电子烟。OIRA和FDA应该敦促国会与FDA合作，为电子烟创建一个新的监管框架。至少，OIRA要求FDA准备关于文件工作负担的新评估。

（回复）FDA不同意上面的观点。FDA已经根据目前可用的最好的证据来评估PRA负担。此外，如在NPRM和本最终规定全篇所述，推定条文有利于公众健康，附加条款是适合保护公众健康。

4. 降低受访者信息收集负担的方式，包括在适当的时候运用自动收集技术和其他形式的信息技术。

（评论304）一个评论主张，在PRA下，监管的考虑应该包括努力确保文件工作不是过于繁重的。该评论还指出FDA似乎忽视了文件负担相关的巨大花费（例如，大多数制造商意识到文件负担如此巨大后会放弃自己的产品或整个生意，不做任何尝试以满足相关要求）。他们认为PDA应该遵循PRA中提出的要求，将信息收集限制在有用和可靠的信息上。

（回复）FDA不同意这个意见。FDA忠实地与PRA的各个方面以及任何其他应用法律法规保持一致。

B. 目前受FD&C法规监管的获得OMB控制编号的烟草制品（如卷烟、卷烟烟丝、手卷烟丝和无烟烟草制品）的现有负担

本节中提及的信息收集要求是在目前经过批准的信息收集基础上修改的。一旦本规则敲定，相关的信息收集将被作为对现有信息收集的修订供OMB审核批准，提交至OMB 之后，修改的收集及相关文件可以在OMB 公共网站（http://www.reginfo.gov）浏览。

本节中的负担估计包括已经被OMB 批准的现有的收集，涵盖了当前受FD&C法规监管的烟草制品（如卷烟、卷烟烟丝、手卷烟丝和无烟烟草制品）。在对新推定烟草制品开展负担估计时，FDA 基于了目前涵盖了卷烟，卷烟烟丝，手卷烟丝，无烟烟草的现有收集。

1. 烟草制品设立登记和提交某些健康信息（OMB 控制编号910-0650）

受访者简介：此信息收集的受访者有新的或当前监管烟草制品的制造商或进

口商，或相关代理商，他们需要按照FD&C法案904条款的要求向FDA提交材料，包括提交其烟草制品中使用的所有组成成分的初始清单，且每当成分或其用量发生了变化都要提交相关信息。该信息收集的受访者也有参与从事制造、准备、烟草制品的配制或加工，或烟草制品的人，他们必须注册其公司并按照FD&C 法案第905 条款的规定，提交在注册时以商业流通为目的由该人士制造、准备、配制或加工的所有烟草制品。

烟草控制法案的101条款对FD&C 法案进行了修订，增加了第905 和904 条款。FD&C 法案的905（b）条款要求所有人，只要其拥有或经营的地处任何国家的公司参与了制造、准备、烟草制品的配制或加工、或烟草制品，都需要向FDA注册其姓名、商业场所，和其拥有或经营的所有公司。第FD＆C 法案905（i）（1）条款要求所有注册者在注册时必须向FDA提交其以商业流通为目的正在制造，准备，配制或加工的所有烟草制品的清单，连同某些附带消费者信息和这些产品的其他标识，以及有代表性的广告。

如果一个ENDS零售公司涉足这些活动，它需要向FDA注册和列出他们的产品。遵照法令这些要求适用于所有不同工艺的产品，使FDA可以评估这些实体制造的产品的全貌。如果ENDS零售公司定制混合电子液体和/或其他ENDS产品或组件，那么他们将必须列出他们出售的每个组合。如果这些公司在本规定生效后继续从事这些混合，他们需要按照最终规定的要求，满足新产品制造商的要求以及入市的批准。然而我们注意到，FDA 不打算在生效日期后交错的合规期限内执行上市前审批的要求，如前本规定的序言中所述。

FD&C 法案904（a）（1）条款要求各烟草制品的制造商或进口商，或相关代理商都按照牌号和用量提交每一个牌号和规格产品中所有的组成成分清单，包括烟草和制造商向烟草、纸、滤嘴、或其烟草制品他部分中添加的烟草、物质、化合物和添加剂。FD&C 法案的904（C）条款也要求当添加剂或其用量有变化时要提交该信息。

正如前面在第IV节提到的，FDA对于小规模的烟草制品制造商提供了一次性的日期宽限，在本最终规定生效后延长了6个月以提供组成成分初始报告。这种监管的减轻仅适合于小规模的烟草制品制造商。

FDA发布了（1）针对国内烟草制品的所有者和经营者注册及产品清单的指南文件（74 FR 58298，2009年11月12日）和（2）烟草制品的组成成分清单（74 FR 62795、2009年12月1日）以协助人们按照FD&C 法案向FDA提交材料。虽然不要求提交电子的注册，产品清单和组成成分清单信息，但FDA非常鼓励电子提交，以提高管理、收集数据的效率和时效性。为此，FDA设计了电子提交应用程序，然后FDA FURLS对数据输入过程进行了流线化，包括注册、产品清单和组成成分清单。这个工具允许输入大量的数据化结构，附件文件（例如，PDF和某些媒体文件），并在FDA收到提交材料后自动确认。FDA还开发了纸质表格（FDA

3741 表格——国内烟草制品的所有者和经营者注册及产品清单，FDA 3742-在烟草制品组成成分清单）作为可任选的其他提交方式。FURLS和纸质表格都可以在http://www.fda.gov/tobacco获得。FDA估计，由于本规定的信息收集将增加的额外年度负担如下：

表7　预估年度报告负担[1]

活动	受访者数量	每个受访者的回复数量	年度受访者总数	每个受访者的平均负担（小时）	总小时
初始第一年烟草制品公司的注册数量（电子或纸质提交）：					
雪茄实体（包括大、小雪茄，以及进口商）	221	1	221	2	442
烟斗和水烟烟草实体（包括进口商（22））	96	1	96	2	192
其他烟草、电子烟和烟碱产品实体，以及ENDS产品的进口商（7）[3]	193	1	193	2	386
有制造商资质的雾化商店[4]	4,250	1	4,250	2	8,500
初始第一年烟草制品公司的注册总量					9520
烟草制品公司再次注册数量（电子或纸质提交）：					
雪茄实体（包括大、小雪茄，以及进口商）	221	1	221	0.20（12 min）	44
烟斗和水烟烟草实体（包括进口商（22））	96	1	96	0.20（12 min）	19
其他烟草、电子烟和烟碱产品实体，以及ENDS产品的进口商（7）[3]	193	1	193	0.20（12 min）	39
有制造商资质的雾化商店[4]	4,250	1	4,250	0.20（12 min）	850
烟草制品公司再次注册总量					952
初始第一年的烟草制品清单（电子或纸质提交）：					
雪茄实体（包括大、小雪茄，以及进口商）	221	1	221	2	442
烟斗和水烟烟草实体（包括进口商（22））	96	1	96	2	192
其他烟草、电子烟和烟碱产品实体，以及ENDS产品的进口商（7）[3]	193	1	193	2	386
有制造商资质的雾化商店[4]	4 250	1	4 250	2	8 500
初始第一年烟草制品清单总小时数					9 520
再次烟草制品清单（电子或纸质提交）					

续表

活动	受访者数量	每个受访者的回复数量	年度受访者总数	每个受访者的平均负担（小时）	总小时
雪茄实体（包括大、小雪茄，以及进口商）	221	2	442	0.40（24 min）	177
烟斗和水烟烟草实体（包括进口商（22））	96	2	192	0.40（24 min）	77
其他烟草、电子烟和烟碱产品实体，以及ENDS产品的进口商（7）3	193	2	386	0.40（24 min）	154
有制造商资质的雾化商店[4]	4 250	2	8,500	0.40（24 min）	3 400
再次烟草制品清单总小时数					3808
获得邓白氏（DUNS）编码：					
雪茄实体（包括大、小雪茄，以及进口商）	221	1	221	0.5（30 min）	111
烟斗和水烟烟草实体（包括进口商（22））	96	1	96	0.5（30 min）	48
其他烟草、电子烟和烟碱产品实体，以及ENDS产品的进口商（7）3	193	1	193	0.5（30 min）	97
有制造商资质的雾化商店[4]	4 250	1	4 250	0.5（30 min）	2 125
获得邓白氏（DUNS）编码的总小时数					2 381
注册、产品清单和DUNS编码的总小时数					26 181
烟草制品组成成分清单（电子和纸质提交）：					
雪茄实体（包括大、小雪茄，以及进口商）	329	5.38	1 770	3	5 310
烟斗和水烟烟草实体（包括进口商（43））	117	20.62	2 413	3	7 239
其他烟草、电子烟和烟碱产品实体，以及ENDS产品的进口商（7）[3]	200	11.40	2,280	3	6 840
有制造商资质的雾化商店[4]	4 250	11.73	49 853	1	49 853
提交产品组成成分清单总小时数					69 242
烟草制品公司注册和提交特定健康信息的总负担					121 604

1 收集信息没有相关投资成本或运行维护成本

2 该数字是预计的总年度响应除以受访者数量，四舍五入至十位。

3 整个表7中包括涉及烟草制品制造、准备、配制或加工的进口商，加工形式可包括再包装或以其他方式改变容器、包装材料，或任何烟草制品包装的标识，以便于烟草制品从制造商原产地流通至最终供货或销售给直接面向终端消费者或使用者的人。

4 FDA假设雾化商店将仅在规定生效后的头两年内注册和列入清单。

基于从TTB 获得的综合信息，2013年有113个国内雪茄烟制造商，216个雪茄进口商，74个烟斗（包括水烟）烟草的制造商，43个烟斗（包括水烟）烟草的进口商，依据FD&C法案第905 条，他们都需要注册。出于分析的目的，FDA 预计4250家取得制造商资质的雾化商店将仅在规定生效后的头两年内注册和列入清单。另外，按照FD&C 法案第905节的要求，FDA 预计有185 家ENDS制造商需要注册。

注册时要提供产品清单信息。目前，登记和清单的要求只适用于从事烟草制品的制造、准备、配制或加工的国内公司。也包括涉及烟草制品制造、准备、配制或加工的进口商，加工形式可包括再包装或以其他方式改变容器、包装材料，或任何烟草制品包装的标识[18]。在FDA依据FD&C法案第905（h）发布管制规定提出相关要求之前，国外公司不需要注册和清单。考虑到上述情况，我们在预计中包括国内制造公司和进口商。尤其，在PRA 分析中，我们使用了TTB制造商许可证数和制造商和进口商许可证数的中点，作为可能高估的需要遵守注册和产品清单的实体数量（影响分析包括进口商的上限）。

通过充分使用FURLs电子系统向FDA提交注册和产品清单信息，已经更新了PRA负担预计。借助FURL系统，制造商可以快速简便地输入信息。例如，产品标识图片可以直接上传，我们期望大多数（如果不是全部）公司已经拥有了可用于印刷、销售或上市的电子版的标识。我们希望平均每个实体来说，最初的实体注册需要2小时，最初的产品清单再需要额外2小时。

FDA预计按照FD&C法案905部分的要求在第一年提交注册信息为每个公司2小时，按规定要求总共有4 760个公司需要注册，共需9 520小时（4 760 × 2）。

在估计雪茄烟相关的产品清单提交数时参考了两个零售网站的产品数量：http://www.cigarsinternational.com/ 和http://www.pipesandcigars.com/。这两个大的互联网零售商比调研的其他网站的样品量更大，既销售畅销产品也销售特色产品。在估计雪茄烟相关的产品构成和产品包装组合时集中在这两个网站的产品量。在估计烟斗烟草相关的产品清单数时，我们清点了有更大样本量的网站：http://www.pipesandcigars.com/中的产品量。我们通过产品名字的数量估计了产品构成，通过产品包装组合的数量估计了产品的包装。FDA在进行ENDS相关产品清单的评估时，与FDA CTP的专家进行咨询。这些专家收集了目前5家网站销售的ENDS产品，也从尼尔森公司扫描了数据。FDA估计了按照FD&C法案第905部分的要求，在初始第一年提交烟草制品清单信息时每次提交需要2小时，每年共有4 760项提

18 依照国内税收法，烟草制品的制造、准备、配制或加工可能需要烟草制品制造商的许可证。据我们了解 TTB 的许可证要求，对于缺少制造商许可证的实体，包括进口商，可能不能参与任何的所列活动，包括对海关保管处放行的烟草制品的再包装。尚不明确是否 TTB 要求所有活动都有制造商许可证，依据其 FDA 可以确定必须要注册和列表的实体；因为还有一些持有进口商许可证的实体，依据其 FDA 可以推断出需要注册的实体。FDA 部分参考了这些数字来预估会受到影响的实体数量上限。

交，一共需要9 520小时。

一旦数据输入FURL，年度注册的每年两次的确认和产品清单的更新将被简化，因为所有之前输入的信息都保存在系统中。因此，我们认为下一年更新注册和产品清单信息的再次负担将为每个公司每年1小时（12分钟注册和48分钟产品清单）。总小时数为4 760（952用于更新注册，3 808用于产品清单）。

FDA估计获得DUNS编码需要30分钟。FDA假设，所有按照FD&C法案第905部分的要求将被要求注册的公司设施都将获得一个DUNS编码，总共有4 760个公司将需要获得这个编码。获得DUNS编码的总负担为26 181小时。

基于现有收集的估算，FDA估计按照FD&C法案第904部分的要求，每个烟草制品提交组成成分清单信息将花费3小时。参照本节中用于估计产品清单提交数量的计算方法，估计每年大概将提交56 316份组成成分清单。总的组成成分清单报告需要69 242小时。FDA估计烟草制品公司注册和组成成分清单报告总负担共需要121 604小时。

2. 烟草健康文件的提交（OMB控制编码0910-0654）

受访者简介：此信息收集的受访者有烟草制品的制造商或进口商，或相关代理商，他们需要向FDA提交在2009年7月22日之后生成的，当前或新的烟草制品对健康、毒理、行为或生理方面影响的全部文件。但是，如其他地方所述，FDA一般不打算对在这段时间内提交所有这些文件采取强制行动，只要在生效日期后6个月之前提交一系列指定的文件即可。FDA将发布额外的指南，以明确这些文件的范围，制造商和进口商将被要求在生效日期后6个月之前提交这些文件，他们有足够的时间为提交做准备。

根据FD&C法案第904（a）（4）条款的规定，每一个烟草制品的制造商或进口商，或相关代理商都需要向FDA提交在2009年7月22日之后生成的，关于当前或新的烟草制品及其成分（包括烟气内在成分）、组成成分、部件和添加剂对健康、毒理、行为或生理方面影响的全部文件（烟草健康文件）。考虑到小型企业在烟草健康文件要求方面遇到的困难，FDA将小规模烟草制品制造商的合规期限从普遍适用的合规期限后面增加了6个月，使提交者有时间组织、编制和数据化文件。

FDA正在收集按照FD&C法案第904（a）（4）条款要求提交的信息，方式有电子传送以及为不愿选择电子传送方式而准备的纸质表格方式（FDA3743表格）。

FDA估计由于本规定的信息收集将增加的额外年度负担如下：

表8　预估年度报告负担[1]

活动	受访者数	每个受访者回应数	全年回应数	每个回应的平均负担（小时）	总小时
雪茄烟制造商（包括大和小）	2	4	8	50	400
烟斗和水烟烟草制造商	1	4	4	50	200
其他烟草、电子烟和烟碱产品制造商ENDS	1	4	4	50	200
雪茄烟和烟斗烟草的进口商，视为制造商	1	4	4	50	200
其他烟草、电子烟和烟碱产品制造商ENDS的进口商	1	4	4	50	200
提交健康文件的总小时数					1 200

1 收集信息没有相关投资成本或运行维护成本

根据目前受FD&C法案管制烟草制品的收集情况和FDA的经验，FDA估计按照FD&C法案第904（a）（4）条款要求的雪茄烟、烟斗和水烟烟草、其他烟草、烟草进口商和ENDS进口商提交的烟草健康文件，每个提交大约需要50小时。为获得本规定受访者的数量，FDA假设极少有制造商或进口商，或相关代理商提交健康文件。

因此，（the Agency）估计每年大约有6个提交（2个雪茄烟制造商，1个烟斗和水烟烟草制造商，1个其他烟草制品制造商，1个烟草进口商和1个视为制造商的ENDS进口商）。FDA估计总小时数为1 200小时（6个提交乘以每年4次乘以每个平均50小时负担）。

3. 实质等同豁免要求（OMB控制编码0910-0684）

受访者简介：信息收集的受访者为要求按照FD&C法案SE要求豁免的推定烟草制品的制造商。

在2011年7月5日发布的最终规定中，FDA设立了制造商按照烟草控制法案请求SE豁免的程序（SE豁免最终规定）。SE豁免最终规定在FD&C法案905（j）（3）部分发行，规定了FDA可以豁免例如增加或减少一种烟草添加剂或增加或减少现有烟草添加剂的量等SE烟草制品相关的请求，如果FDA决定（1）该改动仅对FD&C法案许可销售的烟草制品进行了小改良，（2）该报告并非必须确保批准一个烟草制品上市将利于保护公众健康，和（3）其他方面适用的豁免。

豁免请求只能是合法销售烟草制品的制造商针对其产品很小改动的情况才行，且该请求（和支撑信息）必须提交电子格式，以便FDA处理、评审和存档。此外，该请求和所有的支撑信息必须清晰易读、使用（或翻译成）英文表述。

豁免请求必须同时提交支撑文件，且包括：

制造商地址和联系信息；

烟草制品的识别；

改动目的的详细解释；

改动的详细说明，包括该改动是否包括添加或删除一种烟草添加剂，或增加或减少现有烟草添加剂的量的声明；

详细解释-为什么该改动是对FD&C法案许可销售的烟草制品的小改动；

详细解释-为什么按照905（j）（1）（A）（i）节证明SE的报告并非必须确保批准该烟草制品上市将利于保护公众健康；

证明材料-总结支撑性证据且提供关于为什么该改动不会增加烟草制品对未成年人吸引力和使用、不会增加烟草制品的毒性、致瘾性或滥用倾向的相关原理；

其他解释豁免合理性的信息；和按照25部分（21CRF25部分）准备的与§25.40保持一致的环境评估材料

这些信息让FDA能决定是否改豁免请求适合于保护公众健康。如果FDA发现该豁免不适合于保护公众健康，也有一个废除豁免的机制。总之，FDA只有在向制造商提供取消通知，且按照16部分（21CRF16部分）提供一次非正式听证会的机会之后才会废除豁免。但是，如果持续该豁免会引起验证的公众健康风险时，FDA会在通知和按照16部分提供一次非正式听证会机会之前废除豁免。这种情况下，FDA会在废除之后尽快为制造商提供一次非正式听证会机会。

FDA审查支撑该申请提交的信息，根据其是否满足法规规定的标准，决定是否同意或否决该申请。出于抉择需要，FDA可以要求制造商提供其他信息。如果制造商不能在要求的时限内做出响应，FDA将考虑驳回该豁免请求。

FDA估计因本法规引起的信息收集额外年度负担如下：

表9 年度报告负担估计（当制造商寻求实质等同豁免时）[1]

21CFR部分和活动	受访者数量	每个受访者的回复数量[2]	总的年度回复数量	每个回复的平均负担（小时）	总小时数
§1107.1（b）可选择的烟草制品实质等同豁免请求的准备，包括§25.40环境评估的准备					
雪茄烟制造商（包括大、小和进口商）	196	1	196	24	4 704
烟斗和水烟烟草制造商（包括进口商）	105	1	105	24	2 520
其他烟草、电子烟和烟碱产品制造商（ENDS和传输系统（包括进口商））	18	1	18	24	432
总小时（§1107.1（b））					7 656
§1107.1（c）烟草制品实质等同豁免请求准备的其他信息：					

续表

21CFR部分和活动	受访者数量	每个受访者的回复数量[2]	总的年度回复数量	每个回复的平均负担（小时）	总小时数
雪茄烟制造商（包括大、小和进口商）	59	1	59	3	177
烟斗和水烟烟草制造商（包括进口商）	32	1	32	3	96
其他烟草、电子烟和烟碱产品制造商（ENDS和传输系统（包括进口商））	3	1	3	3	9
总小时数（§ 1107.1（c））					282
FD&C法案905（j）（1）（A）（ii）部分：如果豁免被批准，提交报告用于描述烟草制品是按照905（j）（3）部分改动的、改动是针对于商业化市售产品的、并符合秘书处按照905（j）（3）部分授权豁免涵盖的改动的一致性					
雪茄烟制造商（包括大、小和进口商）	293	1	293	3	879
烟斗和水烟烟草制造商（包括进口商）	156	1	156	3	468
其他烟草、电子烟和烟碱产品制造商（ENDS和传输系统（包括进口商））	26	1	26	3	78
总小时数（905（j）（1）（A）（ii）部分）					1 425
实质等同豁免总小时数					9 363

1 收集信息没有相关投资成本或运行维护成本；

2 该数字是预计的总年度响应除以受访者数量，四舍五入至十位。

根据目前受FD&C法案管制烟草制品（例如卷烟、卷烟烟丝、手卷烟和无烟烟草）的信息收集情况对每个回复的平均负担（小时）进行估计。FDA估计在§ 1107.1（b）下将收到319个豁免请求，每个请求包括EA需24小时，一共7,656小时。因为每个§ 1107.1（b）都要求EA（可选择的烟草制品实质等同豁免请求的准备），每个EA相应的负担（12小时）已与SE请求的12小时合计为24小时。

根据目前受FD&C法案管制烟草制品的信息收集情况，FDA估计将受到94份提交需要补充信息来支撑最初的豁免申请，预计准备每个补充信息平均需要3小时，总共需要282小时。

FDA估计475个受访者将准备475份回复，按照905（j）（1）（A）（ii）部分的要求，每份回复将花费大约3小时来准备，总共需要1,425小时。信息收集要求制造商在引入或通过运输以引入州际市场用于商业化销售烟草制品之前至少90天提交报告。FD&C法案905（j）（1）（A）（ii）部分指出，如果已经请求豁并被许可，制造商必须提交FDA一份报告，以说明该烟草制品是按照905（j）（3）部分的方式进行改动的，该改动是针对于商业化市售产品的、并符合FD&C法案要求，所有改动都涵盖于秘书处依据905（j）（3）授权豁免的范畴。秘书处估计源于实质等同要求的豁免将花费的总时间为9,363小时。

FDA的估计基于其他FDA监管产品的经济影响（Ref.204）全面分析和信息。

4．描述新烟草制品实质等同的报告（OMB 控制号0910-0673）

受访者描述：本信息收集的受访者是意图向FDA提交报告以说明按照FD&C法案905（j）（1）（A）（i）部分的要求，该烟草制品实质等同于有效的断定产品的推定烟草制品的制造商。

FD&C法案905（j）（1）部分授权FDA设定该提交的形式和方式。FDA发布指南，以协助人们按照FD&C法案905（j）部分提交报告，并说明FDA对SE相关法律部分的解释（见名为"905（j）部分报告：烟草制品实质等同说明"的企业和FDA职员指南）（76FR789,2011年1月6日）

依据2015年9月8日发表在《联邦公报》上的，名为"新烟草制品的实质等同说明：常见问题解答"（第2版）的最近发布的指南，FDA要求该改动应属于"相同特性SE报告"和"产品量改变报告"中的一种。有些情况下，制造商可以提交一份简短的SE报告。尤其，如果一个烟草制品是不同的（例如，名字不同），但与有效的断定产品具有相同特性，制造商可以提交一份相同特性SE报告。如果烟草制品的唯一改变是改变了产品量，包装内单位重量的成分仍保持相同，则制造商可以提交产品量改变SE报告。FDA的CTP认为准备这些简短的SE报告将花费更少时间。

当一组全部的或产品量改变SE报告的内容是相同的，他们将被打包；一旦相似的一组报告被打包，后续的打包报告有望比初始报告花费更少的时间去准备。

FDA认为许多新推定烟草制品的制造商可能处于生意初始阶段。因此，FDA宣布当局允许批准延长小规模烟草制品制造商的SE报告的请求，因其需要额外的时间响应本规定生效日期后的头30个月内的补正说明。

FDA估计因本法规引起的信息收集额外年度负担如下：

表10　年度报告负担估计[1]

活动	受访者数量	每个受访者的回复数量[2]	总的年度回复数量	每个回复的平均负担（小时）	总小时数
905（j）（1）（A）（i）和910（a）全部 SE初始部分、§ 25.40 环境评估					
雪茄烟制造商（包括大、小和进口商）	168	1	168	300	50,400

续表

活动	受访者数量	每个受访者的回复数量[2]	总的年度回复数量	每个回复的平均负担（小时）	总小时数
烟斗和水烟烟草制造商（包括进口商）	151	1	151	300	45,300
其他烟草、电子烟和烟碱产品制造商（ENDS和传输系统（包括进口商））	16	1	16	300	4,800
总小时数（905（j）（1）（A）（i）和910（a）部分）					100,500
905（j）（1）（A）（i）和910（a）全部SE打包、§ 25.40 环境评估					
雪茄烟制造商（包括大、小和进口商）	151	1	151	90	13590
烟斗和水烟烟草制造商（包括进口商）	83	1	83	90	7,470
其他烟草、电子烟和烟碱产品制造商（ENDS和传输系统（包括进口商））	16	1	16	90	1,440
总小时数					22,500
相同特性SE报告和 § 25.40 环境评估					
雪茄烟制造商（包括大、小和进口商）	285	1	285	47	13,395
烟斗和水烟烟草制造商（包括进口商）	132	1	132	47	6,204
其他烟草、电子烟和烟碱产品制造商（ENDS和传输系统（包括进口商））	1	1	1	47	47
总的相同特性					19,646
产品量改变初始和 § 25.40 环境评估					
雪茄烟制造商（包括大、小和进口商）	108	1	108	87	9,396
烟斗和水烟烟草制造商（包括进口商）	30	1	30	87	2,610
其他烟草、电子烟和烟碱产品制造商（ENDS和传输系统（包括进口商））	1	1	1	87	87
总的产品量改变初始					12,093

续表

活动	受访者数量	每个受访者的回复数量[2]	总的年度回复数量	每个回复的平均负担（小时）	总小时数
产品量改变打包和 § 25.40 环境评估					
雪茄烟制造商（包括大、小和进口商）	42	1	42	62	2,604
烟斗和水烟烟草制造商(包括进口商）	12	1	12	62	744
其他烟草、电子烟和烟碱产品制造商（ENDS和传输系统（包括进口商））	1	1	1	62	62
总的烟草量改变					3,410
总小时数（“新烟草制品实质等同说明报告”）					158,149

1 收集信息没有相关投资成本或运行维护成本；

2 该数字是预计的总年度响应除以受访者数量，四舍五入至十位。

FDA估计按照FD&C法案第904（a）（4）条款要求的雪茄烟、烟斗和水烟烟草、其他烟草、烟草进口商和ENDS进口商提交的烟草健康文件，每个提交大约需要50小时。为获得本规定受访者的数量，FDA假设极少有制造商或进口商，或相关代理商提交健康文件。

FDA的估计基于经济影响（Ref.204）全面分析和目前受FD&C法案管制烟草制品（例如卷烟、卷烟烟丝、手卷烟和无烟烟草）的信息收集情况。此外，提交SE报告的任何人需要按照 § 25.40 提交环境评估。

环境报告的负担已经被包含在每种SE报告的每个响应负担中。

FDA估计335受访者每年将准备和提交335份905（j）（1）（A）（i）全SE初始报告，每个新烟草制品将要大约花费制造商300小时来准备SE报告和环境评估。

FDA估计将收到335份全SE初始报告，总计100,500小时。估计将收到250份全SE打包报告，总计22,500小时。FDA估计将收到418份相同特性SE报告，总计19,646小时。FDA估计将收到139份初始产品量改变报告，总计12,093小时。估计将收到55份产品量改变打包SE报告，总计3,410小时。基于FDA对现有监管烟草制品在环境评估方面的经验，预测企业将花费80小时为简短的SE报告准备环境评估。

因此，FDA估计提交SE信息的负担约为158,149小时。

5. 电子进口商的进入通知（OMB控制号0910-0046）

受访者描述：本信息收集的受访者是向美国进口或提供用于进口的烟草制品的进口商，其产品符合烟草控制法案中国内烟草制品的相同要求。

同烟草控制法案中的章节，FD&C法案（21 U.S.C.381）被修订，增加了FDA

监管产品的清单。修订的801部分通过FDA赋予健康和人类服务部秘书处职责以确保向美国进口或提供用于进口的FDA监管的国外食品、药品、化妆品、医疗器械，放射健康，和烟草制品满足FD&C法案对于国内相关产品的相同要求，防止不符合的产品进入国家。履行该义务包括FDA总部、现场检查人员、美国海关和边防（CBP）的紧密协调与合作。FDA通过收集信息来评审和防止不满足FD&C法案对于国内相关产品的相同要求的进口产品进入美国市场。

直至1995年10月，要求进口商归档手动录入的OMB许可表格及相关文件。这些表格提供的信息包括原产国、进口船只的名字，进入编号（由CBP分配），入境港口，装货和卸货的港口，美元价值，货主或制造商，记录的进口商，原始承销人，代理商，代理商的参考编号和CBP的房箱号码，提货单，货物位置。1995年10月1日起FDA停止这些纸质材料的效力，以消除信息复制和降低进口社区和FDA的文书工作负担。随后，当局建立并执行了一个自动化全国范围内登记处理系统，能够让FDA更有效的获得和处理所要求的信息，以实现其监管职责。

FDA行使其监管职责所要求的大多数信息都按照FD&C法案801部分，已经由CBP的文件员以电子方式提供。因为CBP使用电子界面向FDA传递信息，由录入文件员提交的大量数据仅需要操作一次。

FDA估计其他因本法规引起的信息收集额外年度负担如下：

表11　年度报告负担估计[1]

活动	受访者数量	每个受访者的回复数量[2]	总的年度回复数量	每个回复的平均负担（小时）	总小时数
视为制造商的雪茄烟进口商	216	159	34,344	0.14（8 1/2分钟）	4 808
视为制造商的烟斗和水烟烟草制造商	43	123	5,289	0.14（8 1/2分钟）	740
进口商 其他烟草、电子烟和烟碱产品制造商（ENDS）	14	68	952	0.14（8 1/2分钟）	133
进口烟草制品的总小时数					5 681

1 收集信息没有相关投资成本或运行维护成本

FDA估计时间负担将为5,681小时（4,808+740+133小时）。其反映了向FDA监管产品清单中增加新认定烟草制品的结果。当FDA测试使用电子或纸质表格后，确定了使用电子或手动方式录入完成的平均时间相同。

基于FDA收集的原始信息，当进口商录入通知信息收集是近期许可的，每个受访者将花费0.14小时（8 1/2分钟）响应，估计对于烟草进口商来说每个响应的时间相同。

FDA估计以电子形式向FDA输入数据不产生额外花费，因为文件员已经有合适的设备和软件以确保他们通过自动系统向CBP提供数据。因此，不需要设立或购买额外的软件或硬件来确保文件员在为CBP归档电子记录的同时归档FDA数据信息。

6. 出口：通告和记录储存要求（OMB控制码0910-0482）

受访者描述：受访者指出口不意图向美国销售的烟草制品的制造商、经销商和其他个人。

在2012年2月2日发布的规定（77FR5171）中，鉴于FDA在烟草控制法案下监管这些产品（遵从修订法规），在适用情况下，FDA修订了其监管范围以包括烟草制品。适用时，遵从的修订法规使烟草制品要遵守与其他FDA监管产品相同的总体要求。

遵守的修改规定修改了CRF1.101（b），在其他章节中，要求可能不在美国销售的出口人用药物、生物制剂、器械，动物药物、食品、化妆品和烟草制品保持可以说明其符合FD&C法案801（e）（1）要求的记录。801（e）（1）部分要求出口商保存出口产品的记录：（1）与国外采购者技术参数的符合性；（2）不与外国法律相冲突；（3）标识于打算出口的运输包装的外部；和（4）不在或不提供用于美国境内销售。这些标准也可能在其他文件中含有，例如外国政府机关的信件或美国境内可靠的官方公司出具的经过公证的证书，以说明该出口产品不与外国法律冲突。

FDA估计其他因本法规引起的信息收集额外年度负担如下：

表12　年度纪录保持负担估计[1, 2]

活动	记录储存数量	每个记录储存的记录数量[2]	总的年度记录数量	每个记录储存的平均负担（小时）	总小时数
21CFR1.101（b）:					
雪茄烟制造商（大和小）	57	3	171	22	3 762
烟斗和水烟烟草制造商	37	3	111	22	2 442
其他烟草、电子烟和烟碱产品制造商（ENDS）					
		93			
		3			
		279			
		22			
		6 138			
出口：通告和记录保持的要求				12 342	

1 收集信息没有相关投资成本或运行维护成本；

2 在NPRM出版物中，这些活动的负担都是在OMB控制码0910-0690下。后来该负担转移至OMB控制码0910-0482。

当局通过回顾当局记录和使用有烟草制品出口商相关经验和信息的当局专家

资源，估计记录保持要求相关的受访者数量和小时负担。FDA估计每年有187个机构（在本文件OMB 控制码0910-0046下信息收集清单中的制造雪茄、烟斗、水烟、其他烟草制品和ENDS的所有烟草制造商的50%）将会涉及所有烟草制品的出口。基于以前的记录保持估计在现有OMB认可的信息收集（OMB 控制码0910-0482，“出口通知和记录保持要求”）下出口商的报告负担，每个机构将保持平均每年三项记录，则每个记录储存者需要平均22小时来维持一项记录。当局估计将需要12,342负担小时用于烟草制品出口商创造和维持能说明其满足FD&C法案801（e）（1）部分的记录。

7. 确定烟草制品自2007年2月15日起已在美国商业市场流通（OMB 控制码 0910-0775）

受访者描述：本信息收集的受访者是希望说明自2007年2月15日起已在美国商业市场流通，且是无需上市前审核的豁免产品的烟草制品的进口商。

2014年9月29日，FDA发布了名为“确定烟草制品自2007年2月15日起已在美国商业市场流通”的指导文件。该指导文件提供了制造商如何说明一个烟草制品自2007年2月15日起已在美国商业市场流通，并且因此成为无需上市前审核的豁免产品的信息。指南建议制造商提供的证据可能包括有日期的广告复印件、有日期的目录页码、有日期的促销材料、有日期的提货单。FDA建议制造商提交足够信息烟草制品，以说明自2007年2月15日起该烟草制品已在美国商业市场流通。

在现有收集中估计的小时数是FDA估计的若当局提交请求时将花费的回顾、汇总和提交有日期信息的时间。

FDA估计其他因本法规引起的信息收集额外年度负担如下：

表13　年度纪录保持负担估计[1, 2]

活动	受访者数量	每个受访者的回复数量	总的年度回复数量	每个回复的平均负担（小时）	总小时数
雪茄烟制造商（包括大、小和进口商）	1	1	1	5	5
烟斗和水烟烟草制造商(包括进口商）	1	1	1	5	5
其他烟草、电子烟和烟碱产品制造商（包括进口商）	1	1	1	5	5
确定烟草制品自2007年2月15日起已在美国商业市场流通的总小时数					15

1 收集信息没有相关投资成本或运行维护成本；

2 在NPRM出版物中，这些收集尚未由OMB认可。2014年9月8日OMB批准了3年信息收集。

基于FDA当前的经验，考虑到单独的豁免提交纯属自愿，FDA并不预期很多制造商将做此类提交，但该选项是可行的。因此，我们分配每年每个烟草类型一个申请者，则FDA估计制造商将花费大约5小时来完成和提交信息收集要求的用于FDA审核的证据，总计15小时。

C. 关于目前受 FD&C 法案管制的但未获得 OMB 批准的烟草制品的负担

本节所述的信息收集包含了之前用于公众意见的收集，因为其包含目前受FD&C法案中的第Ⅸ章管制的烟草制品。但是，这些信息收集还没有得到OMB的批准。

FDA基于以前用于评论的现有收集情况进行估计。

- 新烟草制品的上市前审查申请

受访者的描述:信息收集的受访者是依照FD&C法规910（c）（1）（A）（i）部分寻求销售许可的制造商。

2011 年9 月28 日,FDA宣布了名为“新烟草制品的上市前审查申请”指南草案的可用性。该指南最终定稿时将代表当局对该主题的当前想法。FD&C法案中第910 条（a）（1）定义了“新烟草制品”为2007年2月15日并未在美国市场商业化销售的烟草制品，或改动（包括改变设计，任何部件，任何零件，或任何内在成分，包括烟气内在成分，或含量，烟碱递送形式，或其他任何添加剂或组成成分）的烟草制品且改动后的产品于2007年2月15 日之后在市场美国商业化销售。

依据FD&C法案910（c）（1）（A）（i）部分,一款新的烟草制品上市前需要命令。该要求适用,除非产品已表现出实质等同于有效的断定烟草制品或已取得SE豁免。

FD&C法案中910（b）表明PMTA 应当包含所有健康风险研究的全部报告；全面陈述所有部件、组成成分、添加剂，属性以及该烟草制品的原理和操作原理；全面描述制造和加工方法（包括该产品所有制造、包装、和控制点的清单）；解释该产品是否符合适用的烟草制品标准；产品及其组件的样品；以及标签。

FDA还鼓励那些要与CTP的OS开会讨论其临床实验的方案来研究他们的新烟草制品的人们,开会申请应以书面形式递送CTP的OS的主管，并应包括足够的信息，以便FDA 评估会议的潜在用途，确定FDA 工作人员讨论议程项目的必要性。当发生下述情况时，FDA 要求否认PMTA，且并发出该产品按照FD&C法案910（c）（1）（A）（ii）部分可能不能引入或递送用于引入州际贸易的命令：

- 制造商未表示该产品是适合于保护公众健康的；
- 制造，加工或包装方法，设施或控制不符合FD＆C 法案第906（e）部分发布的良好生产规范；

• 任何虚假或者错误的标签；或

• l制造商未表明烟草制品符合FD＆C法案第907部分所有烟草制品标准。

FDA估计的因本法规引起的信息收集年度负担如下：

表14　年度报告负担估计[1]

活动	受访者数量	每个受访者的回复数量	总的年度回复数量	每个回复的平均负担（小时）	总小时数
获得FDA批准上市烟草制品的命令（申请）和 § 25.40环境评估					
其他烟草、电子烟和烟碱产品制造商（ENDS烟油和ENDS传输系统（包括进口商））	200	3.75	750	1,713	1,284,750
获得FDA批准上市烟草制品的命令（申请）和 § 25.40环境评估的总小时数					1,284,750
请求与CTP的科学办公室开会讨论临床实验方案					
其他烟草、电子烟和烟碱产品制造商（ENDS烟油和ENDS传输系统（包括进口商））	200	1	200	4	800
请求与CTP的科学办公室开会讨论临床实验方案的总小时数					800
“新烟草制品上市前审批申请”的总小时数					1,285,550

1 收集信息没有相关投资成本或运行维护成本

FDA估计每个受访者大约花费1500个小时来准备PMTA，寻求FDA批准新的烟草制品的上市的命令。FDA也估计将平均花费额外的213小时来准备 § 25.40要求的环境评估，共计每个PMTA申请应花费1713小时。该平均值表示在不同情况下需要花大量的时间用于此类申请，有些需要更多的时间（例如，多达5000小时用于复杂的产品早期申请，该公司没有经验开展研究或准备分析对公众健康的影响，或其主文件的可靠性不强），也有些需要较少的时间（例如，只要50小时，对于那些与其他新产品非常相似的产品申请）。

尽管FDA已降低了各项PMTA的负担，但是我们已增加了ENDS制造商的预期响应数目。该增长归因于自从NPRM发布以来ENDS市场的迅速增长。FDA的估计包括了书面申请，包括公司内部的编辑和审批的预期负担。

FDA估计每年将收到的PMTAs数量是750（642 ENDS烟液和108ENDS传输系统）。

我们在这里需要说明的是，一项PMTA可能需要一个或多个类型的研究，包括化学分析，非临床研究和临床研究。FDA期望化学和设计参数分析将包括适用的HPHCs，非临床分析将包括文献整合，并酌情开展体外或体内研究以及计算分析。用于临床研究部分，根据需要可以包括一种或多种类型的研究，以说明认知，使用行为，或健康影响。申请人可能不需要进行任何新的非临床和临床研究。我们注意到，对于大多数申请，FDA并不期望申请人包括类似于药品和器械许可开展的随机临床试验。

对于在最终规则实施之前已经在市场上销售的烟草制品，所需的支持PMTA的大部分信息可从之前发表的类似产品的研究中获得。因此，FDA期望很大比例的申请将不含或含有较少的新的非临床或临床研究来支持该申请被审查。相反，非临床和临床研究可能需要对那些缺乏对公众健康潜在影响了解的新产品的上市批准。涉及汇总这两种类型申请的时间范围将会变化很大。

FDA估计收集中有200个潜在受访者可能需要和CTP的科学办公室讨论他们的临床研究计划。会议请求，申请人应编制并提交资料给FDA进行会议批准。FDA估计，这将需要大约4小时汇编这些信息，共计800小时的额外负担（200受访者 × 4小时）。

因此，提交PMTA申请每年的总负担估计为1，285，550小时。FDA的估计是基于目前受FD&C法案监管的烟草制品的相关信息，以及制造商将提交烟草制品上市进行前审查申请的假设。

D. 仅适用于新认定产品的信息收集

1. 免除所需的警语要求

受访者描述:受访者是获得豁免所要求致瘾性警语的制造商,已向FDA证明其产品不含烟碱，并且制造商有数据来支持这一声明。

这一规则包含一个新的信息采集，属于 § 1143.3（a）（1）中要求包含警语说明相关的豁免程序。1143.3（c）部分将提供产品制造商的豁免权,否则将被要求在其包装和广告中包含

§ 1143.3（a）（1）部分的警语，例如，“警示：本产品含有烟碱。烟碱是一种致瘾性化合物。”该警语将被要求至少出现在包装两个主显示区域的30%和广告区域的20%以上位置。

为获得本要求的豁免，制造商需要向FDA证明其产品不含烟碱，并且制造商有数据来支持这一声明。对获得该豁免权的产品，也被要求产品申明“该产品由烟草制成。”承担此类产品包装和标签的一方也将分担责任,以确保该可选择的警语包含在产品包装和广告中。法规将允许公司获得本警语要求的豁免权,如果在未来出现此类烟草制品。

FDA估计的因本法规引起的信息收集年度负担如下：

表15　年度报告负担估计[1]

活动	受访者数量	每个受访者的回复数量	总的年度回复数量	每个回复的平均负担（小时）	总小时数
认证声明	1	1	1	20	20
健康警语要求豁免的总小时数					20

1 收集信息没有相关投资成本或运行维护成本

估计的每个响应的平均负担是基于当前受FD&C法案管制的烟草制品的信息采集。虽然预期很少有不含烟碱烟草制品的认证，如果当局决定在未来不仅关注烟碱,还有其他成致瘾性物质的话，FDA预计认证提交的数量可能会上升。

负担表中列出的认证提交所需要的预计时间，反映出产品测试烟碱所需的时间和准备并提交自我认证请求的时间。FDA 预计这类认证将非常罕见,并估计当局将接收平均每年一项提交认证申请。

FDA 推断在 § § 1143.3（a）（1）和1143.5（a）（1），以及1143.3（c）的可选择声明(例如"该产品由烟草制成")不在OMB审查的范围内,因为其根据PRA(44U.S.C.3501-3520)没有建立"信息采集"。不如说,这些标签语句是最初由联邦政府出于"向公众公开"的目的（5 CFR 1320.3（c）（2））提供的"公众披露"信息。

2. 雪茄制造商、进口商、经销商和零售商提交警示计划

受访者描述：本信息收集的受访者为需要向FDA提交警示计划的雪茄制造商，进口商，经销商和零售商。

为雪茄烟产品的提交警示计划的要求，的特定要求，在雪茄包装上随机展示和分布所要求警语说明且按交替顺序每季度轮换所要求警语说明的特定要求，见 § 1143.5（c）。

按照提交给FDA并获批准的警示计划，雪茄的6个警语（5个雪茄专用和一个致瘾性警语）将被要求每12 个月随机显示，尽可能对每个产品包装形式销售的雪茄品牌有均等的次数，且随机分布在美国所有有产品销售的区域。对于广告，将按照提交给FDA并获批准的警示计划，警语说明必须按交替顺序每季度轮换的形式出现在每个品牌雪茄的每个广告。

对于那些在最终法规的发布之日前在市场上的雪茄产品，要求负责制造商，经销商，进口商和零售商提交警示计划的时间为最终法规公布之日起为1年后生效。

FDA设定生效日期比1143的其他要求生效日期早1年，因为当局预计在审查提交的警示计划期间，可能有必要与提交者开展大量的沟通。FDA将与提交者合作，确保所提交的计划符合1143部分要求的设定标准。FDA还打算更新警示计划指南草案和信息收集，目前属于无烟烟草制品，以帮助雪茄制造商，进口商，分

销商，零售商提交警示计划。本指南草案中的信息采集是根据OMB控制号0910-0671批准。指南草案除其他事项外还讨论了：提交警示计划的法定要求；定义；何人提出警示计划；警示计划的范围；何时提交警示计划；警示计划中要提交何种信息；何处提交警示计划；警示计划批准的意义。

在雪茄包装上的警语必须按照负责制造商，经销商，进口商和零售商向FDA提交并被批准的警示计划，每12个月随机显示，尽可能对每个产品包装形式销售的雪茄品牌有均等的次数，且随机分布在美国所有有产品销售的区域。

要澄清的是，单独出售且无产品包装的雪茄零售商不需要提交在包装上警语的警示计划，因为如1143.5（c）（1）部分所述，张贴在零售商销售点的警示标志上将包括适用于雪茄的所有6个警语，因此无需提交警示计划用于其轮换。但是那些负责或指导此类产品的广告中健康警语的制造商，经销商，和零售商必须向FDA的提交广告警示计划并得到批准。该法规要求他们包括广告上的警语，并且必须按照FDA批准的警示计划，在每个雪茄品牌的每个广告中以交替顺序每季度轮换。

FDA还要求每个雪茄品牌的每个广告中以交替顺序每季度轮换警示说明，不论雪茄是否以产品包装形式销售。雪茄广告中警示说明的轮换也必须按照负责雪茄制造商，进口商，经销商或零售商向FDA提交并获得批准的警示计划来完成。

FDA估计的因本法规引起的信息收集年度负担如下：

表16　年度报告负担估计[1]

雪茄警示计划	受访者数量	每个受访者的回复数量	总的年度回复数量	每个回复的平均负担（小时）	总小时数
制造商，进口商和零售商	329	1	329	120	39 480
总的雪茄警示计划					39 480

1 收集信息没有相关投资成本或运行维护成本

负担估计是基于FDA在无烟烟草警示计划的经验和相关信息采集（OMB控制编0910-0671），以及烟草控制法案2009年6月22日实施前向FTC提交的卷烟警示计划。

估计将提交329份警示计划，每个受访者将平均花费120小时准备和提交包装和广告的警示计划，共39，480小时。

3. 小规模制造商报告

受访者描述：本信息收集的受访者被称为“小规模的烟草制品制造商。”

正如在Ⅳ讨论的，FDA要求就新推定烟草制品的较小制造商完全符合FD&C法案要求的能力，以及FDA如何能够解决这些问题发表评论。考虑到现有意见和

FDA的有限的执法资源，当局观点是，现有这些资源可能无法最好地用于这些小规模的烟草制品制造商立即执行法规的规定，从而无法满足FD&C法案的特定要求。FDA保留在所有情况下进行个性化查询和考虑任何和所有相关事实以决定是否提起执法行动的自由裁量权。

一般情况下，FDA认为是“小规模的烟草制品制造商”是指全时当量员工少于150人且年度总收入少于500万元美元的任何管制烟草制品的制造商。FDA考虑的制造商包括其控制的，或与制造商共同控制下每个实体。为了使FDA的个别执行决定更加高效，制造商可自愿提交关于就业和收入信息。FDA不认为有大量的符合小规模的烟草制品制造商标准的制造商将提交自愿信息。

FDA估计，大约有75个小规模的制造商会自愿提交信息。FDA认为受访者将花费2小时自愿提交就业和收入有关信息，共计150小时。

FDA估计的因提交“小规模的烟草制品制造商”年报引起的负担如下：

表17 年度报告负担估计[1]

活动	受访者数量	每个受访者的回复数量	总的年度回复数量	每个回复的平均负担（小时）	总小时数
小规模制造商报告	75	1	75	2	150
总的小规模制造商报告					150

1 收集信息没有相关投资成本或运行维护成本

本规则中新信息收集的总负担为1，621，212小时的报告时间（121604+1200+9363+158149+5681+15+1285550+20+39480+150）和12，342小时的记录保存时间，共计1633554小时。

最终规则的信息收集要求，根据1995年减少文书法案3507（d）的要求已提交OMB审查。

这个最终规则的生效日期之前，FDA将在联邦纪事上公布OMB的决定，批准，修改或否决最终法规信息收集规定。任何机构不得进行或赞助，任何个人不能响应信息收集，除非它显示当前有效的OMB控制号。

XX. 行政命令 13131；联邦制订

FDA 根据行政命令13132所述原则对最后法规做出了分析。FDA 已经确定，本规则不包含直接或间接影响国家、国家政府和各州之间关系或对各级政府的权力和责任之间关系的政策。因此，该机构认为规则不包含有联邦制的含义界定的行政命令和政策，因此，不需要联邦总结影响声明。

XXI. 行政命令 13175；部族协商

根据行政命令13175，FDA 已经向部族政府官员咨询。2014年4 月25 日，FDA 向部族寻求评论，并在2014 年5 月29 日就NPRM与部族以网络研讨会的形式共同协商。FDA 收到一个部落的评论指出，FDA 未能通过行政命令13175 所要求的确保有意义并且及时从部族官员输入，并且提出部族共同协商对市场上的卷烟，自卷烟和无烟烟草的上市前审查活动。作为回应，2015年1月21日，根据提案立法通知，FDA 与部落进行面对面会谈。FDA 已经确定，根据行政令13175最终规定没有部落参与，因为它没有对一个或多个印第安部落，没有对联邦政府和印度部落之间的关系，没有对联邦政府和印度部落之间的权力和责任的分配有实质性的直接影响，也不征收大量直接的执行成本。

（评论305）一个评论指出：FDA 未能按照行政命令13175 所的要求，确保有意义并且及时从部族官员输入。该评论提到FDA的“致部族首领”信件和网络论证会，并请求的FDA和部族就市场上的卷烟，自卷烟和无烟烟草的上市前审查活动进行面对面会议。

（回复）FDA 坚持实施行政命令13175 和HHS 咨询政策。在FDA 出台的烟草管制法案的实施和执行过程中，FDA 致力于与联邦政府认可的组织进行有效的协商。应部落请求，FDA 将参加面对面的会议。

（评论306）有一个评论鼓励FDA 在烟草法规的执法上尊重部落主权。评论建议FDA 提供培训和资金机会给部落政府，为缓解此法规经济负担。评论催促FDA 做出确定的管理负担以不限制部落操作经济的活力。

（回复）FDA 承认部落的主权和部落的自我调节权力，并将与部落首领合作，监督遵守这一规定。正如法规解释，FDA 在执行规定保护公众健康。然而，FDA 认识到有许多的自动规定可能首先是新的联邦公共卫生监管活动的挑战，因此，提供了满足政策有关规定，如上市前审查许可和对小型烟草制造商符合FD&C 法案提供额外的时间等。在法规定案后，FDA将提供培训和其他的机会给部落政府。

XXII. 参考文献

以下参考文献在摘要管理分部显示（见以下网址）并且在周一至周五上午9点到下午4 点可供感兴趣的人员访问。http://www.regulations.gov.截止在联保纪事发布时，FDA 已经授权此网址，但以网址更新的时间为准。

1. U.S. Department of Health and Human Services, "The Health Consequences of Smoking: Nicotine and Addiction," A Report of the Surgeon General; 1988, available at http://profiles.nlm.nih.gov/NN/B/B/Z/D.
2. U.S. Department of Health and Human Services, "How Tobacco Smoke Causes Disease: The Biology and Behavioral Basis for Smoking-Attributable Disease," A Report of the Surgeon General; 2010, available at http://www.ncbi.nlm.nih.gov/books/NBK53017.
3. U.S. Department of Health and Human Services, "Preventing Tobacco Use Among Young People," A Report of the Surgeon General; 1994, available at http://www.ncbi.nlm.nih.gov/books/NBK53017/.
4. Levin, E. D., S. Lawrence, A. Petro, et al., "Adolescent vs. Adult-Onset Nicotine Self-Administration in Male Rats: Duration of Effect and Differential Nicotinic Receptor Correlates," Neurotoxicology and Teratology, 29(4):458-465, 2007.
5. President's Cancer Panel, "Promoting Healthy Lifestyles," 2007, available at http://deainfo.nci.nih.gov/advisory/pcp/annualReports/pcp07rpt/pcp07rpt.pdf.
6. DiFranza, J. A., J. A. Savageau, K. Fletcher, et al., "Symptoms of Tobacco Dependence After Brief Intermittent Use," Arch. Pediatric Adolesc. Med., 161(7):704-710, 2007.
7. Institute of Medicine of the National Academies, "Ending the Tobacco Problem: A Blueprint for the Nation," 2007, available at http://www.iom.edu/Reports/2007/Ending-the-Tobacco-Problem-A-Blueprint-for-the-Nation.aspx.
8. Counotte, D. S., A. B. Smit, T. Battij, and S. Spijker, "Development of theMotivational System During Adolescence, and Its Sensitivity to Disruption by Nicotine,"Developmental Cognitive Neuroscience, 1(4):430-443, 2011.
9. U.S. Department of Health and Human Services, "The Health Consequences ofSmoking--50 Years of Progress," A Report of the Surgeon General; 2014, available athttp://www.surgeongeneral.gov/library/reports/50-years-of-progress/full-report.pdf.
10. Waldrum, H. L., O. G. Nilsen, et al., "Long-Term Effects of Inhaled Nicotine,"Life Sciences, 58(16):1339-1346, 1996.

11. Russell, M., “Low-Tar Medium-Nicotine Cigarettes: A New Approach to SaferSmoking,” British Medical Journal, 1(6023), 1430-1433, 1976.
12. Wikstrom, A. K., S. Cnattingius, O. Stephansson, “Maternal use of Swedish Snuff(snus) and Risk of Stillbirth,” Epidemiology, 21(6):772-778, 2010.
13. Slotkin, T. A., “Fetal Nicotine or Cocaine Exposure: Which one is Worse?,”Journal of Pharmacology and Experimental Therapeutics, 10(1):1-16, 1998.
14. Benowitz, N. L., “Nicotine Addiction,” New England Journal of Medicine,362(24):2295-2303, 2010.
15. Benowitz, N. L., S. G. Gourlay, “Cardiovascular Toxicity of Nicotine:Implications for Nicotine Replacement Therapy,” Journal of American College of Cardiology,29(7):1422-1431, 1997.
16. Grana, R., N. Benowitz, S. A. Glantz, “E-Cigarettes: A Scientific Review,”Circulation, 129(19):1972-1986, 2014.
17. Davis, B., M. Dang, J. Kim, et al., “Nicotine Concentrations in ElectronicCigarette Refill and Do-it-Yourself Fluids,” Nicotine & Tobacco Research,17(2): 134-141, 2015.
18. Cameron, J. M., D. N. Howell, J. R. White, et al., “Variable and Potentially FatalAmounts of Nicotine in E-Cigarette Nicotine Solutions,” Tobacco Control, 23: 77-78, 2014.
19. Etter, J., E. Zather, S. Svensson, “Analysis of Refill Liquids for ElectronicCigarettes,” Addiction, 108(9):1671-1679, 2013.
20. Goniewicz M. L., T. Kuma, M. Gawron, et al., “Nicotine Levels in ElectronicCigarettes,” Nicotine & Tobacco Research, 15(1):158-166, 2013.
21. Ayers, J. W., K. M. Ribisl, and J. S. Brownstein, “Tracking the Rise in Popularityof Electronic Nicotine Delivery Systems (Electronic Cigarettes) Using Search Query Surveillance,” American Journal of Preventive Medicine, 40(4):448-453, 2011.
22. Arrazola, R.A., T. Singh, C. G. Corey, et al., “Tobacco Use Among Middle and High School Students – United States, 2011-2014,” Morbidity and Mortality Weekly Report, 64(14);381-385, April 17, 2015, available athttp://www.cdc.gov/mmwr/preview/mmwrhtml/mm6414a3.htm.
23. Leventhal, A. M., D. R. Strong, M. G. Kirkpatrick, et al., “Association of Electronic Cigarette Use With Initiation of Combustible Tobacco Product Smoking in Early Adolescence,” Journal of the American Medical Association, 314(7):700-707, 2015.
24. Centers for Disease Control and Prevention, “Electronic Cigarette Use AmongAdults: United States, 2014,” National Center for Health Statistics (NCHS) Data Brief, No. 217,October 2015.
25. Sutfin, E. L., T. P. McCoy, B. A. Reboussin, et al., “Prevalence and Correlates ofWaterpipe Tobacco Smoking by College Students in North Carolina,” Drug and Alcohol Dependence, 115(1-02):131-136, 2011.
26. Eissenberg, T., K. D. Ward, S. Smith-Simone, et al., “Waterpipe Tobacco Smoking on a U.S. College Campus: Prevalence and Correlates,” Journal of Adolescent Health, 42(5):526-529, 2008.
27. Johnston, L. D., P. M. O’Malley, R. A. Miech, et al., Monitoring the Future National Results on Drug Use: 1975-2013: Overview, Key Findings on Adolescent Drug Use. Ann Arbor: Institute for Social Research, The University of Michigan, 2014.
28. Substance Abuse and Mental Health Services Administration, National Survey on Drug Use and Health, 2013. ICPSR35509-v1. Inter-University Consortium for Political and Social Research [distributor]. doi:10.3886/ICPSR35509.v1. http://www.icpsr.umich.edu/icpsrweb/SAMHDA/sda, Released November 18, 2014, analyzed online using SDA April 17, 2015.

29. Youth Risk Behavior Survey, Trends in the Prevalence of Tobacco Use National YRBS: 1991-2013; available at: http://www.cdc.gov/healthyschools/tobacco/pdf/us_tobacco_trend_yrbs.pdf.
30. Institute of Medicine of the National Academies, "Growing up Tobacco Free: Preventing Nicotine Addiction in Children and Youths," 1994, available at http://www.nap.edu/catalog/4757.html.
31. Durbin, R., et al., "Gateway to Addiction? A Survey of Popular Electronic Cigarette Manufacturers and Targeted Marketing to Youth," April 14, 2014, available at http://www.merkley.senate.gov/imo/media/doc/Durbin_eCigarette percent20Survey.pdf.
32. Rodriguez, J., R. Jiang, W. C. Johnson, et al., "The Association of Pipe and Cigar Use with Cotinine Levels, Lung Function, and Airflow Obstruction: A Cross-Sectional Study,"Annals of Internal Medicine, 152(4):201-210, 2010.
33. McDonald, I. J., R. S. Bhatia, P. D. Hollett, "Deposition of Cigar Smoke Particles in the Lung: Evaluation with Ventilation Scan Using (99m)Tc-Labeled Sulfur Colloid Particles,"Journal of Nuclear Medicine, 43(12):1591-1595, 2002.
34. Weglicki, L. S., "Tobacco Use Assessment: What Exactly is Your Patient Using and Why is it Important to Know?", Ethnicity & Disease, 18(3 Suppl 3):s3-1-s3-6, 2008.
35. Baker, F., et al., "Health Risks Associated With Cigar Smoking," Journal of the American Medical Association, 284(6):735-740, 2000.
36. Hammond, D., "Health Warning Messages on Tobacco Products: A Review," Tobacco Control, 20(5):327-337, 2011.
37. Hammond, D., G. T. Fong, R. Borland, et al., "Text and Graphic Warnings on Cigarette Packages: Findings from the International Tobacco Control Four Country Study," American Journal of Preventive Medicine, 32(3):202-209, 2007.
38. Elliott & Shanahan Research, "Literature Review: Evaluation of the Effectiveness of the Graphic Health Warnings on Tobacco Product Packaging 2008," Prepared for Australian Government Department of Health and Ageing, 2009, available at http://www.health.gov.au/internet/main/publishing.nsf/Content/0DBCB8D4FA37F440CA257BF 0001F9FAB/$File/lit-rev-hw-eval.pdf.
39. Bansal-Travers, M., et al., "The Impact of Cigarette Pack Design, Descriptors, and Warning Labels on Risk Perception in the U.S.," American Journal of Preventive Medicine,40(6):674-82, 2011.
40. Centre for Behavioral Research in Cancer, "Health Warnings and Content Labelling on Tobacco Products", 1992, Bates Nos. 2023248493-8742, available at https://industrydocuments.library.ucsf.edu/tobacco/docs/fsbw0114.
41. U.S. Government Accountability Office, " New Tobacco Products: FDA Needs to Set Time Frames for Its Review Process," GAO No. 13-723, Sept. 2013, available at http://www.gao.gov/assets/660/657451.pdf.
42. Friedman, A. S., "How does Electronic Cigarette Access Affect Adolescent Smoking?," Journal of Health Economics, 44:300-308, 2015, available at http://www.sciencedirect.com/science/article/pii/S0167629615001150.
43. "Nicotine Branded Made-in-Switzerland Gets E-Cig Boost", Bloomberg Business (March 6, 2014) (online at http://www.bloomberg.com/news/articles/2014-03-06/nicotinebranded-made-in-switzerland-gets-e-cig-boost).
44. Steve Nelson, "E-Cigarette Users Would Ignore Bans, Turn to Black Market, Survey Finds, U.S. News & World Report, July 17, 2014, available at http://www.usnews.com/news/articles/2014/07/17/e-cigarette-users-would-ignore-bans-turn-toblack-market-survey-finds.

45. Henchman, J., S. Drenkard, "Cigarette Taxes and Cigarette Smuggling by State," March 19, 2014, available at http://taxfoundation.org/article/cigarette-taxes-and-cigarettesmuggling-state.
46. National Research Council and Institute of Medicine, "Understanding the U.S. Illicit Tobacco Market: Characteristics, Policy Context, and Lessons from International Experiences," 2015, available at http://www.nap.edu/catalog.php?record_id=19016.
47. Health Canada, Notice, "To All Persons Interested in Importing, Advertising or Selling Electronic Smoking Products in Canada," 2009, available from: http://www.hcsc. gc.ca/dhp-mps/prodpharma/applic-demande/pol/notice_avis_e-cig-eng.ph.
48. Czoli, C. D., J. L. Reid, V. L. Rynard, D. Hammond. "E-Cigarettes in Canada - Tobacco Use in Canada: Patterns and Trends," 2015 Edition, Special Supplement available at http://www.tobaccoreport.ca/2015/TobaccoUseinCanada_2015_EcigaretteSupplement.pdf.
49. U.S. Department of Health and Human Services, "Preventing Tobacco Use Among Youth and Young Adults," A Report of the Surgeon General; 2012, available at http://www.ncbi.nlm.nih.gov/books/NBK99237/.
50. Mennella, J. A., M. Y. Pepino, D. R. Reed, "Genetic and Environmental Determinants of Bitter Perception and Sweet Preferences," Pediatrics, 115(2):e216-e222, 2005.
51. Desor, J. A., G. K. Beauchamp, "Longitudinal Changes in Sweet Preferences in Humans," Physiology & Behavior, 39(5):639-641, 1987.
52. Enns, M. P., T. B. Van Itallie, J. A. Grinker, "Contributions of Age, Sex and Degree of Fatness on Preferences and Magnitude Estimations for Sucrose in Humans,"Physiology & Behavior, 22(5);999-1003, 1979.
53. De Graaf, C., E. H. Zandstra, "Sweetness Intensity and Pleasantness in Children, Adolescents, and Adults," Physiology & Behavior, 67(4):513-520, 1999.
54. Villanti, A. C., A. Richardson, D. M. Vallone, et al., "Flavored Tobacco Product Use Among U.S. Young Adults," American Journal of Preventive Medicine, 44(4):388–391,2013.
55. Corey, C. G., B. K. Ambrose, B. J. Apelberg, et al., "Flavored Tobacco Product Use Among Middle and High School Students – United States, 2014," Morbidity and Mortality Weekly Report, 64(38); 1066-1070, Oct. 2, 2015, available at http://www.cdc.gov/mmwr/pdf/wk/mm6438.pdf.
56. Regan, A. K., S. R. Dube, R. Arrazola, "Smokeless and Flavored Tobacco Products in the U.S.: 2009 Styles Survey Results," American Journal of Preventive Medicine,42(1):29-36, 2013.
57. King, B. A., S. R. Dube, M. A. Tynan, "Flavored Cigar Smoking Among U.S. Adults: Findings from the 2009-2010 Adult Tobacco Survey," Nicotine & Tobacco Research, 15(2);608-614, 2013.
58. House Rep. No. 111-58, Part 1, March 26, 2009, available at http://www.gpo.gov/fdsys/pkg/CRPT-111hrpt58/pdf/CRPT-111hrpt58-pt1.pdf.
59. Delnevo, C. D., D. P. Giovenco, B. K. Ambrose, et al., "Preference for Flavoured Cigar Brands Among Youth, Young Adults and Adults in the USA," Tobacco Control, 24(4):389-394, 2015.
60. Ambrose, B. K., H. R. Day, B. Rostron, et al., "Flavored Tobacco Product Use Among U.S. Youth Aged 12-17 Years, 2013-2014," Journal of the American Medical Association, 314(17):1871-1873, 2015.
61. Kong, G., M. E. Morean, D. A. Cavallo, et al., "Reasons for Electronic Cigarette Experimentation and Discontinuation among Adolescents and Young Adults," Nicotine &Tobacco Research, doi: 10.1093/ntr/ntu257, 2014.
62. Farsalinos, K. E., G. Romagna, D. Tsiapras, et al., "Impact of Flavour Variability on Electronic

Cigarette Use Experience: An Internet Survey," International Journal of Environmental Research & Public Health, 10(12);7272-7275 (2013), available at http://www.mdpi.com/1660-4601/10/12/7272.
63. Barbeau A. M., J. Burda, M. Siegel, "Perceived Efficacy of E-Cigarettes Versus Nicotine Replacement Therapy Among Successful E-Cigarette Users: A Qualitative Approach,"Addiction Science & Clinical Practice, 8(5), 2013.
64. Feirman, S. P., D. Lock, J. E. Cohen, et al., "Flavored Tobacco Products in the United States: A Systematic Review Assessing Use and Attitudes," Nicotine & TobaccoResearch, 2016;18(5):739-749.
65. Grana, R. L., N. Benowitz, S. A. Glantz, "Background Paper on E-Cigarettes (Electronic Nicotine Delivery Systems)," prepared for World Health Organization Tobacco Control Initiative, 2013, available at http://arizonansconcernedaboutsmoking.com/201312ecig_report.pdf.
66. Shihadeh, A., "Investigation of Mainstream Smoke Aerosol of the Argileh Water Pipe," Food and Chemical Toxicology, 41(1):143-152, 2003.
67. Kosmider, L., A. Sobczak, M. Fik, et al., "Carbonyl Compounds in Electronic Cigarette Vapors-Effects of Nicotine Solvent and Battery Output Voltage," Nicotine & Tobacco Research,16(10): 1319-1326, 2014.
68. Nonnemaker, J., B. Rostron, P. Hall, et al., "Mortality and Economic Costs From Regular Cigar Use in the United States, 2010," American Journal of Public Health, 104(9):e86-91, 2014.
69. National Cancer Institute. "Cigars: Health Effects and Trends, Smoking and Tobacco Control," Smoking and Tobacco Control Monograph 9, 1998, available at http://cancercontrol.cancer.gov/brp/tcrb/monographs/9/m9_complete.pdf.
70. Iribarren, C., I. Tekawa, S. Sidney, et al., "Effect of Cigar Smoking on the Risk of Cardiovascular Disease, Chronic Obstructive Pulmonary Disease, and Cancer in Men," The NewEngland Journal of Medicine, 340(23):1773-1780, 1999.
71. U.S. Department of Health and Human Services, "The Health Consequences of Smoking-Chronic Obstructive Lung Disease," A Report of the Surgeon General; 1984, availableat http://profiles.nlm.nih.gov/NN/B/C/C/S/.
72. Katsiki, N., S. K. Papadopoulou, A. L. Fachantidou, et al., "Smoking and Vascular Risk: Are all Forms of Smoking Harmful to all Types of Vascular Disease?," PublicHealth, 127(5):435-441, 2013.
73. Alcohol and Tobacco Tax and Trade Bureau, "Tobacco Products Statistical Releases," 2013, available at http://www.ttb.gov/statistics/13tobstats.shtml.
74. Funck-Brentano, C., M. Raphael, M. Lafontaine, et al., "Effects of Type of Smoking (Pipe, Cigars or Cigarettes) on Biological Indices of Tobacco Exposure and Toxicity,"Lung Cancer, 54(1):11-18, 2006.
75. Turner, J. A. M., R. W. Sillett, M. W. McNicol, "Effect of Cigar Smoking on Carboxyhaemoglobin and Plasma Nicotine Concentrations in Primary Pipe and Cigar Smokersand Ex-Cigarette Smokers," British Medical Journal, 2(6099):1387-1389, 1977.
76. Nutt, D. J., L. D. Phillips, D. Balfour, et al., "Estimating the Harms of Nicotine-Containing Products Using the MCDA Approach," European Addiction Research, 20(5):218-225, 2014.
77. Wald, N. J., H. C. Watt, "Prospective Study of Effect of Switching From Cigarettes to Pipes or Cigars On Mortality From Three Smoking Related Diseases," BritishMedical Journal,

314(7098):1860-1863, 1997.

78. Boffetta, P., G. Pershagen, K Jockel, et al., “Cigar and Pipe Smoking and Lung Cancer Risk: A Multicenter Study From Europe,” Journal of the National Cancer Institute,91(8):697-701, 1999.
79. Shapiro, J. A., E. J. Jacobs, and M. J. Thun, “Cigar Smoking in Men and Risk of Death From Tobacco-Related Cancers,” Journal of the National Cancer Institute, 92(4):333-337,2000.
80. McCormack, V. A., A. Agudo, C. C. Dahm, et al., “Cigar and Pipe Smoking and Cancer Risk in the European Prospective Investigation Into Cancer and Nutrition (EPIC),”International Journal of Cancer, 127(10):2402-2411, 2010.
81. Chen, J., A. Kettermann, B. L. Rostron, et al., “Biomarkers of Exposure among U.S. Cigar Smokers: An Analysis of 1999-2012 National Health and Nutrition ExaminationSurvey (NHANES) Data,” Cancer Epidemiology Biomarkers Prevention, 23(12):2906-3015,2014.
82. Chang, C. M., C. G. Corey, B. J. Rostron, et al., “Systematic Review of Cigar Smoking and all Cause and Smoking Related Mortality,” BMC Public Health, 2015, doi:10.1186/s12889-015-1617-5.
83. Shanks, T., Burns, D., “Disease Consequences of Cigar Smoking” Chapter 4 in Cigars: Health Effects and Trends, Smoking and Tobacco Control Monograph 9, 1998, 105-158,available at http://cancercontrol.cancer.gov/brp/tcrb/monographs/9/m9_4.pdf.
84. Le Houezec, J., “Role of Nicotine Pharmacokinetics in Nicotine Addiction and Nicotine Replacement Therapy: A Review,” International Journal of Tuberculosis and LungDisease, 7(9):811-819, 2003.
85. Benowitz, N., J. Hukkanen, P. Jacob, “Nicotine Chemistry, Metabolism, Kinetics and Biomarkers,” Handbook of Experimental Pharmacology, 192, 29-60, 2009.
86. Henningfield, J. E., M. Hariharan, L. T. Kozlowski, “Nicotine Content and Health Risks of Cigars,” Journal of the American Medical Association, 276(23), 1857-1858, 1996.
87. Henningfield, J. E., R. V. Fant, A. Radzius, et al., “Nicotine Concentration, Smoke pH and Whole Tobacco Aqueous pH of Some Cigar Brands and Types Popular in theUnited States,” Nicotine & Tobacco Research, 1:163-168, 1999.
88. Apelberg, B. J., C. G. Corey, A. C. Hoffman, et al., “Symptoms of Tobacco Dependence Among Middle and High School Tobacco Users: Results from the 2012 NationalYouth Tobacco Survey,” American Journal of Preventive Medicine, 47(2)Suppl 1:S4-S14, 2014.
89. Substance Abuse and Mental Health Administration, “Results from the 2012 National Survey on Drug Use and Health: Summary of National Findings,” National Survey onDrug Use and Health Series H-46, SMA13-4795, 2013.
90. Corey, C. G., B. A. King, B. N. Coleman, et al., “Little Filtered Cigar, Cigarillo, and Premium Cigar Smoking Among Adults--United States, 2012-2013,” Morbidity andMortality Weekly Report, 63(30):650-654, Aug. 1, 2014, available at http://www.cdc.gov/mmwr/pdf/wk/mm6330.pdf.
91. Gilpin, E. A., J. P. Pierce, “Patterns of Cigar Use in California in 1999,” American Journal of Preventive Medicine, 21(4):325-328, 2001.
92. Kelly, C. K., “Cigar Smoking: Risky Business,” Annals of Internal Medicine, 129(2):169, 1998.
93. Herling, S., L. T. Kozlowski, “The Importance of Direct Questions about Inhalation and Daily Intake in the Valuation of Pipe and Cigar Smokers,” Preventive Medicine,17:73-78, 1988.
94. Castleden, C. M., P. V. Cole, “Inhalation of Tobacco Smoke by Pipe and Cigar Smokers,” Lancet, 302(7819):21-22, 1973.

95. Enofe, N., C. J. Berg, E. J. Nehl, "Alternative Tobacco Use Among College Students: Who is at Highest Risk?" American Journal of Health Behavior, 38(2):180-189, 2014.
96. Kann, L., S. Kinchen, S. L. Shanklin, et al., "Youth Risk Behavior Surveillance-United States, 2013," Morbidity and Mortality Weekly Report, Surveillance Summaries, 63(4):1- 168, June 13, 2014, available at http://www.cdc.gov/mmwr/pdf/ss/ss6304.pdf.
97. Schuster, R. M., "Cigar, Cigarillo, and Little Cigar Use Among Current Cigarette-Smoking Adolescents," Nicotine & Tobacco Research, 15(5):925-931, 2013.
98. Nasim, A., M. D. Blank, B. M. Berry, et al., "Cigar Use Misreporting Among Youth: Data from the 2009 Youth Tobacco Survey, Virginia," Preventing Chronic Disease,9:110084:1-8, 2012.
99. Leatherdale, S. T., P. Rios, T. Elton-Marshall, et al., "Cigar, Cigarillo, and Little Cigar Use Among Canadian Youth: Are We Underestimating the Magnitude of this Problem?,"The Journal of Primary Prevention, 32:161-170, 2011.
100. Corey, C. G., S. R. Dube, B. K. Ambrose, et al., "Cigar Smoking Among U.S. Students: Reported Use After Adding Brands to Survey Items," American Journal of PreventiveMedicine, 47(2 Suppl 1): S28-S35, 2014.
101. Arrazola, R.A., N. M. Kulper, S. R. Dube, "Patterns of Current Use of Tobacco Products among U.S. High School Students for 2000-2012--Findings from the National YouthTobacco Survey," Journal of Adolescent Health, 54(1):54-60, 2014.
102. Soldz S., D. J. Huyser, E. Dorsey, "Youth Preferences for Cigar Brands: Rates of use and Characteristics of Users," Tobacco Control, 12:155-60, 2003.
103. Richter, P. A., L. L. Pederson, M. M. O'Hegarty, "Young Adult Smoker Risk Perceptions of Traditional Cigarettes and Nontraditional Tobacco Products," American Journalof Health Behavior, 30(3):302-312, 2006.
104. Wyss, A., M. Hashibe, S. C. Chuang, "Cigarette, Cigar, and Pipe Smoking and theRisk of Head and Neck Cancers: Pooled Analysis in the International Head and Neck Cancer Epidemiology Consortium," American Journal of Epidemiology, 178(5):679-690, 2013.
105. Chao, A., M. J. Thun, S. J. Henley, et al., "Cigarette Smoking, Use of Other Tobacco Products and Stomach Cancer Mortality in US Adults: The Cancer Prevention Study II," International Journal of Cancer, 101(4):380-389, 2002.
106. Agaku, I. T., B. A. King, C. G. Husten, et al., "Tobacco Product Use Among Adults--United States," Morbidity and Mortality Weekly Report, 63(25); 542-547, June 27, 2014, available at http://www.cdc.gov/mmwr/pdf/wk/mm6325.pdf.
107. Polosa, R., J. B. Morjaria, P. Caponnetto, et al., "Effectiveness and Tolerability of Electronic Cigarette in Real-Life: A 24-Month Prospective Observational Study," Internal andEmergency Medicine, 9(5):537-546, 2013.
108. Corey, C., B. Wang, S. E. Johnson, et al., "Electronic Cigarette use Among Middle and High School Students - United States, 2011-2012," Morbidity and Mortality WeeklyReport, 62(35); 729-730, Sept. 6, 2013, available at http://www.cdc.gov/mmwr/pdf/wk/mm6235.pdf.
109. Farsalinos, K. E., G. Romagna, D. Tsiapras, et al., "Characteristics, Perceived Side Effects and Benefits of Electronic Cigarette Use: A Worldwide Survey of More than19,000 Consumers," International Journal of Environmental Research and Public Health,11(4):4356-4373, 2014.
110. John Britton and IIze Bogdanovica, "Electronic Cigarettes: A Report Commissioned by Public Health England," Public Health England, May 2014.

111. Vardavas, C. I., F. Filippidis, I. T. Agaku, "Determinants and Prevalence of ECigarette use Throughout the European Union: A Secondary Analysis of 26 566 Youth and Adults from 27 Countries," Tobacco Control, 24(5):442-448, 2015.
112. Kalkhoran S,, S. A. Glantz, "E-Cigarettes and Smoking Cessation in Real-World and Clinical Settings: A Systematic Review and Meta-Analysis," Lancet Respir Med., 2016 Jan 13. pii: S2213-2600(15)00521-4. doi: 10.1016/S2213-2600(15)00521-4. [Epub ahead of print].
113. Bunnell, R. E., I. T. Agaku, R. A. Arrazola, et al., "Intentions to Smoke Cigarettes Among Never-Smoking US Middle and High School Electronic Cigarette Users: National Youth Tobacco Survey, 2011-2013," Nicotine & Tobacco Research, 17(2):228–235, 2015.
114. Farsalinos, K. E., A. Spyrou, K. Tsimopoulou, et al., "Nicotine Absorption from Electronic Cigarette Use: Comparison Between First and New-Generation Devices," ScientificReports, 4: 4133, 2014.
115. Camenga, D. R., J. Delmerico, G. Kong, et al., "Trends in Use of Electronic Nicotine Delivery Systems by Adolescents," Addictive Behaviors, 39:338-340, 2014.
116. Dutra, L. M., S. A. Glantz, "Electronic Cigarettes and Conventional Cigarette UseAmong US Adolescents: A Cross-Sectional Study," JAMA Pediatrics, 168(7):610-617, 2014.
117. Palazzolo, D. L., "Electronic Cigarettes and Vaping: A New Challenge in Clinical Medicine and Public Health. A Literature Review," Frontiers in Public Health, 1(56):1-20, 2013.
118. Kim, H. J., H. S. Shin, "Determination of Tobacco-Specific Nitrosamines in Replacement Liquids of Electronic Cigarettes by Liquid Chromatography-Tandem MassSpectrometry," Journal of Chromatography A, 1291:48-55, 2013.
119. Hutzler, C., M. Paschke, S. Kruschinski, et al., "Chemical Hazards Present in Liquids and Vapors of Electronic Cigarettes," Archives of Toxicology, 88(7):1295-1308, 2014.
120. Ohta K, S. Uchiyama, Y. Inaba, et al., "Determination of Carbonyl Compounds Generated From the Electronic Cigarette Using Coupled Silica Cartridges Impregnated withHydroquinone and 2,4-Dinitrophenylhydrazine," Bunseki Kagaku, 60:791–797, 2011.
121. Uchiyama S, Y. Inaba, N. Kunugita, "Determination of Acrolein and Other Carbonyls in Cigarette Smoke using Coupled Silica Cartridges Impregnated with Hydroquinoneand 2,4-Dinitrophenylhydrazine," Journal of Chromatography A, 217(26):4383–4388, 2010.
122. Goniewicz, M. L., J. Knysak, M. Gawron, et al., "Levels of Selected Carcinogensand Toxicants in Vapour from Electronic Cigarettes," Tobacco Control, 23(2):133-139, 2014.
123. Farsalinos, K. E., K. A. Kistler, G. Gilman, et al., "Evaluation of Electronic Cigarette Liquids and Aerosol for the Presence of Selected Inhalation Toxins," Nicotine &Tobacco Research, 17(2):168-174, 2015.
124. U.S. Department of Labor, "Occupational Exposure to Flavoring Substances: Health Effects and Hazard Control," SHIB 10-14-2010, available at https://www.osha.gov/dts/shib/shib10142010.html.
125. Allen, J. G., S. S. Flanigan, M. Leblanc, et al., "Flavoring Chemicals in ECigarettes:Diacetyl 2, 3-Pentanedione, and Acetoin in a Sample of 51 Products, Including Fruit-,Candy-, and Cocktail-Flavored E-Cigarettes," Environmental Health Perspectives,DOI10.1289/ehp.1510185, Dec. 8, 2015.
126. Tierney, P. A., C. D. Karpinski, J. E. Brown, et al., "Flavour Chemicals in Electronic Cigarette Fluids," Tobacco Control, doi:10.1136/tobaccocontrol-2014-052175, Apr.15, 2015.

127. Behar, R. Z., B. Davis, Y. Wang, et al., "Identification of Toxicants in Cinnamon-Flavored Electronic Cigarette Refill Fluids," Toxicology In Vitro, 28(2):198-208, 2014.
128. Jensen, R. B., W. Luo, J. F. Panko, "Hidden Formaldehyde in E-Cigarette Aerosols," (Correspondence.) New England Journal of Medicine, 2015; 372:392-394.
129. Gillman I. G., K.. A. Kistler, E. W. Stewart, et al., "Effect of variable power levels on the yield of total aerosol mass and formation of aldehydes in e-cigarette aerosols,"Regulatory Toxicology and Pharmacology, Dec. 29, 2015;75:58-65. doi: 10.1016/j.yrtph.2015.12.019. [Epub ahead of print].
130. Vansickel, A. R., C. O. Cobb, M. F. Weaver, et al., "A Clinical Laboratory Model for Evaluating the Acute Effects of Electronic "Cigarettes": Nicotine Delivery Profile andCardiovascular and Subjective Effects," Cancer Epidemiology Biomarkers Prevention, 19(8):1945-1953, 2010.
131. McNeill, A., L. S. Brose, R. Calder, et al., "E-Cigarettes: An Evidence Update," Public Health England, August 2015, available at https://www.gov.uk/government/uploads/system/uploads/attachment_data/file/457102/Ecigarette s_an_evidence_update_A_report_commissioned_by_Public_Health_England_FINAL.pdf.
132. Hajek, P., J. F. Etter, N. Benowitz, et al., "Electronic Cigarettes: Review of Use, Content, Safety, Effects on Smokers and Potential for Harm and Benefit," Addiction, 109(11):1801-1810, 2014.
133. E-Cigarettes: Public Health England's Evidence-Based Confusion, Lancet, 29;386(9996):829, 2015. (Editorial; no authors listed.)
134. McKee M., S. Capewell, "Evidence about Electronic Cigarettes: A Foundation Built on Rock or Sand?," BMJ, 2015 Sep 15;351:h4863.
135. Farsalinos, K., "Electronic Cigarette Aerosol Contains 6 Times LESS Formaldehyde Than Tobacco Cigarette Smoke," November 27, 2014, available at http://www.ecigarette-research.com/web/index.php/2013-04-07-09-50-07/2014/188-frm-jp.
136. Hecht, S. S., S. G. Carmella, D. Kotandeniya, et al., "Evaluation of Toxicant and Carcinogen Metabolites in the Urine of E-Cigarette Users Versus Cigarette Smokers," Nicotine& Tobacco Research, 17(6):704-709, 2015.
137. Caponnetto, P., D. Campagna, F. Cibella, et al., "EffiCiency and safety of an eLectronic cigAreTtes (ECLAT) as Tobacco Cigarettes Substitute: A Prospective 12-MonthRandomized Control Design Study," PLOS One, 8(6):e0066317, 2013.
138. Chen, I-L., "FDA Summary of Adverse Events on Electronic Cigarettes," Nicotine & Tobacco Research, 15(2):615-616, 2013.
139. Dawkins, L., J. Turner, A. Roberts, et al., "Vaping' Profiles and Preferences: An Online Survey of Electronic Cigarette Users," available at http://roar.uel.ac.uk/1875/1/2013_Dawkins_e-cig_survey.pdf.
140. Farsalinos, K., G. Romagna, "Chronic Idiopathic Neutrophilia in a Smoker, Relieved after Smoking Cessation with the Use of Electronic Cigarette: A Case Report," ClinicalMedical Insights: Case Reports, 6:15-21, 2013.
141. Farsalinos, K., D. Tsiapras, S. Kyrzopoulos, et al., "Immediate Effects of Electronic Cigarette Use on Coronary Circulation and Blood Carboxyhemoglobin Levels:Comparison with Cigarette Smoking," European Heart Journal, 34(suppl1); 13, 2013.
142. Callahan-Lyon, P., "Electronic Cigarettes: Human Health Effects," Tobacco Control, 23 Suppl. 2:ii36-ii40, 2014.
143. Spindle, T., A. Breland, N. Karaoghlanian, et al., "Preliminary Results of an Examination of

Electronic Cigarette Use Puff Topography: The Effect of a Mouthpiece-BasedTopography Measurement Device on Plasma Nicotine and Subjective Effects," Nicotine &Tobacco Research,17(2):142-149, 2015.

144. Flouris, A. D., K. P. Poulianiti, M. S. Chorti, et al., "Acute Effects of Electronic and Tobacco Cigarette Smoking on Complete Blood Count," Food and Chemical Toxicology,50(10):3600-3603, 2012.

145. Chorti, M., K. Poulianti, A. Jamurtas, et al., "Effects of Active and Passive Electronic and Tobacco Cigarette Smoking on Lung Function," Toxicology Letters, 21(1S):64,2012.

146. Goniewicz, M. L., P. Hajek, H. McRobbie, "Nicotine Content of Electronic Cigarettes, its Release in Vapour and its Consistency Across Batches: Regulatory Implications,"Addiction, 109(3):500-507, 2013.

147. Cheng, T., "Chemical Evaluation of Electronic Cigarettes," Tobacco Control, 23 Suppl. 2:ii11-ii17, 2014.

148. Adriaens, K., G. D. Van, P. Declerck, et al., "Effectiveness of the Electronic Cigarette: An Eight-Week Flemish Study with Six-Month Follow-up on Smoking Reduction,Craving and Experienced Benefits and Complaints," International Journal of EnvironmentalResearch and Public Health, 11(11), 11220-11248. doi: ijerph111111220 [pii];10.3390/ijerph111111220 [doi], 2014.

149. McRobbie, H., A. Phillips, M. L. Goniewicz, et al., "Effects of Switching to Electronic Cigarettes with and without Concurrent Smoking on Exposure to Nicotine, CarbonMonoxide, and Acrolein," Cancer Prevention Research, 8(9):873-878, 2015, doi: 10.1158/1940-6207.

150. Pacifici, R., S. Pichini, S. Graziano, et al., "Successful Nicotine Intake in MedicalAssisted Use of E-Cigarettes: A Pilot Study," International Journal of Environmental ResearchPublic Health, 12(7), 7638-7646, 2015, doi: ijerph120707638 [pii];10.3390/ijerph120707638[doi].

151. Grana, R. A., P. M. Ling, "Smoking Revolution": A Content Analysis of Electronic Cigarette Retail Websites," American Journal of Preventive Medicine, 46(4):395-403,2014.

152. Schober, W., K. Szendrei K, W. Matzen, et al., "Use of Electronic Cigarettes (ECigarettes) Impairs Indoor Air Quality and Increases FeNO Levels of E-Cigarette Consumers," International Journal of Hygiene and Environmental Health, 217(6):628-637, 2014.

153. McAuley, T. R., P. K. Hopke, J. Zhao, et al., "Comparison of the Effects of ECigaretteVapor and Cigarette Smoke on Indoor Air Quality," Inhalation Toxicology, 24(12):850-57, 2012.

154. Cheah, N. P., N. W. Chong, J. Tan, et al., "Electronic Nicotine Delivery Systems: Regulatory and Safety Challenges: Singapore Perspective," Tobacco Control, 23(2):119-125,2012.

155. Williams, M., A. Villareal, K. Bozhilov, et al., "Metal and Silicate Particles Including Nanoparticles are Present in Electronic Cigarette Cartomizer Fluid and Aerosol,"PLOS One, 8(3):1-11, 2013.

156. Schripp, T., D. Markewitz, E. Uhde, et al., "Does E-Cigarette Consumption CausePassing Vaping?," Indoor Air, 23(1):25-31, 2013.

157. Flouris A. D., M. S. Chorti, K. P. Poulianiti, et al., "Acute Impact of Active and Passive Electronic Cigarette Smoking on Serum Cotinine and Lung Function," InhalationToxicology, 25(2):91-101, 2013.

158. Pellegrino, R. M., B. Tinghino, G. Mangiaracina, et al., "Electronic Cigarettes: AnEvaluation of Exposure to Chemicals and Fine Particulate Matter (PM)," Annali Di Igiene:Medicina Preventiva e Di Comunita, 24(4):279-288, 2012.

159. Romagna, G., L. Zabarini, L. Barbiero, et al., "Characterization of Chemicals Released to the

Environment by Electronic Cigarettes Use, (ClearStream-AIR project): is PassiveVaping a Reality?," Society for Research on Nicotine and Tobacco, vol. 1, 2012.
160. Laugesen, M., "Ruyan E-Cigarette Bench-Top Tests," Society for Research on Nicotine and Tobacco, Poster 5-11, April 30, 2009.
161. Werley, M. S., P. McDonald, P. Lilly, et al., "Non-Clinical Safety and Pharmacokinetic Evaluations of Propylene Glycol Aerosol in Sprague-Dawley Rats and BeagleDogs," Toxicology, 287(1-3):76-90, 2011.
162. Burstyn, I., "Peering Through the Mist: Systematic Review of What the Chemistry of Contaminants in Electronic Cigarettes Tells us About Health Risks," BMC PublicHealth, 14:18, 2014.
163. WHO Framework Convention on Tobacco Control, Electronic Nicotine Delivery Systems, Sept. 2014, available at http://apps.who.int/gb/fctc/PDF/cop6/FCTC_COP6_10Rev1-en.pdf?ua=1.
164. Chatham-Stephens K., R. Law, E. Taylor, et al., "Notes from the Field: Calls to Poison Centers for Exposures to Electronic Cigarettes--United States, September 2010-February 2014," Morbidity and Mortality Weekly Report, 63(13); 292-293, Apr 4, 2014, available athttp://www.cdc.gov/mmwr/preview/mmwrhtml/mm6313a4.htm.
165. Vakkalanka, J. P., L. S. Hardison, Jr., C. P. Holstege, "Epidemiological Trends in Electronic Cigarette Exposures Reported to U.S. Poison Centers," Clinical Toxicology, 52(5):542-548, 2014.
166. Smolinske, S. C., D. G. Spoerke, S. K. Spiller, et al., "Cigarette and Nicotine Chewing Gum Toxicity in Children," Human Toxicology, 7(1):27-31, 1988.
167. Benowitz, N. L., T. Lake, K. H. Keller, et al., "Prolonged Absorption with Development of Tolerance to Toxic Effects After Cutaneous Exposure to Nicotine," ClinicalPharmacology Therapeutics, 42(1):119-120, 1987.
168. Mowry, J. B., D. A. Spyker, L. R. Cantilena, et al., "2012 Annual Report of the American Association of Poison Control Centers' National Poison Data System (NPDS): 30thAnnual Report," Clinical Toxicology, 51(10):949-1229, 2013.
169. Grando, S. A., "Connections of Nicotine to Cancer," Nature Reviews Cancer, 14(6), 419–429, 2014.
170. Trehy, M. L., W. Ye, M. E. Hadwiger, et al., "Analysis of Electronic Cigarette Cartridges, Refill Solutions, and Smoke for Nicotine and Nicotine Related Impurities," Journalof Liquid Chromatography & Related Technologies, 34(14):1442-1458, 2011.
171. Vansickel A. R., T. Eissenberg, "Electronic Cigarettes: Effective Nicotine Delivery after Acute Administration," Nicotine & Tobacco Research, 15(1):267-270, 2013.
172. Mayer, B., "How Much Nicotine Kills a Human? Tracing Back the Generally Accepted Lethal Dose to Dubious Self-Experiments in the Nineteenth Century," Archives ofToxicology, 88(1):5-7, 2014.
173. U.S. Department of Health and Human Services, "Tobacco Regulatory Science Program, Research Priorities" (last updated 3/26/14), available at: https://prevention.nih.gov/tobacco-regulatory-science-program/research-priorities.
174. Bassett, R. A., K. Osterhoudt, T. Brabazon, "Nicotine Poisoning in an Infant," New England Journal of Medicine, 370(23):2249-2250, 2014.
175. G. Mahoney, "First Child's Death From Liquid Nicotine Reported As 'Vaping' Gains Popularity," available at http://abcnews.go.com/Health/childs-death-liquid-nicotinereported-vaping-gains-popularity/story?id=27563788.
176. Harvard T.H. Chan School of Public Health, "Americans' Perspectives on Ecigarettes,"Stat,

October 2015, available at https://cdn1.sph.harvard.edu/wpcontent/uploads/sites/94/2015/11/Stat-Harvard-Poll-Oct-2015-Americans-Perspectives-on-ECigarettes.pdf.

177. King, A. C., L. K. Smith, P. J. McNamara, et al., "Passive Exposure to Electronic Cigarette (E-Cigarette) Use Increases Desire for Combustible and E-Cigarettes in Young AdultSmokers," Tobacco Control, 24(5): 501-504, 2015.
178. Adkison, S. E., et al., "Electronic Nicotine Delivery Systems: International Tobacco Control Four-Country Survey," American Journal of Preventive Medicine, 44(3):207-215, 2013.
179. Etter, J. F., C. Bullen, "A Longitudinal Study of Electronic Cigarette Users," Addictive Behaviors, 39(2):491-494, 2014.
180. Brown, J., E. Beard, D. Kotz, et al., "Real-World Effectiveness of E-Cigarettes When Used to Aid Smoking Cessation: A Cross-Sectional Population Study," Addiction,109(9):1531-1540, 2014.
181. Lechner, W. V., A. P. Tackett, et al., "Effects of Duration of Electronic Cigarette Use," Nicotine & Tobacco Research,17(2):180-185 (2015).
182. Polosa, R., P. Caponnetto, J. B. Morjaria, et al., "Effect of an Electronic Nicotine Delivery Device (E-Cigarette) on Smoking Reduction and Cessation: A Prospective 6-monthPilot Study," BMC Public Health, 11:786, 2011.
183. Caponetto P., R. Auditore, C. Russo, et al., "Impact of an Electronic Cigarette on Smoking Reduction and Cessation in Schizophrenic Smokers: A Prospective 12-Month PilotStudy," International Journal of Environmental Research Public Health, 10(2):4446-461, 2013.
184. Bullen, C., C. Howe, M. Laugesen, et al., "Electronic Cigarettes for Smoking Cessation: A Randomised Controlled Trial," The Lancet, 382(9905):1629-1637, 2013.
185. Siu AL; U.S. Preventive Services Task Force. "Behavioral Counseling and Pharmacotherapy Interventions for Tobacco Smoking Cessation in Adults, Including PregnantWomen: A Review of Reviews for U.S. Preventive Services Task Force Recommendation Statement," Annals of Internal Medicine, Oct. 20, 2015;163(8):622-34, available at http://annals.org/data/Journals/AIM/934607/0000605-201510200-00009.pdf.
186. McRobbie H., C. Bullen, J. Hartmann-Boyce, et al., "Electronic Cigarettes for Smoking Cessation and Reduction," Cochrane Database Syst. Rev., 12:CD010216, 2014.
187. Rahman M. A., N. Hann, A. Wilson, et al., "E-Cigarettes and Smoking Cessation: Evidence from a Systematic Review and Meta-Analysis," PLoS One, 2015; 10: e0122544.
188. Gmel, G., S. Baggio, M. Mohler-Kuo, et al., "E-Cigarette Use in Young Swiss Men: Is Vaping an Effective Way of Reducing or Quitting Smoking?," Swiss Medical Weekly, Jan. 11, 2016;146:w14271. doi: 10.4414/smw.2016.14271.
189. Steinberg, M. D., M. H. Zimmermann, C. D. Delnevo, et al., "E-Cigarette Versus Nicotine Inhaler: Comparing the Perceptions and Experiences of Inhaled Nicotine Devices,"Journal of General Internal Medicine, 29(11):1444-1450, 2014.
190. Farsalinos, K., G. Romagna, D. Tisapras, et al., "Evaluating Nicotine Levels Selection and Patterns of Electronic Cigarette Use in a Group of 'Vapers' Who Had AchievedComplete Substitution of Smoking," Substance Abuse: Research and Treatment, 7:139-146, 2013.
191. Caponnetto, P., R. Polosa, C. Russo, et al., "Successful Smoking Cessation with Electronic Cigarettes in Smokers with a Documented History of Recurring Relapses: A CaseSeries," Journal of Medical Case Reports, 5:585, 2011.
192. Etter, J.-F., C. Bullen, "Electronic Cigarette: Users Profile, Utilization, Satisfaction and Perceived

Efficacy," Addiction, 106: 2017–2028, 2011.

193. Lippert, A. M., "Do Adolescent Smokers Use E-Cigarettes to Help Them Quit? The Sociodemographic Correlates and Cessation Motivations of U.S. Adolescent E-CigaretteUse," American Journal of Health Promotion, 29(6): 374-379, 2014.
194. Richardson, A., V. Williams, J. Rath, et al., "The Next Generation of Users: Prevalence and Longitudinal Patterns of Tobacco Use Among US Young Adults," AmericanJournal of Public Health, 104(8):1429-1436, 2014.
195. Kram, Y., R. C. Klesges, J. O. Ebbert, et al., "Dual Tobacco User Subtypes in the U.S. Air Force: Dependence, Attitudes, and Other Correlates of Use," Nicotine & TobaccoResearch, 16(9):1216-1223, 2014.
196. Schroeder, M. J., A. C. Hoffman, "Electronic Cigarettes and Nicotine Clinical Pharmacology," Tobacco Control, 23:Supp. 2:ii30-ii35, 2014.
197. Rath, J. M., A. C. Villanti, D. B. Abrams, et al., "Patterns of Tobacco use and Dual use in US Young Adults: The Missing Link Between Youth Prevention and Adult Cessation," Journal of Environmental and Public Health, 1-9, 2012.
198. Zhu, S. H., A. Gamst, M. Lee, et al., "The Use and Perception of Electronic Cigarettes and Snus Among the U.S. Population," PLOS One, 8(10):e79332, 2013.
199. Vickerman, K. A., K. M. Carpenter, T. Altman, et al., "Use of Electronic Cigarettes Among State Tobacco Cessation Quitline Callers," Nicotine & Tobacco Research,15(10):1787–1791, 2013.
200. Williams, M., P. Talbot, "Variability Among Electronic Cigarettes in the Pressure Drop, Airflow Rate, and Aerosol Production," Nicotine & Tobacco Research, 13(12): 1276-1283, 2011.
201. Trtchounian, A., M. Williams, P. Talbot, "Conventional and Electronic Cigarettes (E-Cigarettes) Have Different Smoking Characteristics," Nicotine & Tobacco Research,12(9):905-912, 2010.
202. Eissenberg, T., "Electronic Nicotine Delivery Devices: Ineffective Nicotine Delivery and Craving Suppression after Acute Administration," Tobacco Control, 19(1): 87-88,2010.
203. Primack B. A., S. Soneji, M. Stoolmiller, et al. "Progression to Traditional Cigarette Smoking After Electronic Cigarette Use Among US Adolescents and Young Adults,"JAMA Pediatrics, 169(11):1018-1023, 2015.
204. Deeming Tobacco Products to be Subject to the Food, Drug, and Cosmetic Act, asAmended by the Family Smoking Prevention and Tobacco Control Act; Regulations Restrictingthe Sale and Distribution of Tobacco Products and Required Warning Statements for TobaccoProduct Packages and Advertisements; Final Rule: Final Regulatory Impact Analysis; FinalRegulatory Flexibility Analysis; Final Unfunded Mandates Analysis.
205. Al-Wadei, H. A., M. H. Al-Wadei, H. M. Schuller, "Cooperative Regulation of Non-Small Cell Lung Carcinoma by Nicotinic and Beta-Adrenergic Receptors: A Novel Targetfor Intervention," PLOS One, 7(1):e29915, 2012.
206. Hukkanen, J., P. Jacob, III, N. L. Benowitz, "Metabolism and Disposition Kinetics of Nicotine," Pharmacological Reviews, 57(1):79-115, March 2005.
207. Goriounova, N. A., H. D. Mansvelder, "Short- and Long-Term Consequences of Nicotine Exposure during Adolescence for Prefrontal Cortex Neuronal Network Function," ColdSpring Harbor Perspectives in Medicine, 2(12):1-15, 2012.
208. Spear, L. P., "The Adolescent Brain and Age-Related Behavioral Manifestations," Neuroscience and Biobehavioral Reviews, 24(4):417-463, 2000.

209. Sturman, D. A., B. Moghaddam, "Striatum Processes Reward Differently in Adolescents versus Adults," Proceedings of the National Academy of Sciences of the UnitedStates, 109(5):1719-1724, 2012.

210. Adriana, W., S. Spijker, V. Deroche-Gamonet, et al., "Evidence for Enhanced Neurobehavioral Vulnerability to Nicotine During Periadolescence in Rats," Journal ofNeuroscience, 23(11):4712-4716, 2003.

211. O'Dell, L. E., A. W. Bruijnzeel, R. T. Smith, et al., "Diminished Nicotine Withdrawal in Adolescent Rats: Implications for Vulnerability to Addiction," Psychopharmacology, 186(4):612-619, 2006.

212. DiFranza, J. R., N. A. Rigotti, A. D. McNeill, et al., "Initial Symptoms of Nicotine Dependence in Adolescents," Tobacco Control, 9(3):313-319, 2000.

213. Prabbhat, J., F. Chaloupka, "Curbing the Epidemic: Governments and the Economics of Tobacco Control," The World Bank, Tobacco Control, 8:196-201, 1999.

214. Poorthuis, R. B., N. A. Goriounova, J. J. Couey, et al., "Nicotinic Actions on Neuronal Networks for Cognition: General Principles and Long-Term Consequences," Biochemical Pharmacology, 78(7):668-676, 2009.

215. Connolly, G. N., P. Richter, A. Aleguas Jr., et al., "Unintentional Child Poisonings Through Ingestion of Conventional and Novel Tobacco Products," Pediatrics, 125:896–899, 2010.

216. Brinkman, M. C, S. S. Buehler, M. E. Tefft, et al., "Chemical Characterization of New Oral Tobacco Products" (Funding Source: NIH/NIDA), available at www.batelle.org.

217. Mishina, E. V., A. C. Hoffman, "Clinical Pharmacology Research Strategy for Dissolvable Tobacco Products," Nicotine & Tobacco Research, 16(3):253-262, 2014.

218. Stepanov, I., J. Jensen, D. Hatsukami, et al., "Tobacco-Specific Nitrosamines in New Tobacco Products," Nicotine & Tobacco Research, 8(2):309-313, 2006.

219. Cobb, C. O., M. F. Weaver, T. Eissenberg, "Evaluating the Acute Effects of Oral, Non-Combustible Potential Reduced Exposure Products Marketed to Smokers," Tobacco Control, 19:367-373, 2010.

220. McBride, J. S., D. G. Altman, M. Klein, et al., "Green Tobacco Sickness," Tobacco Control, 7:294-298, 1998.

221. Henley, S. J., M. J. Thun, A. Chao, et al., "Association Between Exclusive Pipe Smoking and Mortality From Cancer and Other Diseases," Journal of the National CancerInstitute, 96(11):853-861, 2004.

222. U.S. Department of Health and Human Services, "Reducing the Health Consequences of Smoking, 25 Years of Progress," A Report of the Surgeon General; 1989,available at http://profiles.nlm.nih.gov/NN/B/B/X/S/.

223. Cobb, C. O., Y. Khader, A. Nasim, et al., "A Multiyear Survey of Waterpipe and Cigarette Smoking on a US University Campus," Journal of American College Health, 60(7):521-527, 2012.

224. Jarrett, T., J. Blosnich, C. Tworek, et al., "Hookah use Among U.S. College Students: Results From the National College Health Assessment II," Nicotine & TobaccoResearch, 14(10):1145-1153, 2012.

225. King, B. A., S. R. Dube, M. A. Tynan, "Current Tobacco Use Among Adults in the United States: Findings From the National Adult Tobacco Survey," American Journal ofPublic Health, 102(11):e93-e100, 2012.

226. Schubert, J., V. Heinke, J. Bewersdorff, et al., "Waterpipe Smoking: The Role of Humectants in the Release of Toxic Carbonyls," Archives of Toxicology, 86(8):1309-1316,2012.

227. Schubert, J., J. Hahn, G. Dettbarn, et al., "Mainstream Smoke of the Waterpipe: Does this Environmental Matrix Reveal as Significant Source of Toxic Compounds?" Toxicology Letters, 205(3):279-284, 2011.
228. Martinasek, M. P., K. D. Ward, A. V. Calvanese, "Change in Carbon Monoxide Exposure Among Waterpipe Bar Patrons," Nicotine & Tobacco Research, 16(7):1014-1019,2014.
229. Shihadeh, A., R. Saleh, "Polycyclic Aromatic Hydrocarbons, Carbon Monoxide, "Tar", and Nicotine in the Mainstream Smoke Aerosol of the Narghile Waterpipe," Food and Chemical Toxicology, 43(5):655-661, 2005.
230. Jacob, P., A. H. A. Raddaha, D. Dempsey, et al., "Nicotine, Carbon Monoxide, and Carcinogen Exposure After a Single Use of a Waterpipe," Cancer Epidemiology, Biomarkers & Prevention, 20(11):2345-2353, 2011.
231. Dar, N., G. Bhat, I. Shah, et al., "Hookah Smoking, Nass Chewing, and Oesophageal Squamous Cell Carcinoma in Kashmir, India," British Journal of Cancer, 107,1618-1623, 2012.
232. Koul, P. A., M. R. Hajni, M. A. Sheikh, et al., "Hookah Smoking and Lung Cancer in the Kashmir Valley of the Indian Subcontinent," Asian Pacific Journal of CancerPrevention, 12(2):519-524, 2011.
233. Akl, E. A., S. Gaddam, S. K. Gunukula, et al., "The Effects of Waterpipe TobaccoSmoking on Health Outcomes: A Systematic Review," International Journal of Epidemiology, 39(3):834-857, 2010.
234. Khabour, O. F., K. H. Alzoubi, M. Bani-Ahmad, et al., "Acute Exposure to Waterpipe Tobacco Smoke Induces Changes in the Oxidative and Inflammatory Markers inMouse Lung," Inhalation Toxicology, 24(10):667-675, 2012.
235. Rammah, M., F. Dandachi, R. Salman, et al., "In Vitro Cytotoxicity and Mutagenicity of Mainstream Waterpipe Smoke and its Functional Consequences on AlveolarType II Derived Cells," Toxicology Letters, 211(3):220-231, 2012.
236. Rammah, M., F. Dandachi, R. Salman, et al., "In Vitro Effects of Waterpipe Smoke Condensate on Endothelial Cell Function: A Potential Risk Factor for Vascular Disease," Toxicology Letters, 219(2):133-142, 2013.
237. WHO Tobacco Regulatory Advisory, "Waterpipe Tobacco Smoking: Health Effects, Research Needs, And Recommended Actions By Regulators," World Health Organization, Tobacco Free Initiative, 2005.
238. Cobb, C. O., A. Shihadeh, M. F. Weaver, et al., "Waterpipe Tobacco Smoking And Cigarette Smoking: A Direct Comparison Of Toxicant Exposure And Subjective Effects," Nicotine & Tobacco Research, 13(2):78-87, 2011.
239. Blank, M. D., C. O. Cobb, B. Kilgalen, et al., "Acute Effects of Waterpipe Tobacco Smoking: A Double-Blind, Placebo-Control Study," Drug and Alcohol Dependence,116(1-3):102-109, 2011.
240. Rastam, S., T. Eissenberg, I. Ibrahim, et al., "Comparative Analysis of Waterpipe and Cigarette Suppression of Abstinence and Craving Symptoms," Addictive Behaviors,36(5):555-559, 2011.
241. Aljarrah, K., Z. Q. Ababneh, W. K. Al-Delaimy, "Perceptions of Hookah Smoking Harmfulness: Predictors and Characteristics Among Current Hookah Users," TobaccoInduced Diseases, 5(1):16, 2009.
242. Office of Management and Budget, "Establishment Registration and Product Listing for Tobacco Products," 2014, available at http://www.reginfo.gov/public/do/eAgendaViewRule?pubId=

percent20 percent20201404&RIN=0910-AG89#.
243. Kline, R. L., "Tobacco Advertising after the Settlement: Where we are and What Remains to be Done," Kansas Journal of Law & Public Policy, 9(4), 2000.
244. Ahmad, S., J. Billimek, "Limiting Youth Access to Tobacco: Comparing the Long-Term Health Impacts of Increasing Cigarette Excise Taxes and Raising the Legal SmokingAge to 21 in the United States," Health Policy, 80, 378–391, 2007.
245. Institute of Medicine of the National Academies, "Public Health Implications of Raising the Minimum Age of Legal Access to Tobacco Products," 2015, available at http://iom.nationalacademies.org/Reports/2015/TobaccoMinimumAgeReport.aspx.
246. Benowitz, N., "Pharmacologic Aspects of Cigarette Smoking and Nicotine Addiction," The New England Journal of Medicine, 319(20):1318-1330, 1988.
247. Stolerman, I. P., M. Shoaib, "The Neurobiology of Tobacco Addiction," Trends inPharmacological Sciences, 12:467-473, 1991.
248. Watkins, S. S., G. F. Koob, A. Markou, "Neural Mechanisms Underlying Nicotine Addiction: Acute Positive Reinforcement and Withdrawal," Nicotine & TobaccoResearch, 2(1):19-37, 2000.
249. Dani, J. A., D. Ji, F. M. Zhou, "Synaptic Plasticity and Nicotine Addiction," Neuron, 31(3):349-352, 2001.
250. Hammond, D., G. T. Fong, A. McNeill, et al., "Effectiveness of Cigarette Warning Labels In Informing Smokers About The Risks of Smoking: Findings from theInternational Tobacco Control (ITC) Four Country Survey," Tobacco Control, 15 Suppl III:iii19-iii25, 2006.
251. Moodie, C., A. M. MacKintosh, D. Hammond, "Adolescents' Response to Text-Only Tobacco Health Warnings: Results from the 2008 UK Youth Tobacco Policy Survey,"European Journal of Public Health, 20(4):463-469, 2010.
252. Kollath-Cattano, C. L., E. N. Abad-Vivero, J. F. Thrasher, et al., "Adult Smokers' Responses to 'Corrective Statements' Regarding Tobacco Industry Deception," American Journal of Preventive Medicine, 47(1):26-36, 2014.
253. WHO Report on the Global Tobacco Epidemic, 2011, available at http://whqlibdoc.who.int/publications/2011/9789240687813_eng.pdf?ua=1.
254. Wagner, C., "Color Cues," Philip Morris, Bates nos. 2080518171 thru 2080518175, 1990, available at http://legacy.library.ucsf.edu/tid/xkn86c00.
255. Bockweg, T., N. Chapple, C. Cornell, et al., "Color Documentation for Doral Packaging Colors," RJ Reynolds, 2001, available at http://legacy.library.ucsf.edu/tid/hsu14j00,523767658-7692.
256. European Health Research Partnership and Centre for Tobacco Control Research, "Research into the Labelling of Tobacco Products in Europe," A Research Report Submitted tothe European Commission, December 2002, available at http://www.tma.org/tmalive/Html/Advertisements/Reference_151_Research_into_the_Labelling_of_Tobacco_Products_in_Europe.pdf.
257. Portillo, F. and F. Antonanzas, "Information Disclosure and Smoking Risk Perceptions: Potential Short-Term Impact on Spanish Students of the New European UnionDirective on Tobacco Products," European Journal of Public Health, 12(4):295–301, 2002.
258. Truitt, L., W. L. Hamilton, P. R. Johnson, et al. "Recall of Health Warnings in Smokeless Tobacco Ads," Tobacco Control, 11:ii59-ii63, 2002.
259. Latimer, L. A., M. Batanova, A. Loukas, "Prevalence and Harm Perceptions of Various Tobacco Products Among College Students," Nicotine & Tobacco Research, 16(5):519-526, 2014.

260. Smith, J. R., T. E. Novotny, S. D. Edland, et al., "Determinants of Hookah Use Among High School Students," Nicotine & Tobacco Research, 13(7):565-72, 2011.
261. Berg C. J., E. Stratton, G. L. Schauer, et al., "Perceived Harm, Addictiveness, andSocial Acceptability of Tobacco Products and Marijuana Among Young Adults: Marijuana,Hookah, and Electronic Cigarettes Win," Substance Use & Misuse, 50(1):79-89, (2015).
262. Smith, S. Y., B. Curbow, F. A. Stillman, "Harm Perception of Nicotine Products in College Freshmen," Nicotine & Tobacco Research, 9(9):977-982, 2007.
263. Krosnick, J. A., L. Chang, S. J. Sherman, et al., "The Effects of Beliefs About the Health Consequences of Cigarette Smoking on Smoking Onset," Journal of Communication, 56:S18-S37, 2006.
264. Song, A. V., H. E. Morrell, J. L. Cornell, et al., "Perceptions of Smoking-Related Risks and Benefits as Predictors of Adolescent Smoking Initiation," American Journal of Public Health, 99:487-492, 2009.
265. Brauer, L. H., F. M. Behm, J. D. Lane, et al., "Individual Differences in Smoking Reward from De-Nicotinized Cigarettes," Nicotine & Tobacco Research, 3(2):101, 2001.
266. Butschky, M. F., D. Bailey, J. E. Henningfield, et al., "Smoking without Nicotine Delivery Decreases Withdrawal in 12-Hour Abstinent Smokers," Pharmacology Biochemistryand Behavior, 50(1):91-96, 1995.
267. Pickworth, W. B., R. V. Fant, R. A. Nelson, et al., "Pharmacodynamic Effects of New De-Nicotinized Cigarettes," Nicotine & Tobacco Research, 1(4):357, 1999.
268. Nyman, A. L., T. M. Taylor, L. Biener, "Trends in Cigar Smoking and Perceptions of Health Risks Among Massachusetts Adults," Tobacco Control, 11(Suppl II):ii25-ii29, 2002. http://www.ncbi.nlm.nih.gov/pmc/articles/PMC1766069/pdf/v011p0ii25.pdf.
269. Sterling, K., C. J. Berg, A. N. Thomas, et al., "Factors Associated With Small Cigar Use Among College Students," American Journal of Health Behavior, 37(3):325-333,2013.
270. Soldz, S., E. Dorsey, "Youth Attitudes and Beliefs Toward Alternative Tobacco Products: Cigars, Bidis, and Kreteks," Health Education & Behavior, 32(4):549-566, 2005.
271. Office of Inspector General, "Youth Use of Cigars: Patterns of Use and Perceptions of Risk," OEI-06-98-00030, 1999.
272. U.S. Department of Health and Human Services, "The Health Consequences of Involuntary Exposure to Tobacco Smoke" A Report of the Surgeon General; 2006, available at http://www.ncbi.nlm.nih.gov/books/NBK44324/pdf/TOC.pdf.
273. Johnston, L. D., P. M. O'Malley, J. G. Bachman, et al., "Monitoring the Future National Results on Adolescent Drug Use: Overview of Key Findings, 2010," Institute for SocialResearch, 2011, available at http://monitoringthefuture.org/pubs/monographs/mtfoverview2010.pdf.
274. Institute of Medicine, "Secondhand Smoke Exposure and Cardiovascular Effects, Making Sense of the Evidence" 2010, available at http://www.nap.edu/openbook.php?record_id=12649.
275. U.S. Department of Health and Human Services, "The Health Consequences of Smoking," A Report of the Surgeon General; 2004, available at http://www.cdc.gov/tobacco/data_statistics/sgr/2004/complete_report/index.htm.
276. U.S. Department of Health and Human Services, "Women and Smoking" A Report of the Surgeon General; 2001, available at http://www.ncbi.nlm.nih.gov/books/NBK44303/.
277. Wogalter, M. S., V. C. Conzola, T. L. Smith-Jackson, "Research-Based Guidelines for Warning De-

sign and Evaluation," Applied Ergonomics, 33(3):219-230, 2002.
278. Environmental Assessment for Regulations (21 CFR 1100, 1140, and 1143) to deem tobacco products meeting the statutory definition of "tobacco product" to be subject to theFederal Food, Drug, and Cosmetic Act, to revise existing regulations to include restrictions onthe sale and distribution of covered tobacco products, and to require the use of health warningstatements for cigarette tobacco, roll-your-own tobacco, and covered tobacco products.
279. Finding of No Significant Impact for Regulations (21 CFR 1100, 1140, and 1143)to deem tobacco products meeting the statutory definition of "tobacco product" to be subject tothe Federal Food, Drug, and Cosmetic Act, to revise existing regulations to include restrictionson the sale and distribution of covered tobacco products, and to require the use of health warningstatements for cigarette tobacco, roll-your-own tobacco, and covered tobacco products.

科目清单

21CFR第1100部分

吸烟，烟草

CFR21第1140部分

广告、标识、吸烟、烟草

CFR21第1143部分

广告、标识、包装和容器、吸烟、烟草

因此，依据《联邦食品、药品和化妆品法案》，依据当局委托食品和药品理事会的意见，对CFR21第I章修改如下：

1. 加入第1100部分至副章K，内容如下：

1100部分——受FDA权利管制的烟草制品

部分

1100.1范围

1100.2要求

1100.3 定义

职权：21 U.S.C. 387a（b）,387f（d）和Pub.L.111-31.

§ 1100.1 范围

在FDA监管卷烟、卷烟烟丝、手卷烟和无烟烟草的权利之外，FDA认定所有符合《联邦食品、药品和化妆品法案》第201（rr）部分烟草制品定义的其他烟草制品，排除这些其他烟草制品的配件外，都应受《联邦食品、药品和化妆品法案》的管制。

§ 1100.2 要求

卷烟、卷烟烟丝、手卷烟和无烟烟草受《联邦食品、药品和化妆品法案》第IX章及其执行规程管制。FDA认定所有其他烟草制品，排除这些其他烟草制品的配件外，都应受《联邦食品、药品和化妆品法案》第IX章及其执行规程管制。

§ 1100.3 定义

出于本部分的目的：

配件是指任何准备用于或合理预期将被用于消费者使用烟草制品或与其同时使用的产品；不包含烟草，不由烟草制成或源于烟草；且符合以下两者任一：

（1）不会有意的或合理预期下不会影响或改变烟草制品的性能、组成、成分，或特性；或（2）有意的或合理预期会影响或保持烟草制品的性能、组成、成分，或特性，但：

（i）仅仅控制烟草制品储存的湿度和/或温度；或

（ii）仅提供一个外部热源来点火，但不维持烟草制品的燃烧。

组件和零件是指任何软件或集成材料准备或合理预期将：

（1）改变或影响烟草制品的性能、组成、成分，或特性，或

（2）将被用于消费者使用烟草制品或与其同时使用。组件或零件不包括烟草制品的配件。

包裹或包装指包、盒、箱或任何形式的容器，或烟草制品用于销售的、或以其他方式分发给消费者的任何包装（包括玻璃纸），如果没有其他容器。

烟草制品。如《联邦食品、药品和化妆品法案》第201（rr）部分相关内容所述，烟草制品：

（1）指任何由烟草制成或源于烟草的用于人类消费的产品，包括烟草制品的任何组件、零件或配件（除了烟草之外的用于制造烟草制品组件，零件或配件的原材料）；和（2）不指在《联邦食品、药品和化妆品法案》第201（g）（1）部分规定的药品，或《联邦食品、药品和化妆品法案》第201（h）部分的装置，或《联邦食品、药品和化妆品法案》第503（g）部分的组合产品。

1140部分——卷烟、无烟烟草和涵盖烟草制品

2. 对 21 CFR part 1140的权威引用继续为：

职权: 21 U.S.C. 301 et seq., Sec. 102, Pub. L. 111-31, 123 Stat. 1776.

3. 从头至1140 部分的修改如上所述。

4. 修改 § 1140.1如下：

§ 1140.1 范围

（a）本部分按照《联邦食品、药品和化妆品法案》对卷烟，无烟烟草和涵盖的烟草制品的销售、流通和使用设定限制。1140.16（d）部分对发放卷烟，无烟烟草和其他烟草制品（该术语在《联邦食品，药品和化妆品法案》第201部分定义）的免费样品设定限制。

（b）如果不能满足本部分对卷烟，无烟烟草，涵盖的烟草制品，或其他烟草制品的销售、流通和使用的任何适用条款，按照《联邦食品、药品和化妆品法案》该产品将被作为虚假商标产品。

（c）除另有说明，本部分中管制条款的参考文献见美国《联邦法规》第21章第I节。

5. 修改 § 1140.2如下：

§ 1140.2 目的：

本部分的目的是对卷烟，无烟烟草和涵盖的烟草制品的销售、流通和使用设定限制，以降低使用这些产品的儿童和青少年数量，降低由于烟草使用带来的健康危害。

6. 修改 § 1140.3 如下:

§ 1140.3 定义

出于本部分的目的：

配件是指任何准备用于或合理预期将被用于消费者使用烟草制品或与其同时使用的产品；不包含烟草，不由烟草制成或源于烟草；且符合以下两者任一：

（1）不会有意的或合理预期下不会影响或改变烟草制品的性能、组成、成分，或特性；或

（2）有意的或合理预期会影响或保持烟草制品的性能、组成、成分，或特性，但：

（i）仅仅控制烟草制品储存的湿度和/或温度；或

（ii）仅提供一个外部热源来点火，但不维持烟草制品的燃烧。

卷烟（1）意为该产品是：

（i）一个烟草制品，且

（ii）满足联邦卷烟标识和广告法案中3（1）部分“卷烟”术语的定义；且

（2）包含任何形式的、在产中起功能性的烟草，其外观、填充的烟草类型，或其包装盒标识有可能让消费者作为卷烟或手卷烟草购买。

卷烟烟丝是指由松散烟草组成的、为消费者在卷烟中使用的任何产品。除非另有说明，本章中适用于卷烟的要求同样适用于卷烟烟丝。

组件和零件是指任何软件或集成材料准备或合理预期将：

（1）改变或影响烟草制品的性能、组成、成分，或特性，或

（2）将被用于消费者使用烟草制品或与其同时使用。组件或零件不包括烟草制品的配件。

涵盖的烟草制品是指按照本章 § 1100.2的要求，被认定《受联邦食品、药品和化妆品法案》管制的任何烟草制品，但排除任何不由烟草制成或来源于烟草的组件或零件。

经销商是指促进烟草制品进一步流通的任何人，不论是在国内还是进口，在从最初制造地至向用于个人消费的个体销售或流通的任何人之间的任何环节。本部分中一般运输业不被视为经销商。

进口商是指进口拟向美国消费者销售或流通的任何烟草制品的任何人。

制造商是指制造、装配、集合、加工或贴标签于成品烟草制品的任何人，包括重新包装或重新贴标签者。

烟碱是指名为3-（1-甲基-2-吡咯烷基）吡啶或$C_{10}H_{14}N_2$的化学物质，包括其

任何盐形式或烟碱的复合物。

包裹或包装指包、盒、箱或任何形式的容器，或烟草制品用于销售的、或以其他方式分发给消费者的任何包装（包括玻璃纸），如果没有其他容器。

销售点是指消费者可以购买或以其他形式获得供个人消费的烟草制品的任何地点。

零售商是指向个体销售烟草制品用于个人消费的任何人，或在本部分允许使用自动售货机或自选展台的地方操作设备的人。

自卷烟是指因为其外观、类型、包装或标识而适用于或可能供消费者，或被消费者作为烟草购买用于制作卷烟的任何烟草制品。

无烟烟草是指由切丝、研磨、粉末的或整个的烟草叶片组成的，用于放置于口腔或鼻腔的任何烟草制品。

烟草制品。如《联邦食品、药品和化妆品法案》第201（rr）部分的相关章节所述，烟草制品是指：

（1）由烟草制成或来源于烟草的用于人类消费的产品，包括烟草制品的任何成分、部件或附属品（不包括用于生产烟草制品部件或附属品的非烟草原料），且

（2）不是《联邦食品、药品和化妆品法案》第201（g）（1）部分所述的药物，不是《联邦食品、药品和化妆品法案》第201（h）部分所述的装置，也不是《联邦食品、药品和化妆品法案》第503（g）部分所述的组合产品。

7. 修改§ 1140.10 如下：

§ 1140.10 制造商、经销商和零售商的一般义务

制造商，经销商，进口商和零售商负责确保卷烟、无烟烟草，或涵盖的烟草制品的制造、标识、宣传、包装、流通、进口、销售或其他适用形式的销售必须遵守本部分所有相关要求。

8. 修改§ 1140.14如下：

§ 1140.14 零售商的额外责任

（a）除了本部分其他要求外，每一个卷烟和无烟烟草的零售商负责确保所有卷烟或无烟烟草的销售对象符合以下要求：

（1）任何零售商都不允许向18岁以下的人销售卷烟；

（2）（i）除了本部分（a）（2）（ii）段落和§ 1140.16（c）（2）（i）中要求的其他方面外，每个零售商必须通过含有持有人出生日期的摄像识别方式来确认产品购买者年龄不小于18岁；

（ii）对年龄大于26岁的人不需要此类确认；

（3）除了§ 1140.16（c）（2）（ii）要求的其他方面外，零售商可以只通过直接的、面对面交易的方式销售卷烟或无烟烟草，不需要任何电子或机械装置的辅助（例如自动售货机）；

（4）零售商不允许弄破或以其他方式打开任何卷烟或无烟烟草的包装来销售或流通单支卷烟或小于 § 1140.16（b）中定义的最小卷烟包装尺寸中所含数量的未包装的卷烟，或比制造商为单个消费者使用而流通的最小包装更少量的卷烟烟草或无烟烟草；且

（5）每个零售商必须确保处于零售商机构中的不符合本部分要求的所有自助显示器、广告、标识，和其他物品，都必须撤掉或开始满足本部分要求。

（b）除本部分段落（a）和本部分其他要求之外，每个涵盖烟草制品的零售商负责确保所有涵盖烟草制品的销售对象满足以下要求：

（1）任何零售商都不允许向18岁以下的人销售卷烟；

（2）（i）除了本部分（a）（2）（ii）段落和 § 1140.16（c）（2）（i）中要求的其他方面外，每个零售商必须通过含有持有人出生日期的摄像识别方式来确认产品购买者年龄不小于18岁；

（ii）对年龄大于26岁的人不需要此类确认；

（3）零售商可以不在电子或机械装置（例如自动售货机）的辅助下销售涵盖烟草制品，除了在一些设施内零售商确保年龄小于18岁的人在任何时候都不会出现或不允许进入。

9. 在分章K加入1143部分，具体如下：

1143部分-警示声明的最低要求

部分：

1143.1定义。

1143.3关于烟碱致瘾性相关所需的警示声明。

1143.5雪茄所需的警示声明。

1143.7所需警示声明的语言要求。

1143.9所需的不可清除的或永久性的警示声明。

1143.11不适用于国外分销。

1143.13有效日期。

权利：21 U.S.C. 387a（b），387f（d）.

§ 1143.1 定义

本部分中：

配件是指任何准备用于或合理预期将被用于消费者使用烟草制品或与其同时使用的产品；不包含烟草，不由烟草制成或源于烟草；且符合以下两者任一：

（1）不会有意的或合理预期下不会影响或改变烟草制品的性能、组成、成分，或特性；或

（2）有意的或合理预期会影响或保持烟草制品的性能、组成、成分，或特性，但：

（i）仅仅控制烟草制品储存的湿度和/或温度；或

（ii）仅提供一个外部热源来点火，但不维持烟草制品的燃烧。

雪茄是指一类烟草制品：

（1）并非卷烟，且

（2）包裹了烟叶或含有烟草的任何物质的烟草卷

卷烟烟草是指含有松散烟草的、打算被消费者用在卷烟中的任何产品。除非另做说明，本章中适用于卷烟的要求同样适用于卷烟烟草。

组件和零件是指任何软件或集成材料准备或合理预期将：

（1）改变或影响烟草制品的性能、组成、成分，或特性，或

（2）将被用于消费者使用烟草制品或与其同时使用。组件或零件不包括烟草制品的配件。

涵盖烟草制品是指依照本章 § 1100.2被认定为受《联邦食品、药品和化妆品法案》管制的任何烟草制品，但排除不由烟草制成或来源于烟草的任何组件或配件。

包裹或包装指包、盒、箱或任何形式的容器，或烟草制品用于销售的、或以其他方式分发给消费者的任何包装（包括玻璃纸），如果没有其他容器。

主要显示面是指最可能展示、提供、呈现、或被消费者检查的包装面。

销售点是指消费者可以购买或以其他形式获得供个人消费的烟草制品的任何地点。

零售商是指向个体销售烟草制品用于个人消费的任何人，或在本部分允许使用自动售货机或自选展台的地方操作设备的人。

要求的健康警示是指在卷烟烟草、自卷烟烟草、雪茄和其他涵盖烟草制品的包装和广告中要求要有的文字警示。

自卷烟是指因为其外观、类型、包装或标识而适用于或可能供消费者，或被消费者作为烟草购买用于制作卷烟的任何烟草制品。

烟草制品。如《联邦食品、药品和化妆品法案》第201（rr）部分的相关章节所述，烟草制品：

（1）指任何由烟草制成或源于烟草的用于人类消费的产品，包括烟草制品的任何组件、零件或配件（除了烟草之外的用于制造烟草制品组件，零件或配件的原材料）；和

（2）不指在《联邦食品、药品和化妆品法案》第201（g）（1）部分规定的药品，或《联邦食品，药品和化妆品法案》第201（h）部分的装置，或《联邦食品、药品和化妆品法案》第503（g）部分的组合产品。

§ 1143.3 关于烟碱致瘾性相关的警示要求

（a）包装。（1）在美国对于卷烟烟草、自卷烟，和除雪茄外的涵盖烟草制品而言，任何人制造、包装、销售、供销售、流通或进口用于销售或流通包装标识上不带有规定警语要求“警示：本产品含有烟碱，烟碱是致瘾性化合物。”的烟草制品都是违法的。

（2）所要求的健康警语必须直接呈现在包装表面，且必须在任何玻璃纸或其他透明包装纸下清晰可见，如下：

（i）在包装的两个主展示面上有显著的、突出的位置，警示区域必须占据每个主显示面的30%以上。

（ii）印刷使用不小于12号字体，且确保所要求的警语占据所要求文字旁边的警示区域的最大部分比例。

（iii）印刷使用醒目的、清晰的Helvetica bold或Arial bold字体（或其他无衬线字体），用白底黑字或黑底白字的方式，通过排版、设计或颜色使其区别于包装上印刷的其他材料。

（iv）如本部分段（a）（1）所述进行大写或强调；

（v）集中于警示区域的中心，文字印刷或所居位置应确保所要求的警语文字与主展示区的其他信息方向相同。

（3）本部分段（a）（1）和段（2）中涉及的任何烟草制品的零售商都不能妨碍本部分包装的下列内容：

（i）包含健康警语；

（ii）由具有相适用的所需要的国家、地方或烟酒税和交易局（TTB）颁发的执照或许可证的烟草制品制造商、进口商或经销商提供给零售商，且

（iii）零售商不能对本部分要求的重要内容进行修改

（b）广告。（1）对于卷烟烟丝、自卷烟烟丝和雪茄之外的涵盖的烟草制品，其烟草制品的制造商、包装者、进口商、经销商、或烟草制品的零售商在美国境内对任何烟草制品的广告或引发宣传都是非法的，除非每个广告都含有本部分段（a）（1）规定的所要求的警语。

（2）对于印刷广告和其他有可见部分的广告（包括例如标志，货架插卡，互联网网页，和电子邮件通信上面的广告），所要求的警语必须在广告区域的上部的满足下列要求的一个整齐区域内：

（i）占据广告区域面积的20%以上；

（ii）以不小于12号字体显示，且确保所要求的警语占据所要求文字旁边的警示区域的最大部分比例。

（iii）显示使用醒目的、清晰的Helvetica bold或Arial bold字体（或其他无衬线字体），用白底黑字或黑底白字的方式，通过排版、设计或颜色使其区别于广告上的其他材料。

（iv）如本部分段（a）（1）所述进行大写或强调；

（v）集中于警示区域的中心，文字显示或所居位置应确保所要求的警语文字与广告中的其他文字信息方向相同，且

（vi）用与所要求的警语文字相同颜色的，不小于3毫米或不大于4毫米的长方形边框包围。

（3）只有当零售商对本段要求的健康警语负责或指导时，段（b）适用于零售商。但是，如果零售商在公众开放的地点展示的广告不含有健康警语或含有的健康警语已经被零售商修改了本部分要求的重要内容，本段不能解除零售商的责任。

（c）自我认证。烟草制品需要具有本部分段（a）（1）的警语，但是不含烟碱的不需要在包装或广告中具有本部分段（a）（1）的警语，如果烟草制品制造商已经提交FDA确认声明，书面证明产品中不含烟碱的真实和准确性，且烟草制品的制造商有数据来支撑该声明。不要求具有本部分段（a）（1）的警语的任何产品都必须在所有包装和广告中包含“本产品由烟草制成”的声明，与本部分的要求相一致。

（d）小包装。烟草制品需要具有本部分段（a）（1）的警语，但是如果其太小或其他原因无法调节标签使其有足够的空间承载这些信息，则被豁免无需遵守这些要求，条件是本部分段（a）（1）和（2）要求的信息和说明在纸箱上或其他容器的外包装上呈现，如果纸箱和容器外包装，或包装纸上有足够的空间承载这些信息，或用标签的形式稳固、永久地贴在烟草制品的包装上。在这种情况下，纸箱、容器外包装、包装纸或标签将被作为主展示区域。

§ 1143.5 雪茄烟要求的警语

（a）包装（1）在美国，任何人制造、包装、销售、供销售、流通或进口用于销售或流通包装标识上不带有任一下述规定警语要求的雪茄烟都是违法的：

（i）警示：雪茄烟烟气可以引起口腔和喉咙的癌症，即使你不吸入。

（ii）警示：雪茄烟烟气可引起肺癌和心脏病。

（iii）警示：雪茄烟不是卷烟的安全替代品。

（iv）警示：卷烟烟气会增加肺癌和心脏病的风险，即使对非吸烟者。

（v）（A）警示：怀孕时使用雪茄烟可能危害你和你的孩子；或

（B）卫生局局长警示：烟草使用增加不孕、死胎和低出生体重儿的风险。

（vi）警示：本产品含有烟碱，烟碱是致瘾性物质。

（2）每个所要求的健康警语必须直接呈现在包装表面，且必须在任何玻璃纸或其他透明包装纸下清晰可见，如下：

（i）在包装的两个主展示面上有显著的、突出的位置，警示区域必须占据每个主显示面的30%以上。

（ii）印刷使用不小于12号字体，且确保所要求的警语占据所要求文字旁边的警示区域的最大部分比例。

（iii）印刷使用醒目的、清晰的Helvetica bold或Arial bold字体（或其他无衬线字体），用白底黑字或黑底白字的方式，通过排版、设计或颜色使其区别于包装上印刷的其他材料。

（iv）如本部分段（a）（1）所述进行大写或强调；

（v）集中于警示区域的中心，文字印刷或所居位置应确保所要求的警语文字与主展示区的其他信息方向相同。

（3）在美国任何人不得制造、包装、销售、供销售、流通或进口用于销售或流通不含有要求的健康警语的雪茄烟，除非雪茄烟是单独销售且没有产品包装。对于单独销售的且没有产品包装的雪茄烟来说，所需的健康警语必须张贴在零售商的销售地点，且遵守如下要求：

（i）本部分段（a）的所有警语必须置于不小于8.5×11英寸的指示牌上，张贴在或每个支付所用现金收银机内3英寸，以便警语整体一览无余，可以让每位消费者购买时很容易阅读；

（ii）指示牌必须清晰、易读、醒目，且要用白底对比下的黑Helvetica bold 或Arial bold type印刷（或其他类似的无衬线字体），字号不小于17点，并在警语之间留出合适的空间；

（iii）通过排版、设计或颜色使其区别于包装上印刷的其他材料；且

（iv）如本部分段（a）（1）所述进行大写或强调；

（4）本部分段（a）（1）和段（2）中涉及的任何雪茄烟的零售商都不能妨碍本部分包装的下列内容：

（i）包含健康警语；

（ii）由具有相适用的所需要的国家、地方或烟酒税和交易局（TTB）颁发的执照或许可证的烟草制品制造商、进口商或经销商提供给零售商，且

（iii）零售商不能对本部分要求的重要内容进行修改

（b）广告.（1）任何烟草制品的制造商、包装者、进口商、经销商、或雪茄烟的零售商在美国境内对任何雪茄烟的广告或引发宣传都是非法的，除非每个广告都含有一项本部分段（a）（1）规定的所要求的警语。

（2）对于印刷广告和其他有可见部分的广告（包括例如标志，货架插卡，互联网网页，和电子邮件通信上面的广告），所要求的警语必须在广告区域的上部的满足下列要求的一个整齐区域内：

（i）占据广告区域面积的20%以上；

（ii）以不小于12号字体显示，且确保所要求的警语占据所要求文字旁边的警示区域的最大部分比例。

（iii）显示使用醒目的、清晰的Helvetica bold或Arial bold字体（或其他无衬线字体），用白底黑字或黑底白字的方式，通过排版、设计或颜色使其区别于广告上的其他材料。

（iv）如本部分段（a）（1）所述进行大写或强调；

（v）集中于警示区域的中心，文字显示或所居位置应确保所要求的警语文字与广告中的其他文字信息方向相同，且

（vi）用与所要求的警语文字相同颜色的，不小于3毫米或不大于4毫米的长方形边框包围。

（3）只有当零售商对本段要求的健康警语负责或指导时，段（b）适用于零售商。但是，如果零售商在公众开放的地点展示的广告不含有健康警语或含有的健康警语已经被零售商修改了本部分要求的重要内容，本段不能解除零售商的责任。

（c）市场要求。（1）除了单独销售的没有产品包装的雪茄烟之外，本部分段（a）（1）要求的警语必须每12个月为周期随机展示，尽量对每一个以产品包装形式销售的雪茄烟品牌上的次数均等，随机分布美国境内的产品销售所有区域，与雪茄烟制造商、进口商、经销商、或零售商向FDA提交且被批准的计划相一致。

（2）本部分段（a）（1）中广告所要求的警语对每个雪茄烟品牌的每个广告都必须每个季度交替轮换，与雪茄烟制造商、进口商、经销商、或零售商向FDA提交且被批准的计划相一致。

（3）每个需要按照FDA批准的计划随机展示和分布或轮换警语的个体，都需要在【插入联邦公报发表日期】之后的12个月内，或在一个受此要求的产品开展宣传或商业流通前12个月之中较晚的那个日期前向FDA提交一个警语计划提案。

§ 1143.7 所需警语的语言要求

§ 1143.3或 § 1143.5中要求的警语文本必须为英语，除非：

（a）当广告出现在非英语媒体中，所要求的警语文字必须以该媒体主要的语言形式展示，不论该广告是否用英语，且；

（b）当广告出现在英语媒体中但其并不用英语，所要求的警语文字必须与广告中主要使用的语言相一致。

§ 1143.9 警语要求的不可移除和永久性

本章要求的警语必须不可移除地印刷在或永久性的贴附在包装或广告上。例如，这些警语必须不能印刷在或置于贴附在透明外包装的产品标示上，这样很可能被除去来评估包装内的产品。

§ 1143.11 不适用于境外销售

本部分的规定不适用于那些不在美国境内生产、包装、或进口烟草制品用于在美国境内生产或销售的烟草制品的制造商或经销商。

§ 1143.13 生效日期

（a）除了本章段落（b）种所述，本部分将于[在联邦注册中公布的插入日期]后的24个月开始生效。生效日期将考虑到生产日期，例如，在生效日期后的头30天里，制造商将不能在美国国内市场引入任何产品，不管其生产日期如何，其不符合本部分要求。

（b）在 § 1143.5（c）（3）中向FDA提交警语计划的要求将于[在联邦注册中公布的插入日期]后的12个月开始生效。

日期：2016.5.3

Leslie Kux,

政策协理专员

[FR Doc. 2016-10685 归档: 5/5/2016 8:45 am;发布日期: 5/10/2016]

1 FDA 的成本代表一个机会成本，但本规定不会导致总的 FDA 会计成本、联邦预算的规模，或烟草行业用户费用总额的变化。